黄河水利委员会新闻宣传出版中心
中国保护黄河基金会

编著

黄河
握手世界

U0227530

黄河水利出版社

·郑州·

图书在版编目（CIP）数据

黄河握手世界 / 黄河水利委员会新闻宣传出版中心，中国保护黄河基金会编著. — 郑州 :黄河水利出版社，2019.11

ISBN 978-7-5509-0936-6

Ⅰ．①黄… Ⅱ．①黄… ②中… Ⅲ．①黄河—河道整治 Ⅳ．①TV882.1

中国版本图书馆CIP数据核字(2019)第274582号

出 版 社：黄河水利出版社 网址：www.yrcp.com
　　　　　　地址：河南省郑州市顺河路黄委会综合楼14层　邮政编码：450003
发行单位：黄河水利出版社
　　　　　　发行部电话：0371-66026940、66020550、66028024、66022620（传真）
　　　　　　E-mail：hhslcbs@126.com
承印单位：河南瑞之光印刷股份有限公司
开本：787 mm×1092 mm 1/16
印张：24.5
字数：406千字
版次：2019年11月第1版　　　　　印次：2019年11月第1次印刷

定价：260.00元

《黄河握手世界》编辑委员会

《黄河握手世界》编辑工作组

总　策　划	卢丽丽
主　　　编	侯全亮　卢丽丽
副　主　编	于保亮　范　洁　董　舞
编　　　写	黄　峰　都潇潇　蒲　飞　王继和
	王静琳　张焯文　徐腾飞　胡　娟
	段　平　栗　方
译　　　审	李跃辉
图片编辑	侯全亮　范　洁　董　舞

黄河是中华民族的母亲河，是中华文明的摇篮。习近平总书记指出，"保护黄河是事关中华民族伟大复兴和永续发展的千秋大计""中华民族治理黄河的历史也是一部治国史"，在党和国家高度重视和坚强领导下，人民治理黄河事业砥砺奋进，波澜壮阔，走过了极不平凡的光辉历程，取得了举世瞩目的巨大成就，充分体现了中国共产党坚持以人民为中心的治国理政理念和社会主义制度的无比优越性。

伴随着黄河治理开发事业的发展，治黄国际交流与技术合作也走过了非凡的发展历程。从新中国成立初期中苏联合编制黄河综合治理开发规划，兴建万里黄河第一坝——三门峡水利枢纽工程，到改革开放以来，利用世界银行贷款、实行国际招标建设小浪底水利枢纽，从世界银行贷款黄土高原小流域治理、黄河防洪亚洲开发银行贷款项目等国际组织援助工程建设，到与相关国家双边合作与多边合作，引进吸收国际先进技术和管理经验，培养与国际接轨专业人才，治黄国际交流技术合作如春潮澎湃，不断向更高层面推进。

黄河水利委员会（简称黄委）先后与 40 多个国家和地区及国际组织签订科技合作协议，来黄河考察交流合作的外国专家达 1000 余批、6000 余人次。黄委派出科技和管理人员 3500 余人次，在流域管理、防洪减灾、水资源管理、水土保持、水环境保护、河流健康、应对气候变化等重点领域，与世界各国广泛开展国际技术合作。一大批国际合作项目的实施，促进了国外先进管理技术在黄河上的吸收利用，培养了一批与国际接轨的复合型人才，助推了黄河治理工作的发展。

　　进入 21 世纪以来，面对黄河新老问题相互交织的严峻挑战，为探索新时期治黄发展之路，借鉴世界上的流域管理模式与先进技术，黄委先后举办五届黄河国际论坛，来自世界各个国家和地区的专家学者聚焦水资源及河流治理的前沿议题，从水文水资源、生态环境、水土保持、水污染防治、水权交易、河道整治及泥沙研究、水文测报、信息技术等领域，多视角分析河流治理及流域管理，分享河流治理与管理新理念、新成果、新技术，并从多个层面展现了黄河治理开发与管理的新实践、新举措，加深了国际水利界对黄河的了解，扩大了中国水利的国际影响力。

　　党的十八大以来，黄委认真贯彻落实党和国家对外开放新战略、新部署，积极践行"一带一路"倡议，充分发挥黄河优势专业，为相关国家水利水电建设贡献黄河智慧、黄河方案，实现共同进步，共同发展，展现了负责任大国的形象。黄委所属企业利用科技实力和人才优势，奋力开拓国际工程市场，实现了从技术引进为主向技术输出为主的战略转折，昭示着黄河国际合作的时代特色与广阔前景。

黄河治理开发及治黄国际技术合作的辉煌成就，饱含着党和国家对黄河治理的高度重视和殷切关怀，镌刻着黄委历届领导引领黄河职工不断开拓进取的奋斗业绩，凝聚着一代又一代治黄职工默默奉献的心血与汗水，见证着黄河握手世界的坚实足迹。

2019 年 9 月，习近平总书记在郑州主持召开黄河流域生态保护和高质量发展座谈会并发表重要讲话，发出"让黄河成为造福人民的幸福河"的伟大号召。习近平总书记的重要讲话，深刻阐述了黄河流域生态保护和高质量发展的根本性、方向性、全局性重大问题，为加强黄河流域生态保护与治理提供了根本遵循。

为了唤起国内外各界以更强烈的意识积极投身新时代黄河治理与保护事业，以习近平新时代中国特色社会主义思想为指导，本书通过系统梳理新中国治黄国际技术合作与交流的辉煌历程和重大实践，真实再现治理黄河事业"引进来""走出去"的艰辛探索，旨在为进一步深化治黄国际合作交流，贯彻落实"一带一路"倡议，提供有益借鉴，为全球水治理、水安全贡献黄河智慧、黄河方案，让黄河的名片更闪亮，让黄河人"走出去"的舞台更宽广。

目录

岁月启迪

一、国外水利专家早期的黄河探索

中外水利专家联合研究治理黄河由来已久。早在清代末期，黄河就因洪水灾害频繁，引起了西方水利界人士的密切关注。

清光绪年间，荷兰工程师单百克在河南铜瓦厢和山东泺口运用近代技术测量泥沙含量。之后，他提出应采用双重堤防的方案，即在河道两侧各修筑相距1.5～4千米的两条大堤，在临河的第一道堤（缕堤）上修建减水坝。此间，比利时工程师卢法尔等也来中国对黄河下游进行考察，并提出：要重视对黄河水沙的观测研究工作，只有了解最高洪水位是多少、洪水性情、河槽与河滩泥沙淤积情形，才有可能做出正确的河床设计。

握手世界

1919 年，为了研究黄河对运河的危害，北洋政府督办运河工程总局聘请美国水利学者费礼门为指导，测量黄河堤岸及河道大断面。此次测量，自河南京汉铁路桥至山东寿张县十里堡，测绘了比例为 1：25000 的河势图 46 幅。河势图上标示了黄河形势、历年决口及各段险工等，并附有实测河道横断面图，测标水位与堤外地面高差，以及洪水与低水时河道的不同比降等。河势图说明采用中英两种文字，绘制精细。通过此次测量，费礼门对黄河产生了浓厚兴趣。

—— | 费礼门 | ——

曾任美国土木工程师学会会长，1922年出版专著《中国洪水问题》，是近代较早来中国研究黄河的外国专家

两年后，他再次来黄河考察，撰写了《中国洪水问题》一书。他认为黄河为害的原因，在于下游堤距过宽，河槽摆动没有拘束。治理途径是让黄河流淌在一条狭窄的河槽中。于是他主张在现有堤内另筑直线新堤和高出洪水位的挑丁坝，以形成统一的洪水河槽。在新旧二堤之间留存滩地，任洪水溢入，使泥沙淤积滩地；在河槽与新堤之间筑丁坝挑溜，以防新堤溃决。他还提议改直的河槽宜在内堤的中部，洪水河槽上部以窄河代替宽河。

随着西风东渐日盛，越来越多的西方水利学者对黄河治理产生兴趣，不远万里到中国考察研究黄河。这一时期，尤以德国河工专家恩格斯教授对黄河治理的研究探索最为著名，开启了现代黄河模型试验之先河。

1926 年，德国明兴水工及水力研究院成立，在巴燕邦以奥贝那赫河为水源建立了进行大比例尺河工模型试验的试验场。试验场由德国联邦政府、巴燕邦政府及国立科学院三方合办，试验设备技术比较先进。德累斯顿工业大学教授恩格斯在这个试验场进行了数次大型黄河模型试验，带动了中国水工模型试验研究的发展。

恩格斯开创的河工模型试验，是举世公认的"水工试验场之鼻祖"，他被称为世界近代河工界的权威之一。

他最著名的治河方策就是"固定中水位河槽"。1922 年，恩格斯看到费礼门的《中国洪水问题》一书后，对其中黄河治理的观点提出了不同看法。他认为，费礼门主张采用的顺直河槽，并不适用于中水位河槽，而且其提出的河床宽度，仅有当时河床宽度的八分之一甚至更窄，在新河床没有刷深的时候，洪水位必然壅高。因此，必须考虑筑堤束水，阻挡泛滥。但是修筑新堤是分段施工，而河槽的刷深，却不是一朝一夕的事。如果为了避免泛滥，使新堤和丁坝的高度超过最高的壅积洪水面，那么洪水的壅高有多少米，新堤势必得加高多少米。可是到将来河槽刷深以后，堤高超过一般洪水位太多，经济方面的损失可以预料。而且筑堤的时候，洪水面势必壅高，其下游未筑堤之处，水势将更加凶猛，如此旧堤溃决的险情将更加频繁。也就是说，缩窄河槽非但无益，反而会由于水位壅高而引起决口之祸。因此，他根据整治河道的实践经验，提出中水位河槽应固定为"之"字形。唯有"之"字形河道才能达到刷深河床、畅排泥沙、保证防洪安全的目的。

显然，这一观点与费礼门的观点是相左的。而费礼门却仍然坚持自己的意见。为了验证彼此的观点，他请恩格斯在德国利用先进的试验设施进行黄河丁坝试验，恩格斯欣然同意。1923年8月恩格斯遂在德国德累斯顿工业大学水工试验室开始了黄河试验，主要研究修筑黄河丁坝最大安全距离、丁坝与堤岸所形成的角度以及坝端形状等问题。

当时，一位中国留学生参加了恩格斯的黄河模型试验。他叫郑肇经，1894年生于江苏泰兴，1912年考入南京民国法政大学预科，毕业后考入德国人兴办的上海同济大学土木工程科。1921年大学毕业，获工学士学位，被选送到德国德累斯顿工业大学研究院，师从现代水工模型试验技术创始人恩格斯。他是恩格斯的第一位中国弟子。在此期间，郑肇经参加了恩格斯主持的黄河模型试验和治黄原理研究工作，为他们翻译、介绍中国水利

| 恩格斯 |

近代世界著名水工模型专家、德国德累斯顿工业大学教授

| 郑肇经 |

20世纪20年代初期，在德国师从恩格斯教授并参加黄河模型试验和黄河治理研究工作

史料，提供试验所需的基本数据。

通过为期两个多月的模型试验，恩格斯教授完成了《黄河丁坝试验简要报告》，试验结果表明，丁坝方案不能解决黄河下游治理问题。试验报告寄给费礼门后，费礼门不再坚持自己的观点，表示黄河问题极其复杂，需要长期分析、大力研究才能找到正确途径。

接着，恩格斯又利用现有的黄河资料，在水工试验场进行了治导黄河下游的初步试验。根据试验，他撰写了著名的《制驭黄河论》一文。文中重申了固定中水位河槽的观点，认为：黄河之病不在堤距之过大，而在缺乏固定之中水位河槽。于是河流乃得于两堤之间，左右移动，毫无阻碍，凡任何荒溪之病象及其弱点，无不由此毕备，一旦中泓逼近堤身，因河水掏底而益危。故治理之法，宜于现有内堤之间，就此过于弯曲之河槽，缓和其弯度，堵塞其支叉，并施以适宜之护岸工程，以谋中水位之河槽之固定。依此方法治理，其利有二：其一，中水位河道将保持一"之"字形之中泓，而往日河水向左右两旁啮岸之现象，将一变而为向深处冲刷，于是河床之垫高亦可阻止。其二，深水河槽将不复迫近堤身，由是可保有辽阔之滩地。当洪水时，水溢出槽，水去沙停，而滩日高。凡此种种，与前虽无稍异，但由是河槽日深而且固定，其冲刷力亦将因之增加。

恩格斯治理黄河方略的基本思路是：保持比较稳定的中水位河槽，在两岸大堤之内构成复式河床，中常洪水时把河流限制在河槽之内，洪水大时两岸滩地漫水落淤。这样使滩地慢慢淤高，河槽便随之变深，使整个河床渐渐稳定下来。

1924年，郑肇经获得德国工程师学位。恩格斯教授希望他留在德国工作，但郑肇经怀着一腔拳拳报国之心，婉言谢绝了导师的盛情挽留，回到祖国，并把导师恩格斯的论著《制驭黄河论》译成中文发表，在国内水利界引起强烈反响。为此，江苏省还曾与陕西、河南、河北、山东、安徽等省共同邀请恩格斯来中国考察黄河，由于局势动荡等原因，此事搁浅。

1929年7月导淮委员会成立。该委员会再次发电聘恩格斯教授为顾问工程师，希望他来中国指导治导淮河计划并考察黄河。因恩格斯年事已高，体力渐衰，医嘱不宜远行，未能成行。他推荐其学生、德国汉诺佛大学的方修斯教授代表他来华参加有关治水事宜。

——｜方修斯｜——

德国汉诺佛大学教授，发表有《黄河及其治理》一文，并在汉诺威大学主持两次黄河模型试验

但具有戏剧性的是，方修斯来到中国考察黄河后，并没有站在老师的观点一方，而是偏向了费礼门的治理黄河意见，并引发了一场关于黄河治理方略的论战。为此，时任国民政府救济水灾委员会总工程师的李仪祉提议由恩格斯再次主持黄河模型试验，用实验结果检验孰是孰非。

1931 年 7 月，一场题为"缩狭黄河堤距"的大型模型试验在德国奥贝那赫水工试验场进行。试验进行了两个月，结果显示，将堤距大加约束之后，河床在洪水时非但没有因之冲深，洪水位没能降落，反而使洪水位不断抬高。不过，这次试验采用的水体是清水，所用的沙粒也与黄河泥沙不尽相同。为了得出更接近的结论，恩格斯提出在与黄河水沙特点尽可能相同的条件下再进行一次试验，得到中国政府同意。

1932 年 6 月，第二次大型黄河模型试验又在奥贝那赫水工试验场进行。试验费用由中国山东、河南、河北三省分担，中国特派水利工程师李赋都前往参加。这是中国第一次将物理模型应用于河流演变研究的试验。试验的主要目的仍然是缩小洪水堤距是否可使河床冲深，能否显著降低洪水位。试验在直线形河槽中分成两组不同堤距进行，所用泥沙材料与天然泥沙相近，并参照黄河的输沙量、水深、比降、流量、流速以及水温等，力求与黄河的特点大体相同。

这次试验时间长达四个月之久。试验结果再次表明，堤距大量缩窄之后，洪水通过时不但河床洪水位没有降低，反而有所抬高。通过几次试验，恩格斯认为，黄河治理有两种途径可循，一是固定中水河岸，防止滩地冲刷，随河槽的逐渐冲深及滩地的逐渐淤高，继续修建护岸工程，等到河槽冲深至相当程度，再修筑较低的堤，以缩窄滩地。二是修筑较高的堤，缩窄漫水滩地，不固定中水河岸；但这样河槽刷深较为缓慢，河底形态的改变影响河床位置的移动，易使河堤遭受威胁，因而亟须辅之加固堤防。

这次试验之后第二年的 1933 年 8 月 8 日，黄河发生了特大洪水。黄河下游两岸决口数十处，河南、河北、山东、江苏四省 30 个县被淹，273 万人受灾，死亡 1.27

万人，举世震惊。根据当时所测陕县站洪水位 297.08 米，初步推算出此次洪水流量为 14300 立方米每秒。洪水过后，国民政府黄河水利委员会又派挪威籍专家安立森赴黄河中游支流泾河、渭河、北洛河、汾河以及晋陕黄河干流，采用现代科学方法实地调查洪水。根据调查，陕县站洪峰最高水位为 298.23 米，测算出实际最大流量达 23000 立方米每秒（中华人民共和国成立后，对 1933 年水文资料进一步整编校核，确认 1933 年黄河洪水最大流量为 22000 立方米每秒）。

这场特大洪水，迫使人们更加认识到治理黄河洪水的紧迫性，上任不久的黄河水利委员会委员长李仪祉更是心急如焚。为此他提议，应在德国再次进行黄河模型试验，以寻求黄河下游治理的科学依据。此项建议得到全国经济委员会同意，国民政府拨出专款仍委托恩格斯教授主持进行。

1934 年 9 ～ 11 月，第三次大型黄河模型试验在德国奥贝那赫水工试验场进行，这次试验分两种方案进行。第一种方案为窄堤距试验，结果表明洪水位增高，含沙量加大，滩地淤积减少，河槽冲深减弱；第二种方案为宽堤距试验，并在河槽弯曲

1934年，恩格斯教授受国民政府委托，在德国奥贝那赫水工试验场进行第三次大型黄河模型试验（图为试验场地）

处接筑翼堤，结果表明洪水位虽仍有增高，但由于河槽逐步冲深，因而可与增高的洪水位相互抵消，在较长时期后，洪水位可望落低，含沙量减小，两岸滩地不断淤高，河槽则显著冲深。

据此试验结果，恩格斯建议，由于河床高于堤外平地，故两岸滩地也必须淤高，应采用适当工程措施，使河槽的冲深与滩地的淤高相辅而行，以促进洪水位的逐渐降落。他提出的工程措施，一是加高原有堤防，以防止异常洪水；二是堵塞支流，固定中水位河床；三是根据河槽形势，修筑翼堤；四是保护滩地，以防洪水冲刷。

通过几次大型黄河模型试验，长达十年之久的黄河宽窄堤距之争，终告平息。恩格斯主持的黄河模型试验为当时黄河治理方略的制定提供了科学依据。这一卓越建树以及他严谨求实的治学态度，博得了中外学术界的敬重。1936年1月，国民政府黄河水利委员会呈请经济委员会并经国民政府批准，颁发恩格斯一等宝光水利奖章，由德国驻华大使馆转寄其本人。

在此期间，赴德国留学的沈怡、郑肇经、李赋都、谭葆泰等中国留学生先后师从恩格斯教授，参加了黄河模型试验，在水利工程实践中成长为中国水利工程和治理黄河领域的著名专家。

沈怡，1921年赴德国德累斯顿工业大学师从恩格斯教授学习水工理论，留德期间撰写的《中国之河工》详细论述了古代黄河的决溢、治理与河工技术，获得博士学位，成为中国水利界第一位"洋博士"。1934年再度赴德国参加恩格斯教授主持的黄河模型试验。回国后，先后主持修建了湟惠渠、洮惠渠、靖丰渠、登丰渠、永丰渠、永乐渠等水利工程，在河西走廊建成国内第一座大型土坝蓄水工程——金塔县鸳鸯池水库。1949年随国民政府去台湾，20世纪70年代，辑录中外专家治黄论著，编撰出版了《黄河问题讨论集》。

郑肇经参加了恩格斯教授主持的首次黄河模型试验，1924年回国后，历任南京河海工科大学教授、中央大学水工教授、青岛市港务局局长兼总工程师、全国经济委员会水利处处长、经济部水利司司长、中央水工试验所所长等职，创建了中国第一个水文研究所和水利文献编纂委员会。中华人民共和国成立后，历任同济大学、华东水利学院、河海大学教授。主要著作有《海港工程学》《太湖水利》《港工程学》《渠工学》《河工学》《中国水利史》《水文学》《农田水利学》《再续行水金鉴》等。

握手世界

李赋都，1932 年赴德参加恩格斯教授主持的黄河试验期间，获得博士学位。1933 年 8 月回国，承担创建中国第一个水工试验所的设计和施工，并出任水工试验所所长，先后进行了官厅水库大坝和卢沟桥滚水坝的消力以及透水丁坝等试验。1937 年主持陕西灞河决口堵复工程取得成功。中华人民共和国成立后，历任西北军政委员会水利部部长、西北黄河工程局局长、河南省人大常委会副主任、河南省政协副主席、民革河南省委员会主任等职。1955 年任黄委副主任兼黄河水利科学研究所所长，主张黄河治理与开发应大力开展黄河中游水土保持工作，下游进行河道整治，固定中水河槽。主要著述有《河流总论》《黄河治理问题》《黄河下游河床演变和河道治理问题》《黄河中游水土流失地区的沟壑治理》《治河与泥沙》等。

—— 李赋都 ——

20世纪20年代留学德国汉诺威工业高等学校，曾参加奥贝拉赫水工试验所进行的黄河治理模型试验。图为李赋都20世纪30年代在天津水工所内留影

谭葆泰，1934 年参与恩格斯教授主持的第二次黄河试验工作，发表《与恩格斯教授论治河书》。历任中央水利试验处西北长寿河工试验区负责人、兼任技正试验组长、河工试验区主任，中国水利学会后补董事，中国水利工程学会出版委员会主任，1942～1945 年主持黄河花园口堵口模型试验，主持出版《水利特刊》。1948 年被国民政府派往联合国出任远东水资源发展处处长、远东经济委员会防洪局长等职。主要著译有《水工试验之发展》《中央水利实验所之阻力测试仪》《黄河堵口口门河床冲探之研究》《地球自转与河道冲蚀》《泥沙问题之范围》等。

1933 年黄河发生 22000 立方米每秒大洪水，导致下游堤防数十处决口。为了帮助中国治理黄河水患，1935 年年初，国际联盟派荷兰、英国、意大利、法国的四位水利专家聂霍夫、柯德、吉士曼、奥摩度来华，调查了解黄河洪水灾害情况。

国际联盟是第一次世界大战结束后成立的一个国际组织，于 1920 年年初正式宣告成立。共有 63 个国家，总部设在日内瓦，中国是该联盟的成员国。从 1935 年 1 月开始，聂霍夫一行先后考察了下游河道、黄河入海口及陕西、山西等地，3 月底考

1935年，国际联盟水利专家考察黄河时与中国专家合影

察结束后写出了《视察黄河报告》。

遗憾的是，该联盟在实践中并没有能够起到维护和平的作用，这份《黄河视察报告》也没有产生任何实际效果。1946年4月，随着第二次世界大战结束和联合国的成立，国际联盟宣布解散，其所有财产和档案移交给了联合国。

二、联合国援助堵复黄河花园口决口口门

黄河安危，不仅事关中国社会大局，在世界格局发生重大转折的关键时期，也往往成为国际社会高度关注的焦点。第二次世界大战结束后，联合国筹款援助堵复花园口决口口门，引黄河回归故道，就是一个著名案例。

1945年8月15日，日本宣布无条件投降。中国人民经过14年全面抗战，终于取得了抗日战争的最后胜利。

第二次世界大战，先后有60多个国家和地区参战，波及20亿人，占当时世界

人口的 80%，战火燃及欧洲、亚洲、非洲、大洋洲和太平洋、印度洋、大西洋、北冰洋。因战争死亡的军民超过 5500 万人，许多国家经济处于崩溃边缘。在中国，按 1937 年的比价计算，日本侵略者给中国造成的直接经济损失 1000 亿美元，间接经济损失 500 亿美元。

为了使受害国尽快走出战争灾难的阴影，1943 年 11 月 9 日，44 个成员国代表在美国华盛顿签订《联合国善后救济协定》，并在大西洋城召开联合国第一次善后救济大会，正式成立联合国善后救济总署（简称联总），联总常设的决策机构由美、英、苏和中国四国代表组成，联总远东委员会由中国代表担任常任主席。

联总的使命为：用粮食、燃料、衣服、房屋、医药及其他基本必需品与重要服务，救济战争受害者。联总的行政经费由各会员国共同负担，业务经费由 44 国中未遭德国、意大利、日本侵入的国家捐献每年国民收入的 1% 组成。至 1946 年，共筹集 40 亿美元。

中国政府向联总递交的 11 册《中国善后救济计划》，以消弭战争后果、筹谋经济重建为主题，分别论述了因日军侵华战争带来的粮食、衣服、房屋、医药卫生、交通运输、农业、工业、洪水泛滥区域及难民等问题。经过联总审议，共向中国输入善后救济物资、设备等总价值 5.17 亿美元，连同运费共 6 亿多美元。在这项门类广泛、项目繁多的善后救济计划中，堵复花园口决口口门，引黄河回归故道就是一项重大工程。

黄河归故问题的产生，源于 1938 年人为的黄河花园口掘口改道。

1938 年 5 月，由于豫东战役失利，中国军队节节溃退。侵华日军自豫东疾速西进，攻势凌厉。至 5 月底，豫东各县大部沦陷，开封、郑州及京汉铁路线岌岌可危。面对战争危局，国民党最高当局悍然决定掘开黄河花园口大堤，以洪水阻止日军进攻。这一人为决口，虽然在短时间内起到了阻止日军西进的作用，然而黄河肆虐泛滥，带给广大民众的是一场惨绝人寰的深重灾难。黄水所到之处，千里沃野顿成泽国，形成了一个广袤的黄泛区。

据国民政府行政院统计，此次花园口决堤酿成的黄河洪水灾难，波及豫、苏、皖三省 44 个县市，5.4 万平方千米范围内遭受灭顶之灾，受灾人口 1250 万，其中 89 万人因洪水淹没、饥饿、瘟疫而命丧黄泉，390 万人背井离乡，四处逃难。洪水

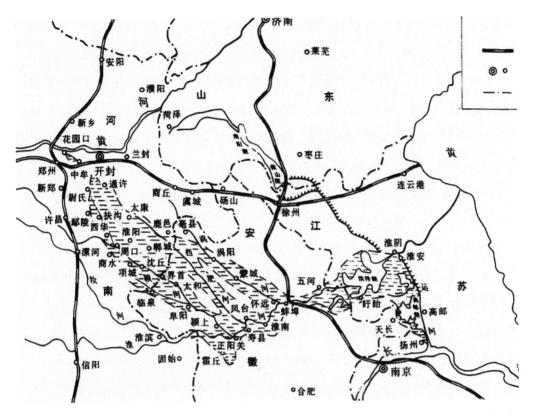

1938年，黄河花园口扒口，震惊世界，黄河改道后形成广袤的黄泛区（图为黄泛区示意图）

过后，上千万亩（1亩＝1/15公顷，下同）良田成为一片荒野，沙丘遍布，风沙四起，导致河渠淤塞，沙湮良田，生态恶化，遗患无穷。其悲凉情状，惨绝人寰，成为中国人民心头的巨大创伤！

为此，抗战胜利后，黄泛区民众迫切希望及时堵筑花园口口门，使黄河回归故道，以消除黄泛区的灾害。

由于花园口决口口门形势复杂，堵复难度很大。1941年国民政府全国水利委员会在重庆组织有关工程师和黄河问题研究专家，依据抗战前积累的黄河水文记录，实测地形图和大堤、河床纵横断面图等资料，开始探讨花园口堵口复堤工程。国民政府黄河水利委员会编制了黄河花园口堵口复堤工程计划，拟订捆厢立堵和抛石平堵两种技术方案。

立堵方案采用传统的捆厢进占法。其优点是，堵口所用的秫秸、柳枝等主要材料可以就地取材，黄河治理机构拥有技术熟练的员工，工程布置及工序较为成熟。

不足之处在于，当堵口口门收窄时，水流湍急，尤其是所剩20多米宽时，河底将刷深达30多米，水势冲力巨大，施工困难，合龙十分不易，极易前功尽弃。

抛石平堵方案的特点是，浅滩部分采用立堵的捆厢进占法，至深水部分建筑排桩木桥，桥上面铺钢轨，用小火车和手推平车运大块石料抛到桥下，堆成拦河石坝，截住河水。拦河石坝抛到一定高度，改抛柳石枕，层层加高，完成合龙。然后在石坝后加筑大堤，将石坝巩固成大堤护岸。

堵复黄河决口，引黄河回归故道，技术复杂，事关重大。为保证堵口成功，1943～1945年，国民政府全国水利委员会令中央水利试验处在重庆磐溪水工试验室、长寿县龙溪河等地，先后举办了多次花园口堵口试验，包括堵口工序、开挖引河、口门泄水量、平堵水力冲刷等试验项目。试验结果表明，黄河冬春流量一般在2000立方米每秒以下，东西两坝采用捆厢进占法将口门缩窄到200米，河底不致刷深，至口门缩窄到最后200米时，改用抛石平堵法，可望实现成功合龙。据此拟订了花园口堵口方案，花园口堵口工程所需的巨额资金，在联总专项援助计划中解决。

1946年年初，国民政府行政院善后救济总署河南分署利用联总援助物资，办理了黄河堵口复堤工赈及黄泛区赈济。在黄泛区交通要道设立许昌、漯河、周口、谭庄、逍遥镇、鄢陵等6处接待站，为40万黄泛区返乡难民提供食宿，并开展了发放急赈、开办救济难民粥厂、组织黄泛区农田复耕等赈济事宜。

对于国民政府而言，此时实施黄河花园口堵口工程，一方面，是为了战后经济重建，复兴豫皖苏泛区，稳定社会秩序；另一方面，随着战后国内军事形势的发展，此时引黄河回归故道，可以起到分割、削弱中国共产党控制的黄河下游解放区的作用，对国民政府的军事布局极为有利。

黄河堵口即将进行的消息，引起了中共晋冀鲁豫解放区的密切关注。这时，国共双方正处在军事调停阶段，全面内战尚未爆发。中共中央在延安根据对战后国内政治军事形势的深入分析，认真研究了黄河回归故道事态发展的立场与对策，对晋冀鲁豫解放区做出明确指示，指出黄河归故是黄泛区受灾群众的民意要求，也是国际国内的舆论呼声，因此解放区同意黄河归故。但鉴于抗战14年故道堤防失修，堤身残破不堪，险工毁坏殆尽，抗御洪水能力十分薄弱，如不整修堤防，黄河归故后，一旦洪水决口泛滥，将给黄河两岸解放区人民带来严重灾难。为了争取防洪治河和舆论主动，中共中央要求解放区立即派代表与国民政府黄河水利委员会及联总方面进行谈判，坚持先修复黄河故道堤防而后堵口的主张，同时筹建解放区黄河治理机构，集中力量组织沿河群众修复堤防，开展浚河整险、迁移河床内居民等工作，确保黄河回归故道后防洪安全，保卫解放区红色家园。

在此期间，中共解放区代表在周恩来直接领导下，围绕黄河归故堵口时机、治河复堤工款、河床居民迁移、防汛物资等问题，与国民政府全国水利委员会、黄河水利委员会、联总等方面的代表先后进行了菏泽谈判、开封谈判、南京谈判、上海会谈，先后签署了《南京协议》《上海会谈协定》等。

与此同时，根据中共中央指示，冀鲁豫解放区和山东渤海解放区分别成立了中共领导的治河机构冀鲁豫黄河水利委员会、山东黄河河务局。在"确保临黄，不准决口"治河方针指导下，解放区沿河军民肩挑车推，自带干粮，夜以继日，风餐露宿，掀起了一场场抢修堤防、整治险工、疏浚河道的热潮。自此，拉开了中国共产党领导的人民治理黄河事业的序幕。

然而，随着国内军事形势的急剧变化，国民党军事当局却不顾历次黄河谈判协定，不顾故道下游堤防修复，迫不及待地加紧花园口堵复工程，要求两个月内完成堵口。

根据当时汛期施工、堵口石料筹备等现实情况，中国水利专家提出的花园口堵口工程计划是：在大汛前先做成西部浅水埽工，留下东部深水工程等到 10 月初大汛后继续进行，当年 12 月底完成。同时进行黄河故道堤防培修加固、河道疏浚、整理险工等工程。而按军方要求在两个月内完成堵口，绝不可能如期实现。

此时，担任联总黄河堵口工程首席顾问的美国水利工程师塔德，对中国水利工程师的意见却不以为然。塔德毕业于美国密歇根州大学土木工程系，20 世纪 20 年代初期来华主持山东利津宫家坝黄河堵口获得成功。1936 年担任国民政府黄河水利委员会顾问，参加了山东董庄黄河堵口工程，具有一定的堵口经验。花园口堵口工程开始后，他被聘任为联总中国分署黄河堵口工程首席顾问。他自恃成功主持过黄河堵口工程，加之花园口堵口工程又是联合国善后救济援助项目，此时态度极为骄横，执意坚持当年 6 月底前完成花园口堵口工程。

由于塔德尽快堵口的主张，与国民党军事当局的谋略不谋而合，因此深得国民党军事当局的支持。

黄河花园口堵口工程现场

其间，国民党军副参谋总长白崇禧、郑州绥靖区主任刘峙等人到花园口工地督促加快堵口进度。国民政府行政院致电黄河堵复工程局，称："黄河花园口堵口工程关系重要，不宜缓办，且国际视听所系，仍应积极兴修。已电饬交通部迅速修筑施工铁路，准备列车，赶运石方至工地，希速依照原定计划积极提前堵口。"

于是，花园口堵口工程全力推进，加快了步伐。据当时统计，此次堵口施工，出动工程技术人员与技术工人 1160 余人，民工万余人，最多时上工民工多达 5 万人。与此同时，联总援助的桥梁材料、汽车、推土机、开山机、钢轨、斗车、汽油和修理机械等大量器材，河南省政府组织购运的秸料、柳枝和木桩等，交通部专门拨款修建的到花园口工地的铁路支线以及赶运器材的列车，均陆续到位。

5 月中旬，口门浅水处埽工完成 1000 米，背河堤防后戗培厚 40 米宽，临水面完成护堤丁坝 10 道，铁路铺到西坝头。6 月 21 日，完成近 500 米的栈桥修建，工程即将进入合龙阶段。正在这时，黄河洪水暴涨，正在进行的花园口堵口桥桩全部被冲，花园口堵口工程首次合龙宣告失败。

随着黄河两岸军事斗争不断升级，在国民政府催促下，10月初，花园口堵口工程重新开工，限令50日内务必完成合龙。蒋介石甚至亲自向国民政府全国水利委员会发出密电，命令"督饬所属昼夜赶工，并将实施情形具报"，并指示："宁停军运，不停河运。"

然而，黄河水深流急，险情不断，栈桥打桩极难进行，堵口施工连连受挫。蒋介石闻讯，立即电令有关部队加派车辆火速协助运送石料，再次严令堵口工程务须按照原定进度完工，不得拖延。

鉴于原来的施工堵口接连失败，黄河堵复工程局摒弃美国工程师塔德的做法，启用中国水利专家提出的平堵与立堵相结合的方法，配合加强拦河石坝、增挖引河、加筑挑水坝、盘固坝头等措施，日夜赶工，进占堵合。

首先，加固拦河石坝。在石坝上游铺垫10米宽的柳枝，一层柳一层石，压入泥沙之中，以防止河水淘刷上游坡脚。其次，在石坝下游20米处增修10米宽的坝体，坝面宽达50米，使石坝不致下蛰，成为全坝的骨干。同时，在原有两条引河之外增挖四条引河，以使河水在合龙过程中能大部回入河道，形成分流，减小口门冲力。此外，为了减轻合龙时的过水压力，还在西坝头加筑了两道挑水丁坝，将大溜挑离口门，使河水直趋故道。

1947年3月15日凌晨3时，随着坝铁丝笼闭合、柳石枕沉落，几座口门坝体相继合龙。至此，花园口堵口合龙成功，历尽十年决口浩劫的黄河回归故道。

由联总援助的黄河花园口堵口工程，自1946年3月1日开工，至1947年3月15日合龙。黄河回归故道历时一年多，累计用工300多万工日，支出工款390亿元（当时法币）。该工程社会背景错综复杂、规模宏大、施工难度极大。黄河回归现行河道，一直延续至今，在黄河历史上产生了极其深远的影响。

在中华民族的发展进程中，黄河孕育了光辉灿烂的华夏文明，但同时又始终是一个沉重的命题。由于黄河频繁决溢，决溢范围北至天津，南达江淮，纵横25万平方千米，人民群众灾难深重。虽然历朝历代先后提出过多种治理方案，许多仁人志士为治理黄河水患进行了长期的奋斗。但由于社会制度、生产力水平的限制，黄河泛滥依然如故。进入近代，由于外国资本主义的掠夺以及战争的连绵不断，人们所热切期望的"黄河宁，天下平"的局面一直未能实现。

第一章

换了人间

一、中苏编制黄河综合治理开发规划

1949年10月，中华人民共和国的成立揭开了中国历史新的篇章。这时，中国共产党和中华人民共和国面临许多困难和严峻的考验。

黄河安危，事关大局，党和国家高度重视黄河治理问题。1952年10月，毛泽东主席首次出京视察便来到黄河，听取黄委主任王化云关于黄河治理方略的全面汇报，详细察看了下游"悬河"形势，发出了"要把黄河的事情办好"的伟大号召。

中华人民共和国的成立，社会主义建设对黄河提出了新的要求，规划黄河长治久安之计，探寻黄河治本之策，很快被提到了国家的重要议事日程，是人们面临的一个重大课题。

治理黄河历史悠久，历朝历代曾提出过不少治黄方略。如西汉时期贾让的"治河三策"；东汉时期王景的"缩短河长""宽河行洪"；明代潘季驯的"宽滩窄槽""束水攻沙"；清代靳辅、陈潢先后采取的"疏浚河道""堵塞决口""坚筑堤防"等措施；近代李仪祉的"上游蓄减水沙，下游畅通其道"，以及外国专家学者费礼门、恩格斯、方修斯等关于宽河窄河的研究与讨论，等等。但这些治黄方略归纳起来，都是单纯防洪，研究如何把水沙输送到大海里的办法。

治理黄河，必须在前人研究和实践的基础上，探索出一条新路。

为了全面了解掌握黄河的情况，从1950年开始，国家组织人员对黄河流域进行了多次大规模查勘。查勘范围达42万平方千米，全面查勘了3000多千米干流河道和100多处优良坝址，广泛收集了地形、地质、水文、气象、土壤、植被、社会经济、水土流失等方面的基本资料，为编制黄河流域综合规划提供了科学的资料依据。

根据"除害兴利，蓄水拦沙"的治黄方略，这一时期，黄委拟定了一个黄河十年开发轮廓规划，计划从1953年开始，在干流上首先修建三门峡水库，蓄水高程365米，总库容730亿立方米，想用大库容拦沙的办法，满足综合利用的要求。

鉴于当时中国缺乏设计大型水利水电工程的经验，水利部、燃料工业部、黄委建议聘请苏联专家帮助制订黄河规划、设计三门峡大坝。当时国家正在制订第一个五年计划，其中苏联政府帮助中国建设的项目正在商定。于是，党中央接受了这个建议。经过中苏两国政府商谈，决定将黄河综合规划列入援建的156个重大项目。

当时，中国与苏联两国关系正处于蜜月期。中华人民共和国成立当天，苏联政府率先宣布同新生的中华人民共和国建立外交关系，并带动保加利亚、罗马尼亚等一批国家与中华人民共和国建交。开国大典两个月后，毛泽东主席首次出国即赴苏访问。1950年，两国缔结了《中苏友好同盟互助条约》。

对于当时的中苏友好关系，著名诗人艾青访问苏联时曾写道："天安门上飞白鸽，克里姆林宫上有大钟。我们从黄河之滨来到莫斯科，带来了五亿人保卫和平的决心，也带来太平洋一样深厚的友谊。"

　　1953年6月，根据政务院总理周恩来的指示，国家计划委员会召集燃料工业部、水利部、地质部、农业部、林业部、铁道部、中国科学院等单位，具体商讨苏联专家组来华前的各项准备工作，决定以燃料工业部和水利部为主，有关部委参加，成立黄河研究组，在国家计划委员会领导下，负责收集、调查、整理、分析有关黄河规划所需的各项资料。黄河研究组分工合作，日夜兼程，整编翻译出了黄河概况报告16篇，干支流水力资源坝址查勘、主要坝址地质调查、水库经济调查及水土保持调查等报告33篇，水文泥沙统计表4册，水位—流量等各种水文曲线、气象统计图表、地质地

形图及水库库容曲线等基本资料 1100 多张，为黄河综合规划的研究编制做了大量前期工作。

1954 年，苏联专家组来到中国。专家组由水工与水电站建筑、水文与水利计算、施工、工程地质及水文地质、灌溉、航运等方面的专家组成，组长为苏联电站部列宁格勒水电设计院副总工程师阿·阿·柯洛略夫。接着，由中央有关部门负责人、苏联专家、中国专家和工程技术人员组成的 120 多人的黄河查勘团，开展黄河现场大查勘，深入现场了解实际情况，收集补充有关资料，听取沿黄各地对治黄的意见和要求，选定第一期工程坝址。此次查勘，历时 110 天，查勘了从兰州到入海口的河道，包括干流坝址、支流坝址、灌区、水土保持区、水文站、下游堤防和滞洪工程，以及沿河航运情况等，行程 12120 千米。查勘期间，对黄河流域规划的重要关键问题，特别是对选择第一期工程等问题基本统一了认识，为编制黄河规划奠定了基础。

为了加快编制黄河规划的进度，1954 年 4 月，政务院决定成立黄河规划委员会，在苏联专家指导下，领导 11 个专业组的编写工作。经过半年多的努力工作，1954 年 10 月，《黄河综合利用规划技术经济报告》编制完成，分为总述、灌溉、动能、水土保持、水工、航运、关于今后勘测设计和科学研究工作的意见及结论等 8 卷，共 20 万字。与此同时，苏联专家组编制出了《黄河综合利用规划技术经济报告苏联专家组结论》，约 10 万字。

黄河综合规划对黄河水沙控制利用的方针是：第一，在黄河干支流上修建一系列拦河坝和水库。依靠这些拦河坝和水库，可以拦蓄洪水和泥沙，防止水害；可以调节水量，发展灌溉和航运；建设一系列不同规模的水电站，取得大量廉价的动力。第二，在黄河流域水土流失严重的地区，主要是甘肃、陕西、山西三省，展开大规模的水土保持工作，避免中游地区的水土流失，也消除了下游水害的根源。

根据河段的特点，规划明确提出了各河段的开发任务。

龙羊峡至青铜峡河段，河道穿行于山岭之间，河床坡度很陡，水力资源丰富，新的工业区正在迅速发展，开发的主要任务是利用水力发电，同时利用水库防洪、灌溉；青铜峡至河口镇河段，两岸是宁蒙平原，土壤肥沃，但雨水稀少，河道开阔，坡度平缓，宜于通航，主要任务是发展灌溉和航运；河口镇至龙门河段，黄河进入晋陕峡谷，坡陡流急，两岸是黄土高原，千沟万壑，发电和水土保持是这一段的主要任务；龙门至桃花峪河段，是下游洪水的主要来源区，也是修建第一期工程的关键地段，又靠近晋、陕、豫三省工业区，主要任务是防洪拦沙、发电、灌溉；桃花峪以下河段，黄河进入下游平原，主要任务是灌溉、航运，综合利用。

黄河流域远景发展规划拟在黄河干流上实行梯级开发，修建 46 座拦河枢纽工程。为了配合干流开发，计划在主要支流上修建 24 座水库，用于拦泥和防洪及综合兴利。

关于开展水土保持工作。规划将黄河流域划分为 9 个土壤侵蚀类型区，即黄土丘陵沟壑区、黄土高原沟壑区、黄土阶地区、风沙区、干燥平原区、土石山区、高地草原区、冲积平原区和林区。制定了 4 项水土保持综合措施。其中，农业技术措施包括草田轮作、横坡耕作、深耕、密植等，农业改良土壤措施主要有修梯田、地边埂、水簸箕等，森林改良土壤措施有造林、封山育林等，水利改良土壤措施包括修淤地坝、引洪漫地、沟头防护等，并制订了以上措施的具体实施计划。

为了综合解决最迫切的防洪等问题，规划提出了第一期计划，即在 1967 年以前的三个五年计划期间，在黄河干流上修建三门峡、刘家峡两座综合性枢纽工程和青铜峡、三盛公、桃花峪三座以灌溉为主的枢纽工程，以解决防洪、灌溉、发电等急需。为了拦阻三门峡以上各支流的泥沙，以保护三门峡水库，第一期工程中需要在支流修建泾河、葫芦河、北洛河、无定河、延河等五座大型拦泥水库，并在其他几条支流上修建五座小型拦泥水库，在汾河古交、灞河新街镇各建一座综合利用水库。为了控制三门峡以下主要支流的洪水，拟在伊河、洛河、沁河上各建一座防洪水库。三门峡水库及其下游支流防洪水库建成以前，为保证黄河下游防洪安全，还必须采取一系列临时防洪措施。

规划第一期工程总投资 53.24 亿元。预计第一期计划完成后，黄河下游和兰州等地防洪问题将得到解决。可扩大灌溉面积 3000 多万亩，改善原有灌区灌溉面积 1000 多万亩。三门峡、刘家峡两座水电站可增加发电装机 200 万千瓦，年发电量近百亿千瓦时。龙羊峡以下河道约有一半长度可以分段通航。水土保持措施和支流拦泥水库共同作用，黄河泥沙可减少一半左右，水土流失地区的农业产量估计将增加一倍。

1955 年 7 月 18 日，第一届全国人民代表大会第二次会议审议通过《关于根治黄河水害和开发黄河水利的综合规划的决议》。该决议指出：历代治河方略，归纳起来就是把水和泥沙送走。几千年来的实践证明，水和泥沙是送不完的，是不能根本解决

1955年7月，第一届全国人大二次会议通过《关于根治黄河水害和开发黄河水利的综合规划的决议》

黄河问题的。因此，我们对于黄河所应当采取的方针，要对水和泥沙加以控制，加以利用。从高原到山沟，从支流到干流，节节蓄水，分段拦泥，尽一切可能把河水用在工业、农业和运输业上，把黄土和雨水留在农田上。

中华人民共和国治理开发黄河的任务，不但要从根本上治理黄河的水害，而且要制止黄河流域的水土流失和消除黄河流域的旱灾；不但要消除黄河的水旱灾害，而且要充分利用黄河水利资源来进行灌溉、发电和航运，促进农业、工业和运输业的发展。

《根治黄河水害和开发黄河水利的综合规划》是中国历史上第一部全面、系统、完整的黄河综合规划，其明显的特点是：

一是以全流域为研究对象。在总结前人经验的基础上，突破了历史上治黄仅限于下游防洪的被动局面，以整个黄河流域为对象，进行统筹规划，全面治理，综合开发。这是治黄史上的一个革命性的进步。

二是强调除害与兴利的一致。突出在除害的同时，充分利用水资源兴利，为国家经济建设服务，变害河为利河。这在治黄指导思想上是一个重大突破。

三是突出综合利用的原则。拟订出多种可行的方案，最大限度地利用黄河水资源，以满足国民经济各部门的综合要求为原则，进行技术经济比较，最后选用综合利用效益最优的方案。

四是强调对水和泥沙加以控制与利用。在总结历史经验的基础上，跳出了前人单纯靠"排"的框框，强调对水和泥沙加以控制和利用。

这部宏伟规划的实施，标志着人民治理黄河事业从此进入全面治理、综合开发的历史新阶段，成为中华人民共和国黄河治理开发的一座里程碑。

二、栉风沐雨三门峡

黄河综合规划的通过，拉开了黄河全面治理、综合开发的序幕。

20 世纪 50 年代是黄河的丰水期。1953 年、1954 年、1957 年花园口连续出现了 10000 立方米每秒以上的洪峰。1958 年黄河花园口站出现 22300 立方米每秒洪峰，这是有水文资料记载以来黄河发生的最大洪水。这场洪水把一道特大的难题摆在了人们面前。按照防洪预案：当花园口站发生 20000 立方米每秒洪水时，可以启用下游左岸的北金堤滞洪区进行分洪。但是当时的北金堤滞洪区内有 100 万人口、200 多万亩耕地，运用一次损失巨大。可如果不分洪，万一堤防失守，造成黄河决口，将带来更为严重的损失。分洪不分洪，一字之差，重过千钧。

在重大抉择的关头，黄委根据黄河堤防抗洪能力，下游豫鲁两省军民的抗洪士气以及后续洪水和雨情趋势的综合分析判断，做出了"不分洪，靠严密防守战胜洪水"的决策建议，这一建议得到中央批准。按照国家防汛总指挥部的部署，豫鲁两省迅速组织了 200 多万人的防汛抢险大军，在千里堤防上与黄河洪水展开了殊死的搏斗，最终战胜了这场特大洪水，避免了淹没北金堤滞洪区的巨大损失，在治理黄河史上留下了浓墨重彩的一笔。

1958 年大洪水，更加凸显出加快建设黄河干流防洪工程的紧迫性。

1957～1959 年三年时间内，在黄河干流上同时开工修建三门峡、刘家峡、盐锅峡、青铜峡、三盛公、花园口、位山 7 座枢纽工程。1957～1958 年先后三次召开黄河流域水土保持会议，推动黄土高原水土保持工作。流域灌区进行整修改造和扩建，黄河流域出现大规模水利建设新高潮。

三门峡水利枢纽是黄河规划的第一期重点工程，是黄河干流上兴建的第一座高坝大库。1955～1957 年，完成了三门峡水利枢纽工程地质勘探和测量工作。1955 年 8 月，黄河规划委员会将《黄河三门峡水利枢纽设计技术任务书》和国家计划委员会的审查意见等文件正式提交苏联电站部水电设计院列宁格勒设计分院。根据技术任务书等文件提出的要求，列宁格勒设计分院组织了相当大的技术力量。以柯洛略夫为首的 1000 多名设计人员投入了三门峡工程设计工作，全苏水工科学研究院、列宁格勒工业大学、列宁格勒金属工厂及苏联国立水文研究院等单位，都参加了三门峡工程设计与研究。

1956 年 4 月，列宁格勒设计分院提出《三门峡水利枢纽初步设计要点报告》，确定枢纽任务是：防洪、灌溉、发电和航运。估计枢纽建成后 8 年（1968 年）黄河可减少泥沙 20%，50 年后减少 50%。水库拦洪运用在开始 8 年内淤积 80 亿立方米，50 年内淤积 350 亿立方米（扣除异重流排沙 20%）。正常高水位高程最低为 360 米，若水库寿命按 100 年考虑，正常高水位为 370 米。

苏联专家组在研究三门峡建坝问题

在此之前，中国国内关于兴建黄河水库的坝址选择和开发目标一直存在分歧和争议。

出于解决黄河防洪问题的考虑，水利部先后提出八里胡同、三门峡、邙山等方案，其核心问题是要找一个水库进行蓄水拦沙；而电力部则对此表示反对，认为应开发中国丰富的水力资源，以发电促工业。

苏联专家组通过全面查勘，对黄河流域规划的重要关键问题，特别是第一期工程方案的选择发表了意见。

苏联地质专家认为，三门峡一带的岩石，在指甲那么大小的面积上，就可以经得起 10～20 吨的压力。如此坚强美妙的高水头大坝基础，方圆几百千米再也找不到第二处了。

苏联水文专家认为，三门峡控制了全河流域面积的 92%，在此筑起高坝，将会奇迹般地出现一座拥有 354 亿立方米库容的峡谷平湖。黄河其他地方已经没有这样优越地适宜修建水库的坝址了。

苏联动能专家认为，三门峡一带矿产资源丰富，一座座工业新城正在崛起。有了水库调节，这里将组成一个强大的电力系统，为工业发展提供宝贵而廉价的光和热。

苏联水工专家认为，三门峡地形条件优越，筑坝材料优良，每千瓦发电能力和每千瓦时电量分摊的混凝土比例，当属世界上最经济、最合算的技术经济指标了。

苏联施工专家认为，三门峡与陇海铁路大动脉近在咫尺，设备材料运输畅通，河势地形极为有利。

于是，专家组组长柯洛略夫综合大家的意见表态说："必须承认，从龙门到邙山，我们看过的全部坝址中，三门峡坝址是最好的一个坝址。任何其他坝址都不能代替三门峡为下游带来那样大的效益，都不能像三门峡那样能综合解决防洪、灌溉、发电等方面的问题。为了解决防洪问题，想找一个既不迁移人口，又能保证调节洪水的水库坝址，是不能实现的空想、幻想，没有必要去研究。任何一个坝址，为了调节洪水所必需的库容，都是用淹没换来的。随着黄河流域水土保持工作大规模的开展，进入三门峡水库的泥沙将减少一半。半个世纪之后，水库仍然有将近一半的库容可供利用。因此，设计可以将 80% 的泥沙拦在水库内。"

在当时的背景下，苏联专家组的意见，对于编制黄河规划的指导思想和三门峡工程的设计原则及开发目标，近乎成了结论性的意见。

1956 年 7 月 4 日，国务院审查《三门峡水利枢纽初步设计要点报告》，初步确定三门峡工程按正常高水位 360 米高程建设，在 1967 年前正常高水位应保持在 350 米；采用混凝土重力坝，电站厂房方案在初步设计中进行比较后确定；要求工程于 1961 年拦洪，第一批机组发电，1962 年全部竣工。按照上述意见和决定，苏联列宁格勒设计院于 1956 年年底完成了三门峡水利枢纽初步设计。

在此期间，1955 年 12 月国务院常务会议决定组建黄河三门峡工程局，开始工程筹建工作。根据三门峡水利枢纽的工程规模和机械化施工项目，并参考苏联卡霍夫卡水电站建设局的机构和人员组成，黄河规划委员会向中共中央呈送了《黄河三门峡工程局的组织机构和干部调配意见》的报告。1956 年 3 月 9 日，中共中央总书记邓小平批准发布了这个报告。

1956 年 7 月 5 日，中共中央通知国家计划委员会、国家经济委员会、水利部、电力工业部、铁道部、交通部、卫生部、公安部、高等教育部等部委和河南省委、山东省委、湖北省委、上海市委，要求各有关部门和地区立即按照三门峡工程局调配干部的名额、条件和调集日期进行抽调。有关部门和省、市调来各级干部 2968 人，全国各地水利水电工地抽调来的精干施工队伍，从北京、上海、辽宁等五个省（市）调来的优秀技术工人，豫、鲁、冀三省从农村抽调的 6000 多名青壮劳力，陆续到达三门峡工程施工现场。

1957 年 2 月，国家建设委员会在北京主持召开三门峡水利枢纽初步设计审查会，有关部门、高等院校和科研单位的专家、教授、工程师共 140 多人对初步设计进行审查。苏联派全苏水力发电设计总院总工程师瓦西连柯和三门峡水利枢纽设计苏方总工程师柯洛略夫等 21 位专家来华参加审查会，审查会基本同意初步设计的内容。但是，对三门峡水库的正常高水位、淹没移民、拦沙与排沙等问题，出现了严重分歧。一是陕西省对此反映强烈，认为库区淹没损失太大，要求降低水库正常高水位。二是清华大学教授黄万里、水力发电建设总局青年技术员温善章提出三门峡水利枢纽应按低水位、少淹没、多排沙的思想进行设计，水库按拦洪排沙的方式运用。

当时三门峡枢纽初步设计已经完成，工地已进行了大量施工准备工作，工程即将开工。在这种情况下，周恩来总理得知上述不同意见后极为重视，指示水利部邀请各方面专家再次认真讨论，以期正确解决。

遵照周恩来总理的指示，水利部于 1957 年 6 月在北京召开由有关方面专家参加的三门峡水利枢纽讨论会。对三门峡水库的任务、正常高水位、运用方式等进行讨论。由于"拦洪排沙"运用方式的建议与原设计"蓄水拦沙"原则大相径庭，经过激烈的争论，大多数意见认为，排沙方案不能制止下游河道的继续抬高，不能从根本上解决下游防洪问题，也不能充分发挥水库的综合效益，因此主张维持原设计方案。同时，为缓和大批移民的困难和泥沙淤积问题，建议枢纽分期修筑，水库分期抬高水位运用，分期移民，对初期运用水位认为定在 340 米为宜。

1957 年 4 月 13 日，三门峡工程开工典礼隆重举行，施工全面铺开。《人民日报》发表《大家都来支援三门峡啊》的社论，引起了举国关注。

11 月，水利部经对三门峡水库各种规划方案和水土保持等问题进一步研究后，向国务院及国家建设委员会呈送的报告指出：黄河下游河道逐年淤高，洪水威胁严重，万一决口改道，将打乱整个国民经济发展的部署。因此，修建三门峡水利枢纽实属刻不容缓。国务院审查国家建设委员会报送的关于三门峡工程初步设计的审查报告后，认为初步设计符合"初设任务书"要求，批准了初步设计。

1958 年 3 月，中共中央书记处召开会议讨论通过《黄河三门峡水利枢纽技术设计任务书》。以刘子厚为团长、王化云为副团长的中国赴苏联代表团，将《黄河三门峡水利枢纽技术设计任务书》交苏联列宁格勒设计院，双方就枢纽工程加速施工方案进行了讨论，取得一致意见。

然而，陕西方面对于三门峡工程库区淹没等一些原则问题仍存在不同意见。三门峡枢纽工程开工以后，施工进展迅速，至 1958 年年初已完成了很大的工程量，比计划工期提前一年，当时的设计工作已赶不上施工要求，如果再改变设计条件，苏联列宁格勒设计院的设计工作就要推迟，工程势必停工，将造成很大损失。因此，各方面都急切要求中央尽快拍板定案。

为此，周恩来总理于 1958 年 4 月亲自到三门峡工地主持召开现场会，听取各方面的意见。周恩来总理在会上指出：三门峡枢纽到现在还有争论，其原因就是规划的时候，对一条最难治的河各方面研究不够所造成的。如果说这次是在水利问题上拿三门峡水库作为一个中心问题，进行社会主义建设中的百家争鸣的话，那么现在只是一个开始，还可以继续争鸣下去。在这次会议总结中，周总理确定了几条原则：三门峡水利枢纽修建的目标是以防洪为主，综合利用为辅，先防洪，后综合利用，最基本的目标是在遇到特大洪水时，黄河下游不决口，防止洪水灾害；上下游兼顾，确保西安，确保下游；不能一搞三门峡就只依靠三门峡，要同时加紧进行水土保持，整治河道和修建黄河干支流水库；从全局考虑，留有余地，争取降低泄水孔底坎高程。

1958 年 6 月，根据周恩来总理指示精神，中国方面向列宁格勒设计院提出了三门峡工程技术设计任务书补充意见，要求修改设计。苏联方面经过进一步试验研究认为，泄水孔底坎高程降至 310 米比较经济合理，如果再降至 300 米，增加排沙不多，而增加造价较多，技术经济不合理，将来检修也不方便。

1958年，中国黄河三门峡工程代表团赴苏联访问（图为代表团在列宁格勒水电设计院听取专家汇报）

6 月下旬，在周恩来总理主持下，再次召集水利部及有关省的领导人进一步交换意见。水电部党组根据这一阶段的研究意见向中央写了报告，该报告被作为中共八大二次会议文件印发。经反复研究，最后确定：三门峡拦河大坝按正常高水位 360 米高程设计，第一期工程先按 350 米高程蓄水位施工，1967 年前最高运用水位不超过340 米，死水位由原设计高程 335 米降至 325 米，泄水孔底坎高程由原设计 320 米高程降至 300 米高程，第一期工程大坝坝顶高程先修筑至 353 米。

1959 年 10 月，周总理在三门峡再次主持召开现场会议，研究确定并经中央最后批准：1960 年汛前三门峡水库移民高程为 335 米，近期水库最高拦洪水位不超过

黄河三门峡工程代表团赴苏联访问期间（图为中苏专家合影）

333 米高程。

据此，1959 年年底，列宁格勒设计院完成了全部技术设计任务。

三门峡水利枢纽，事关黄河治理大局，是当时中国规模最大、技术最复杂、机械化水平最高的水利水电工程，得到全国人民的大力支援。同时，捷克斯洛伐克、匈牙利、波兰、德意志民主共和国、越南等国家在机械设备、运输工具等方面，也给予了支援。中央领导对此高度重视，周恩来总理三次莅临工地，现场研究解决工程重大问题，刘少奇、朱德、董必武、邓小平、李先念、陈云、彭真、李富春、陈毅、彭德怀、习仲勋、罗荣桓、聂荣臻等党和国家领导人先后亲临三门峡工地视察，有力鼓舞了建设者的热情和士气，推动了工程施工的顺利进行。

1959 年 7 月，三门峡大坝坝顶高程浇筑到 310 米，较设计工期提前两年，起到部分拦洪作用。1960 年 6 月，大坝全断面高程浇筑到 340 米，9 月开始蓄水运用，提前一年实现拦洪。1961 年 4 月大坝修建至第一期工程坝顶设计高程 353 米，枢纽主体工程基本竣工，较设计工期提前一年零十个月。

然而，始料不及的是，三门峡水利枢纽建成开始蓄水拦沙运用后，库区发生大量泥沙淤积。在一年零六个月的时间内，水库 330 米高程以下淤积泥沙 15.3 亿吨，有 93% 的来沙淤积在库内，水库淤积末端出现"翘尾巴"现象。1962 年 3 月，潼关站流量 1000 立方米每秒的水位比 1960 年同期抬高了 4.4 米，渭河口形成拦门沙，渭河下游泄洪能力迅速降低，两岸地下水位抬高，水库淤积末端上延，渭河下游两岸土地盐碱化面积增大，严重影响到农业生产和群众生活。

直到这时，人们才认识到，在援助中国编制黄河综合规划和设计三门峡工程的苏联专家队伍中，缺失了一个至关重要的专业——泥沙研究。黄河，作为世界上泥沙最多的河流，绝不像苏联"静静的顿河"与伏尔加河流域，修建起大坝水库就可以发电那么轻而易举。

不过，待到三门峡工程出现问题时，苏联专家组已抽身而退。1960 年苏联决定撤走在华全部专家和顾问，中苏两国 300 多份专家合同与 200 多个科学技术合作项目半途解约。1963～1964 年，国际共运史上发生了规模空前的中苏大论战，直至最后珍宝岛兵戎相见。随着西伯利亚阵阵寒流降临，"苏联老大哥"越走越远。

在黄河三门峡工程问题上，中国人开始用充满智慧的大脑独自探索这道世界性难题。

三、从"蓄水拦沙"到"上拦下排"

三门峡工程引发的问题与争论，仍在发展演绎。

鉴于三门峡库区出现严重淤积，1962 年 3 月 19 日，国务院决定改变三门峡水库的运用方式，由"蓄水拦沙"改为"滞洪排沙"，汛期闸门全开敞泄，只保留防御特大洪水的任务。这样，库区泥沙淤积有所减缓，但潼关河床高程并未降低。由于三门峡水利枢纽泄水孔位置较高，在 315 米水位时只能下泄 3084 立方米每秒的洪水，入库泥沙仍有 60% 淤在库内。1960 年 5 月开始运用时 335 米水位以下的库容为 98.4 亿立方米，到 1964 年 10 月锐减为 57.4 亿立方米，渭河下游的淤积继续发展。

1962 年 4 月，在全国人大三次会议上，陕西省代表提出提案，要求三门峡枢纽工程增建泄洪排沙设施，以减轻库区淤积。该提案由国务院责成水电部会同有关部门和有关地区研究处理。

全国人大三次会议后，周恩来总理亲自召集有关人员专门座谈研究了这个问题。座谈会上绝大多数人认为，三门峡水库的运用方式由"蓄水拦沙"改为"滞洪排沙"是正确的，但对于是否增建泄流排沙设施及增建规模等则意见分歧较大。

为此，水电部于1962年8月、1963年7月两次召开技术讨论会，邀请有关部门领导、专家、教授和工程技术人员，对三门峡枢纽工程改建的可行性、改建方式与规模进行深入研究。会议着重讨论三门峡水利枢纽的运用方式、库区治理及是否增建泄流排沙设施等问题。与会多数代表主张枢纽的运用方式改用"拦洪排沙"。理由是库区上游的水土保持不可能按规划在近期内生效，大量泥沙入库，水库就有很快被淤废的危险，且移民存在着很大困难，在这种情况下，采用"拦洪排沙"的运用方式，在不影响下游防洪的条件下，力争多排沙，尽量减少库区淤积和淹没损失，延长水库寿命。

少数人仍坚持"蓄水拦沙"的运用方式，以使枢纽达到综合利用的目的。他们认为要改变三门峡枢纽的运用方式论据还不充足，没有理由推翻原定的综合利用方式，近年水库来沙量大，这是不正常年份，常年平均沙量不会增加，综合利用效益大，不能因小失大。

多数意见认为，黄河最根本的问题是泥沙问题，要解决泥沙问题最根本的办法是搞好水土保持工作，以往对水土保持过于乐观，对减沙效果估计过高，看来必须有相当长的时间才能产生显著效果。在这种情况下，有人主张应兴建大量的中、小型拦泥库来拦沙；而有人则认为，拦泥库耗费人力、物力太大，且库容有限，而泥沙量巨大，会很快被淤废，得不偿失，在技术上尚需进一步研究。有人提出在增建泄流排沙设施前，利用下泄沙量不多的有利时机，抓紧下游河道整治，工程量不大，但见效快。有人则提出，黄河下游应有计划地进行放淤造田。也有人提出对库区上游的低洼滩地，有计划地放淤，把不利的泥沙淤积引向有利的地方。

与会者大多数是赞成增建泄流排沙设施。水电部北京勘测设计院提出了改建方案：打开3个原施工导流底孔，进口高程为280米；在左岸增建两条泄流排沙隧洞，进口底槛高程为290米；改建电站坝体5～8号四条原发电引水钢管为泄流排沙管道，进口高程为300米。与会者围绕这个方案进行了讨论，但意见分歧很大。

不主张增建泄流排沙设施的理由是：大量泥沙下泄，将会增加下游河道的淤积，河床随之抬高，对下游防洪极为不利；三门峡增加下泄洪水，如与三门峡至花园口区间的洪水相遇不能错峰，将给下游的防洪带来严重威胁。因而主张兴建干支流拦泥水库，结合水土保持工作，减少入库泥沙，以减轻库区淤积。

主张立即增建泄流排沙设施的代表提出，为了保证库区不受浸没影响，减轻库区移民困难，增建泄流排沙设施已经迫在眉睫，这是水土保持和拦泥库所无法代替的；增建后，通过调节径流可以调节泥沙，有可能探索到最佳的控制运用方法，使更多的泥沙输送入海。在增建规模上，有的提出先增建两条隧洞和打开三个底孔；有的主张增建两条隧洞，改建 4 条发电引水钢管为泄流排沙管道；有的主张打开 12 个原施工导流底孔等。由于分歧较大，会议未能达成一致意见。

1964 年 10 月，三门峡库区累计淤积泥沙达 50 亿吨，库容急剧减小，渭河的淤积影响已延伸到距西安 30 多千米的耿镇附近。

三门峡出现问题后，引起了社会各界和全国人民的密切关注。从枢纽建成到 1964 年，围绕三门峡问题一直在进行着争论，并由三门峡工程延伸到对黄河综合规划的评价。

经过几年的技术讨论、方案研究和学术争论，三门峡的问题渐趋明朗，周恩来总

北京水利水电工程学院院长汪胡桢担任三门峡工程局总工程师期间，向与会者介绍工程情况

理决定召开一次治黄会议，统一思想，下决心解决三门峡的问题。1964 年 12 月，周恩来在北京主持召开了治理黄河会议，会议议题主要是研究解决三门峡工程改建问题。

出席会议的有中央有关部、委，各有关省政府负责人，国内著名水利专家、学者和长期从事治黄工作的科技人员，共 100 多人。会议首先听取了黄委主任王化云关于近期治黄意见的汇报。他认为，三门峡的问题表明单靠"拦"不能解决黄河的泥沙问题，必须辅以适当的"排"作为"拦"的补充，实行"上拦下排"的治河方略。

与会代表对解决三门峡水库泥沙问题，畅所欲言，各抒己见，呈现出百家争鸣的局面。最具有代表性的有三种意见。

第一种是北京水利水电学院院长汪胡桢的"维持现状论"。三门峡工程修建时，汪胡祯任三门峡工程局总工程师。他认为 1955 年黄河综合规划中"节节蓄水，分段拦泥"的措施和三门峡工程设计是正确的。三门峡水库修建后，停止了向下游输送泥沙，这是黄河的革命性变化。如果对三门峡工程进行改建，必然会使泥沙大量下泄，下游河道仍将淤积，危如累卵的黄河，将回到决口改道的老路。因此，他主张近期应维持三门峡原规划设计的 340 米正常高水位，同时在中游修建大型拦泥库，积极开展中游地区水土保持，以解决三门峡库区的泥沙淤积问题。

第二种是河南省科委副主任杜省吾的"炸坝论"。他认为：黄河治理开发综合规划中的"蓄水拦沙"方略和修建三门峡工程是错误的。"黄河本无事，庸人自扰之"，黄土泥沙下泻乃黄河的必然趋势，绝非修建水工建筑物等人为力量所能改变，因此他主张拆掉三门峡大坝，对黄河下游进行人工改道。

第三种是长江流域规划办公室主任林一山的"大放淤"。他认为水土保持不可能完全拦住泥沙，黄河治理必须立足于用水用沙。把泥沙送到需要的地方，把水沙吃光喝尽，今后的下游黄河将成为一条干河，河口也将成为历史陈迹。这样，洪水问题自然解决，水沙也得到了全部利用。

这次治黄会议，气氛活跃，思想解放，争论激烈，

｜杜省吾｜

河南省科委副主任，在 1964 年治理黄河会议上，提出炸掉三门峡大坝，让黄河恢复原来形状

是中国治河史上不多见的。在历时半个月的会议期间，周恩来总理九次到会听取代表们的发言。在广泛听取了各种意见后，周恩来总理做了会议总结讲话，他说：黄河治理，总的战略是让黄河成为一条有利于生产的河，但究竟如何利用，泥沙都留在上中游还是放在下游，全河怎样分担、如何部署，不仅是方法问题，也是方针问题；不单是技术问题，而且是带有战略性的问题，不要执其一端，要全面看问题。

关于黄河规划和三门峡枢纽工程，做的是全对还是全不对，是对的多还是对的少，这个问题有争论，还得经过一段时间的试验和观察才能看清楚，不宜过早下结论。黄河情况非常复杂，怎么能说黄河规划就那么好，三门峡水利枢纽工程一点问题都没有？各种意见都要克服片面性，都不要自满，要从全局看问题，多思考，多研究资料，多到现场去看看，不要急于下结论。总的原则是，要两个确保，确保下游、确保西安。泥沙淤积是当前的关键问题，三门峡水利枢纽工程改建要下决心。

周恩来总理还从认识论的高度做了精辟阐述。他说：任何经济建设总会有未被认识的规律和领域，这就是恩格斯说的，有很多未被认识的必然王国。自然界更是如此。黄河的情况这么复杂，我们必须不断地去认识，认识一个，解决一个，还有新的未被认识，而且情况还在不断变化，还要继续探索认识。一个时期内掌握得比较全面、比较成熟的，能够做结论的先做，其他未被认识的或未掌握好的，可以等一等。

周恩来总理的讲话，高屋建瓴，鞭辟入里，从认识论的高度深刻阐明了治理黄河的复杂性，使与会者心悦诚服，深受启发。在充分征求有关负责人的意见后，会议最后决定，对黄河规划及三门峡工程本身暂不做结论，确定对三门峡大坝进行改建，左岸增建两条排沙隧洞，改建四根发电引水钢管，以加大泄流排沙能力，解除库区淤积的燃眉之急。

治黄会议结束后，经国务院批准，从 1965～1972 年，三门峡水利枢纽先后进行两次改建，增加了泄流排沙设施，降低了泄水孔高程，加大了泄流排沙能力。1973 年 11 月，三门峡水库开始按"蓄清排浑"方式运用，即汛期泄流排沙，汛后蓄水，变水沙不平衡为水沙相适应，使库区泥沙冲淤基本平衡。潼关以下库区由淤积变为冲刷，渭河下游淤积速度减缓，土地盐碱化有所减轻。同时也加大了下游河道的排沙入海能力。三门峡水利枢纽从此开始发挥防洪、防凌、灌溉、发电和供水的综合效益。

　　三门峡水利枢纽作为在黄河上修建的第一座水利工程，经历了曲折发展的历程，极大深化了人们对黄河规律性的认识。

　　实践证明，黄河下游防洪是一项长期的任务，必须不断完善下游防洪工程体系，加强非工程措施建设，确保黄河下游防洪安全。水土保持工作是改造黄土高原面貌和治理黄河的一项根本措施，但需要长期坚持不懈的奋斗。以淹没大量良田换取库容用于"蓄水拦沙"的治理黄河方略，不适合人多地少的中国国情，违背了黄河多泥沙的自然规律，反映出当时对黄河认识的严重不足。解决黄河泥沙问题，必须通过多种途径，上拦下排，采取综合措施。三门峡水利枢纽经过改建，为多泥沙河流探索出了保持长期有效库容的新途径，极大丰富和发展了泥沙科学理论，为此后小浪底水利枢纽的上马，提供了宝贵的经验。

改建后的三门峡工程在"上拦下排、两岸分滞"黄河下游防洪工程体系中发挥着重要作用

第二章

春潮涌动

一、中法黄河水土资源治理研究

1978 年 12 月，党的十一届三中全会的召开，实现了党和国家历史的伟大转折。国家以经济建设为中心，坚持深化改革，坚持对外开放，在各个领域取得了举世瞩目的巨大成就。

在此之前的十余年间，治理黄河国际交流活动仅有几次参与对社会主义国家的援外项目。如 1964 年 5～8 月黄委派员参加中国科学院援越工作组，协助越南拟定防治水土流失措施；1971 年派员随西北水土保持研究所赴古巴援建水土保持研究所；1974 年派出两位工程师赴阿尔巴尼亚支援菲尔泽水电站建设。

握手世界

进入改革开放时期，黄河治理开发国际交流与技术合作，如春潮澎湃，方兴未艾。对外合作交流范围涉及政策法规、防洪工程、水土保持、水力发电、水环境治理、扶贫开发、技术援助、流域管理能力建设、科技人员培训、模型研究等科研合作项目，并利用外资，开展了黄河下游防洪工程建设、兴建大型水利工程、黄土高原水土保持、灌区节水改造等一大批水利重点项目。

改革开放后，黄河上第一个中外合作项目是中国与法国合作的黄河水土资源治理研究项目。

依据中国政府和法国政府 1978 年 1 月 21 日签订的科技合作协议、1979 年 12 月 15 日双方政府关于发展经济联系和合作的长期协议，中方水利部和法方地质矿产调查局于 1989 年 4 月签订了科技合作协议，商定在遥感应用方面互相派遣专家，交换技术资料，对黄河治理项目进行研究。选择绥德裴家峁沟等三条小流域做试验示范区，将遥感分析、地理信息系统、数学模型等新技术应用于黄河水土资源治理研究。

中法双方制订了"中法遥感合作项目一九八九年度计划"。协议条款内容包括：安排一名中方专家赴法国参加为期四个月的地学遥感应用培训，在法国进行关于"黄土高原"和"洪水地区"两个区域的示范研究。法国专家考察团访华，其任务包括：由一名 GIS 和数字图像处理专家评估黄委现有设备能力、黄委在黄河治理方面遥感应用的需求；由一名法国地貌、地质专家参与在黄土高原区选择一个试验性流域，初步分析评价黄土侵蚀的构造、地质和水文地理主要因素的可能，并鉴别洪水地区河床形态问题；由一名法国模型专家考察认定黄河协作问题和解决问题的可行性；由一名法国计量、遥测专家考察确定小流域试验区，在 1990 年第二阶段装备法国自动发报机 2 个及雨量计、水位计。

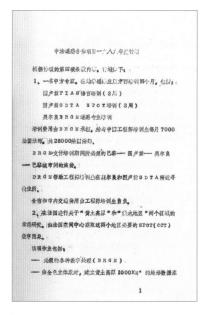

中法遥感合作项目一九八九年度计划

按照这一年度计划，1989 年 5 月黄委选派张洪模赴法国，进行了语言、SPOT 卫星影像和遥感应用等专业内容的为期四个月的培训。

1990年1月14～20日，法国地质矿产局派遣地理信息系统专家拉维尔访问中国，就建立黄河中游泥沙径流信息系统近期工作范围、中方现有仪器设备和专业技术力量等进行考察和评估。期间，拉维尔参观了黄河博物馆，听取了中方国内工作开展状况的介绍，参观了黄委防汛自动化测报中心的计算机和遥感图像处理设备，考察了三门峡水利枢纽、黄土地貌、土壤侵蚀状况，举办了地理信息系统学术讲座和座谈，并就合作项目实施进一步交换了意见。

通过实地参观考察和座谈，拉维尔认为，黄委测报中心具有优良的计算机与遥感仪器设备，专业技术力量实力满足要求，中方在部分信息源方面做了大量准备工作，已经具备开展本项目的条件。建立黄河中游泥沙、径流信息系统时，主要是需要添置配套设施和相应软件。

同时，拉维尔提出两方面建议：第一，以研究泥沙洪水为目标的信息系统，是一个庞大的系统工程，应当考虑多用户共享，建成后应使其发挥更大效益。因此，采集数据要准确无误，涉及空间数据比例尺要恰当。第二，信息系统设计要由计算机软件、硬件专业人员组成的强有力、相对稳定的班子实施，有关专业人员要参与软件的编制工作。

通过拉维尔的访问，中方对拟应用于泥沙径流信息系统的SYNERGIS软件有了初步的了解，使拟订的1990年度计划方案更加具体切实。双方一致认为，拉维尔专家的这次访问，取得了多方面的成效，是一次成功的访问。

1990年2月19～25日，法国地矿局遥感部副经理斯坎维克一行访问中国。他们在郑州听取了中方项目实施单位工作开展情况的介绍，参观了黄委防汛自动化测报中心的计算机和遥感图像处理设备，考察了三门峡水利枢纽工程。双方对1990年度工作计划取得了一致意见，认为：1989年度法方专家先后访问中国，实地考察，选择试验示范区，编写项目报告，并在数据接收处理方面培训了中方人员；黄委测报中心在利用遥感资料编制专题图件和信息系统准备工作、黄河中游治理局在建立产流产沙模型方面，都做了大量前期工作，为1990年项目实施创造了有利条件。

经磋商，法方同意中方提出的"一九九〇年度工作计划建议"，同意中方提出的增加一名数学模型专家访问法国的建议。法方愿以多种渠道争取资金来源，在绥

德和郑州安装由法方提供的两套自动遥测计及一个地面接收站。

访问期间，斯坎维克与水利部外事司、黄委测报中心负责人会见法国驻华大使馆科技参赞。通过访问会谈，双方一致认为，在当前形势下，中法黄河项目的合作是令人满意的。法国方面非常感谢中方的有力合作。

"中法黄河合作项目一九九〇年度执行计划"内容主要包括：

（1）利用法国地矿局提供的 SPOT 影像和黄委提供的 TM 图像，准备裴家峁沟、韭园沟和岔巴沟的所有专题图件，包括地质构造图、土地利用图、植被图和土壤保持措施图（BRGM 和 YRCC）。

（2）通过各种数字处理技术，建立数字地形模型（BRGM）。

（3）建立地貌图，利用专门软件，由数字地形模型生成高度图、坡度图、水系图和断面图，这些图件将构成地理信息系统所需的部分数据库（BRGM）。如果需要，由黄委收集，提供社会经济数据作为补充信息。

（4）在花园口水文站安装两台遥测仪，一台遥测水位、一台测量含沙量。所测数据，经过 ARGOS 系统，传送到黄委在郑州建立的接收站。

按照商议的方案，三位中方专家（项目经理、遥感专家和产流产沙模型的专业人员）出访法国，先后访问了蒙彼利埃 ORSTOM、法国格勒诺贝尔水力试验室和法国地矿局（奥尔良）。双方在格勒诺贝尔交换产沙产汇流模型的意见，商定适用于地理信息系统的模型（中国的或欧洲水文系统的模型）。中方要求所建立的产沙产汇流数学模型采纳在此次访问中所达成的结果和建议，项目初步设计适用于中国黄土高原试验小流域的地理信息系统（GIS）。

在技术开发上，法国方面完成试验区 8 幅 SPOT 图像的接收和图像处理，建立示范区地形数据库（DTM），可自动生成坡度图、水系图和纵横剖面图。DTM 是绘制土壤侵蚀类型图的必要工具之一，也是建立数学模型的重要组成部分。SPOT 卫星数据的最重要特性就是不仅能垂直成像，而且有侧视功能，可取得立体影像，能可靠、快速地建立地形数据库。

为配合项目的开展，黄委选派五名工程师赴法国进行技术交流和培训。经过培训，专业人员接触和了解到一些新的技术，在 SPOT 图像处理、GIS 技术应用和水文遥测等方面提高了水平，为项目的开展创造了条件。

自 1989 年合作协议签订以来，中法双方每年都制订年度执行计划，按照计划推进项目。根据 1991 年、1992 年项目执行计划，中方完成了岔巴沟、韭园沟和裴家峁沟三条小流域五万分之一专题图的编制，包括：行政区域图、水文站网布设图、土地利用现状图、水保工程措施图、植被图、地貌图、地质图。1992 年 7 月，完成《试验区及黄土高原严重水土流失区产汇流及产沙输沙数学模型建模方案》。

中法黄河合作项目一九九〇年度执行计划

1993 年 7 月，法方为黄委无偿提供水文遥测设备一套，内含：自记水位计一台、自记雨量计三台和卫星接收站一台，价值 32 万法国法郎。该套设备属自报式系列、实时遥测系统，通过阿高斯（ARGOS）卫星系统实时传输水文数据。该设备的安装运行，为黄河实现水文自记数据的卫星远程实时传输做出了示范。

通过该项目的实施，完成了一系列科技成果，包括:《黄河合作项目代表团报告》

《模拟土壤侵蚀建立地理信息系统评价》《黄河上中游黄土高原严重水土流失区产汇流及产沙输沙数学模型建模方案》《中国黄土高原生态系统环境保护和监测合作研究建议书》《地理信息系统和遥感技术在黄河流域土壤侵蚀区的应用》《编制黄土高原岔巴沟土壤侵蚀图的方法研究》《中法黄河科技合作项目阶段总结报告》等。

1991年10月，该项目论文《SPOT卫星遥感在中国西北黄土高原地区的开发应用》被在北京召开的"国际地质灾害防治学术讨论会"收录。

经中法双方的共同努力，黄河科技合作项目取得了丰硕的成果，对黄河流域水土流失的治理和研究起到了积极的推动作用。

二、"黄河三花间"遥测洪水预报项目

1980年，为改善黄河三门峡至花园口区间水雨情数据收集的手段和洪水预报方法，黄委与联合国开发计划署、意大利世界试验室联合进行了"黄河三门峡至花园口实时遥测洪水预报系统"（简称三花系统）建设。

黄河下游河道是高踞华北平原之上的"悬河"，历史上洪灾频繁，被称为中华民族的忧患。中华人民共和国成立后，取得了岁岁安澜的伟大胜利，但由于黄河的洪水泥沙尚未得到有效控制，河床不断淤积抬高，防洪形势仍十分严峻。

黄河下游的洪水主要来自托克托至龙门、龙门至三门峡、三门峡至花园口（简称三花）等三个区间。三门峡水库建成后，对前两个地区的洪水有所控制，而三花间的洪水尚无有效控制措施。据计算，在三门峡工程控泄1000立方米每秒流量情况下，花园口站仍有可能出现大于30000立方米每秒的特大洪水，三花间是对下游防洪安全威胁最大的洪水来源地区。目前，黄河下游主要依靠堤防和蓄滞洪工程，防御经三门峡、陆浑、故县水库调蓄后的洪水，陶城铺以上临黄大堤是按防御花园口站22000立方米每秒洪水设计的，陶城铺以下临黄大堤的防洪标准是10000立方米每秒。出现超过堤防防御标准的特大洪水时，则要运用水库和蓄滞洪区拦洪削峰，保障防洪安全。

要发挥三门峡、陆浑、故县水库的防洪效益，关闸拦洪，三门峡水库到花园口

站的洪水传播时间至少要提前 22 小时发布花园口站的洪水预报。要使用北金堤蓄滞洪区需临时撤出近百万居民，使用东平湖蓄滞洪区也要撤出十几万人。为安排蓄滞洪区居民和物资的转移，及时组织沿黄军民守堤抗洪，以保证堤防安全，努力减少洪灾损失，要求尽早提出可靠的洪水预报。黄河下游滩区有 100 多万居民，如遇大洪水，下游普遍漫滩，会造成重大损失，这就要求增长预报的预见期，提高预报精度，及时发布警报，做好防范。

1978 年以前，黄河中下游主要靠地方邮电部门的有线通信网，在控制水文站设置无线电台报汛。一次全区性的数据收集需 3～4 小时。一遇恶劣天气，有线电话中断，常使部分测站无法报出水情、雨情；预报作业基本上沿用手工计算方法，完成一次预报作业需 7～13 小时，预报精度也不稳定，远不能满足黄河防洪需要。这就迫切要求利用现代技术，改善三花间水雨情数据收集和处理手段。

为此，黄委 1980 年组成"三花项目组"开展黄河三花间实时遥测洪水预报系统研究。

1980 年 5 月，中国与世界气象组织、联合国开发计划署商定，请英国赫尔西博士来华担任水文顾问。赫尔西在北京同有关人员就黄河三门峡至花园口区间的自动测报系统等外援项目进行了讨论。黄委抽调人员进行签署项目文件准备工作，并和世界气象组织代表涅迈兹、计算机专家帕施克进行了谈判，项目文件获得原则通过。12 月，三花间暴雨洪水自动测报系统正式列为联合国开发计划署援款和技术援助项目。该系统由陆浑遥测示范系统、陆浑到郑州的通信系统、郑州预报中心等 7 个数据收集站、200 多个遥测站构成。

该系统是一个包含三级站点、分两级控制，功能分散、集中进行数据处理的实时系统，由预报中心及 5 个子系统组成，功能齐全，规模庞大，建成后可实现 5 个方面的功能要求：

一是增长预见期，在 15 分钟内完成一次全区的数据收集，比原来数据收集一次需 3～4 个小时效率提高 16 倍；依据降雨资料使用产汇流计算模型，在 30 分钟内完成一次预报作业，比原来完成一次预报作业需 7～13 小时效率提高 20 倍左右。预报花园口洪水的预见期可以达到 16～22 小时。

二是利用比较完善且计算量较大的产汇流、洪水演进等计算模型，并考虑中小

小（浪底）花（园口）间暴雨洪水预警预报系统

水库调节、漫滩分洪、支流顶托、溃坝等多种因素和计算机系统的人机对话功能，对预报成果进行实时改正，提高预报精度。

三是通过监测河流水位，及时掌握伊洛夹滩等滩区漫滩、分洪事态发展，为修订洪水预报成果、制订防洪调度方案提出依据。

四是监视水雨情的发展变化，满足及时发布洪水警报、采取应急措施的需要。

五是逐步扩展预报中心功能，使之成为黄河防汛信息中心和防汛指挥调度中心。

所建设的三花系统控制了三花间常见暴雨区，控制面积 31298 平方千米，占三花间总面积的 75%。该系统由郑州预报中心，伊河、洛河故县水库以上、洛河故县水库以下、三门峡到小浪底干流区间（简称三小间）、小浪底到花园口区间（简称小花间）以及郑州到三门峡微波通信干线，伊河、沁河、洛河三条通信支线等三部分组成。三级站点分别是：郑州预报中心，陆浑、故县、洛阳、小浪底、郑州五个数据收集处理中心（分中心），以及依地理位置、无线电通信条件划归的各分中心管辖的水位、雨量遥测站和小区中继站。

系统的总体功能由设在预报中心和分中心的计算机系统，设在雨量、水位遥测站的遥测端机和传感器，以及连接各级站点的无线数据传输系统（包括中继设备）和通信干支线来实现。各级站点功能主要是：

（1）在遥测站端机的控制下，自动完成雨量、水位数据的采集，连同经过人工置数装置输入的流量、含沙量数据，自动或在分中心控制下，经过无线电数据传输系统把数据发送给分中心，输入其计算机系统。

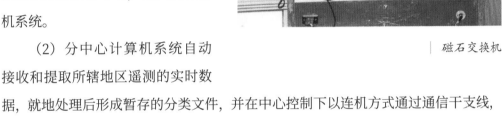

磁石交换机

（2）分中心计算机系统自动接收和提取所辖地区遥测的实时数据，就地处理后形成暂存的分类文件，并在中心控制下以连机方式通过通信干支线，把暂存数据输入中心计算机。

（3）预报调度中心监视系统的工作状态，控制分中心的运行，接收处理和存储实时数据文件，完成预报调度作业，发布预报和警报。

该系统站点多、覆盖范围广、结构复杂，是一项系统工程。1980年12月开始实施，建设周期12年，大体分为准备阶段、第一期工程建设、第二期工程建设三个阶段。

1981～1983年为系统建设准备阶段。主要是收集和学习国内外建设、管理、运行水文遥测系统的经验，了解国内外水文遥测设备的技术指标，做好设备选型的准备。进行人员培训，完成郑州中心和陆浑示范遥测系统的土建工程建设。在国内外专家指导下，编制出《建设黄河三花间实时遥测洪水预报系统总体规划》和《建设陆浑示范遥测系统方案设计》。

1984～1986年为第一期工程建设阶段。主要是利用联合国开发计划署提供的70万美元技术经济援助，建成郑州预报中心，包含15个遥测站的陆浑示范遥测系统，陆浑经洛阳到郑州的无线电通信线路。

1984年10月，联合国开发计划署提供的设备陆续到货，经过3年的工作，完成了项目文件规定的任务：建成包含15个遥测雨量站的陆浑示范遥测系统、郑州计

通信铁塔安装

算机预报中心、陆浑经洛阳到郑州的无线电通信线路，实现了郑州、陆浑连机完成数据采集与预报陆浑水库的进出库流量。组建和培训了实施水文自动测报系统建设、管理任务的技术队伍。

第一期工程既是三花间系统的重要组成部分，也是全面积累经验、锻炼队伍的前期工作。建设过程中，在完成规定任务的同时，还完成了4个扩展项目：

一是开发了接收、处理、检索实时水雨情数据（遥测数据、水情电报数据）与连机进行三花间洪水预报的软件，使系统能在建成遥测系统之前，简化水情电报译电工作，利用水情电报数据预报花园口流量。

二是建成了郑州到三门峡的微波通信干线。

三是引进了相应配套的计算机系统，增强了系统的可靠性，扩展了预报中心的数据处理能力。

四是和北京大学无线电系合作研制出 YRT-85 型自报式遥测设备，实现了遥测设备的国产化，并用这类设备在伊河补建了 8 个站点。

1986 年，扩展项目完成，至此圆满完成了第一期工程建设任务，三花间系统开始在黄河防洪中发挥作用。

第一期工程 1986 年投产后，减少了人工译电和信息中转环节，使水雨情数据收集、处理所需时间减少了 1～2 小时。三花间洪水预报软件系统的建立，缩短了预报作业所需的时间，也为使用水文模型依据降雨量预报洪水，进一步增长预见期和提高预报精度提供了条件。1988 年用这一软件系统所做的 6 次洪水预报中，其中 4 次以三门峡以上来水为主的洪水，预见期均在 20 小时以上，2 次以三花间来水为主的洪水，其预见期分别为 12 小时和 15 小时。预报的峰值误差均在 10% 以内，峰现时间误差在 3 小时以内。

1986 年，联合国开发计划署、水电部、外经贸部、世界气象组织的代表到郑州和陆浑，对项目进行现场检查和评审。终期评审报告认为：本项目是成功的，而且做了大量项目范围以外的工作，所引进的设备先进可靠。

黄河河道控导工程遥测水位监测站

目前的问题是，第一期工程仅建成了包含 23 个遥测站的伊河系统，所控制的面积只是三花间总面积的 13%，其他地区的降雨量数据仍通过邮电部门的有线电话网报送，因报送不及时、线路故障等原因，缺漏很多，无法依据降雨数据进行洪水预报，在三花间来水为主的情况下，预报的预见期仍为 14 小时左右。因此，迫切需要继续寻求国际援助，建设陆浑以外其他区域的遥测系统。

经过多方努力，1987 年 7 月，由意大利政府资助的世界实验室（WL）批准为《黄河下游洪水预报与调度》项目提供 475 万美元援款，由中国科学院、中国国家气象局、黄委合作完成，从而开始进行第二期工程建设。该期工程包括郑州到三门峡的微波通信干线，洛河、沁河两条通信支线，以及陆浑以外其他区域的遥测系统。分为三花间水雨情数据和气象数据采集系统的完善，暴雨定量预报、三花间洪水预报与调度、变动河床水位预报、防御黄河大洪水等 4 个研究专题。黄委负责完成三花间水雨情数据采集系统的完善（包括建设三门峡至小浪底区间遥测系统和洛河、沁河两条通信支线）、三花间洪水预报与调度、黄河下游动床水位预报专题的研究任务。

1989 年，黄委完成三门峡至小浪底区间遥测系统和洛河、沁河通信支线的设计和电测，以及三小间 50 个遥测站、7 个纯中继站的站房和天线塔的建设。

1990 年，意大利 SIAP 公司提供的遥测设备到货，同年完成系统的设备安装调试，并投入运行。1992 年，芬兰诺基亚公司提供的通信设备到货，1993 年 10 月完成洛河、沁河两条通信支线的建设。

1990～1991 年，水利电力部、黄委先后安排洛河故县水库以上水文遥测系统、三门峡至小浪底区间建设经费。经过紧张工作，1992年完成两个遥测子系统的设备安装调试，并投入运行。

黄委在积极扩建三花间遥测系统的同时，还在完善预报中心计算机软硬件系统、扩展预报中心功能方面做了大量工作，建立了大屏幕动态显示系统和卫星云图接收系统；增强黄河水雨情信息收集、转发系统的软件功能及其硬件环境；开发了三门峡库区、三花间和黄河下游洪水预报软件；建立水文数据库和防洪工程数据库等。

在各方支援和共同努力下，历时12年，全面完成了黄河三门峡至花园口实时遥测洪水预报系统建设任务。

该项目的建成实施，对提高黄河防汛测报预报水平发挥了重要作用，并有力推动了中国水文测报技术的发展。项目引进的美国自报式遥测设备，在引进美国河流预报系统基础上开发的黄河实时水情信息收发及处理系统、黄河实时洪水预报及调度系统等软件，与北京大学合作研制的国产化自报式遥测设备，成功地应用于黄河治理开发，取得很好的效果。该系统建设的经验和编译的大量国外资料，为水文测报系统规范编制提供了富有价值的资料。

三、中芬黄河防洪减灾项目

这一时期，另一个较大的中外合作项目是中芬黄河防洪减灾项目。

1987年12月，联合国大会通过决议，将1990～2000年定为"国际减轻自然灾害十年（IDNDR）"，旨在推进各成员国提高防灾减灾能力，并加强国际合作，协调一致，努力减少发展中国家因自然灾害造成的生命财产损失、经济破坏和社会混乱。中国水利水电科学研究院（简称中国水科院）积极响应"国际减灾十年"倡议，1988年向水利部提出以中国水科院为实体，组建水利部减灾研究中心，为水利部"国际减灾十年"工作提供科技支撑的建议。1990年水利部根据中国水科院的建议，同意成立水利部减灾研究中心筹备处（简称筹备处），开展相关工作。其间，筹备处配合水利部科教司编制完成了《全国防洪科技发展规划（1990～2000）》。当年水利部筹资100万元，由筹备处组织全国相关研究单位开展防洪减灾战略、洪水预报模型改进、洪水风险图编制、超标准洪水防御等方面的研究工作。2001 年中国水科院整合全院水旱灾害研究力量，组建防洪减灾研究所。

黄河防洪减灾系统建设芬兰贷款项目是水利部组织实施的第一个外国政府贷款项目，也是水利系统引进外资用于非工程防洪措施的最大项目。项目技术合同和商务合同于 1993 年 12 月 31 日在北京草签，1994 年 10 月正式签订合同。

该项目的合作开发目标是，通过利用外资及国内配套资金，引进先进实用的技术和设备，改善现有非工程防洪措施，解决洪水测报能力偏低、情报预报处理时间较长、信息传输手段落后等问题，为黄河下游防汛决策、调度、指挥提供比较现代化的支持手段。

对此，水利部和黄委高度重视。黄委成立了由河务、水文、计划、财务、外事、通信及有关业务技术等部门负责人参加的领导小组，全面组织项目建设，理顺和协调项目各部门间的关系，负责制订项目建设的方针和政策，审定项目合同的签订等。为了进一步加强管理，保证整个项目的实施，黄委专门成立了黄河防洪减灾系统建设管理办公室，作为项目常设办事机构，具体负责项目设计、建设、实施及竣工验收管理等工作。

在此之前，黄委与芬兰阿特利·雷特（Atri-Reiter）工程有限公司进行了"黄河下游冰凌数学模型和防凌措施的研究与开发"科技合作，取得了很好的效果。在此基础上，为进一步完善黄河下游非工程防洪措施，黄河防洪减灾系统建设项目被提上中外合作日程。

1993 年 5 月，国家计划委员会批准水利部报送的《关于黄河防洪减灾系统建设申请使用芬兰政府贷款项目建议书的函》。据此，水利部及黄委有关技术与经济专家组成代表团于 1993 年 9 月赴芬兰进行有针对性的考察，就黄河防洪减灾非工程建设中信息采集、传输、处理等问题进行深入广泛的探讨，确定利用芬兰政府贷款进行合作的领域。

1993 年 11 ~ 12 月，水利部、黄委与芬兰阿特利·雷特工程有限公司在北京经过项目技术与商务谈判，双方草签了技术合同，拟定了商务合同。

1994 年 3 月，芬兰政府代表团到黄河项目区进行了考察评估，认为所确定的 6 个合作子项目是十分必要的。1994 年 4 月，在芬兰政府总理阿霍访华期间，中芬双方政府正式签订了技术与商务合同。合同总价810万美元，由黄委与芬兰阿特利·雷特工程有限公司负责执行。

该系统是一个基于广域网络、分布式数据库、多用户环境的实用系统，技术要求高，投

水文测验

资强度大，组织管理复杂，涉及黄委河务局、水文局、计算中心、通信管理局、河南河务局、山东河务局、委机关等单位和部门。为实施好这一中外技术经济合作项目，黄委专门组建了黄河防洪减灾系统建设管理办公室，负责与芬方合作进行整个软件项目的设计与开发工作。

阿特利·雷特工程有限公司是芬兰最大的水电公司革米优客与雷特工程咨询公司的合营公司，从事水利工程领域的高技术服务，将遥感、遥控、计算机技术、数字模拟等高新技术应用于水利环境等领域。公司专长于水利工程和水资源管理及实施调度决策支持数学模型。自1987年以来，阿特利·雷特工程有限公司与中国有关单位进行了很好的合作，为加深中芬两国人民的友谊做出了贡献。

黄河防洪减灾系统建设芬兰贷款项目包括六个子项目：

（1）水文测验设备。通过引进固态存储自动水位计、雨量计、数据收集装置和断面测量控制设备，改善黄河及长江一些水文测站的关键测验设施。

（2）水库河道地形测量系统。引进12套GPS系统，4套电子全站仪和2套数码水准仪、3套回声探测仪及1套数据处理中心设备等装备，由3个测量分队对黄河中下游水库河道实施快速精确测量。

（3）济南—河口通信系统。引进芬兰数字微波设备建设济南—河口120路容量微波线路，自泺口经济阳、台子、高青、滨州、利津、东营至河口共计8个站，它们将连接至郑州—三门峡和郑州—济南微波干线，构成黄河下游防汛信息传输系统的主干通道，为黄河防洪调度和日常通信联络以及计算机联网提供优质、高效、可

靠的传输信道，形成完整的黄河中下游防汛通信网络体系。

（4）防汛情报、预报和调度计算机网络系统。包括网管中心、黄委防办、水文局、山东河务局和河南河务局等。利用国内配套资金建设水文测报上游、中游、三门峡、河南和山东水文水资源局等 5 个广域网，河南、山东河务局下属的 13 个地市河务局广域网，完成黄河下游 7 个重要水文站远程网络工作站的入网建设。构成主要覆盖黄河中下游重点防洪地区的自上而下的计算机广域网络，为防洪预报调度提供足够的信息存储容量、处理速度、信息共享和传输效率的计算机平台环境。

（5）防汛情报、预报和调度应用软件系统。包括中芬双方合作开发基于 UNIX 系统工作站的防洪情报预报和调度系统、数据库管理系统、信息查询系统以及会商决策服务系统等五个子系统组成的直接服务于黄河防总办公室的应用软件；利用国内配套资金自主开发基于 Window 系统微机环境的、面向黄委四级防汛管理体制的黄河实时防汛信息管理系统，构成适用于黄河防汛的实用软件系统，最终形成比较完善的黄河防洪减灾软件系统，实现对防汛决策的强有力的全面支持。

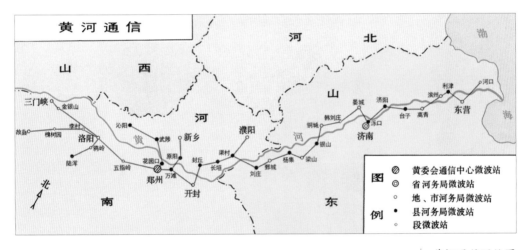

黄河通信网络图

（6）防洪和抢险车辆。共引进芬兰全地形橡胶履带防洪救援车辆 16 辆，以加快防汛期间运输防洪物资并输送救援人员抵达现场的速度。

经过 3 年实施，1997 年 12 月，"黄河防洪减灾系统"中芬合作项目全部完成，国内配套实施项目于 1999 年年底完成。

握手世界

黄河防洪减灾系统自 2000 年建成以来，在黄河防洪减灾工作中发挥了巨大的作用。通过引进、吸收国外先进适用的技术和设备，大大改善了现有黄河防洪非工程措施。济南至河口微波通信干线的建设，解决了黄河下游通信干线不健全、接通率低、通话效果差等问题。首次引进的 GPS 系统改变了河道地形传统测量手段落后、精度差、耗时长的面貌，实现了水库、河道快速精确测量的目标。计算机网络系统建设，将过去基于不同协议的网络统一为基于 TCP/IP 协议的网络，完成了 30 余个局域网的建设，形成了覆盖黄河中下游重点防洪地区的计算机广域网络，为黄河防洪以及办公自动化建设提供了强大的计算机和网络资源。防汛情报、预报和调度应用软件的开发研究，形成了比较完善的黄河防汛减灾软件系统，进一步解决了洪水测报能力偏低和情报处理时间较长等问题。该系统的实施，为黄河下游防汛决策指挥提供了现代化支持手段，并为此后系统扩展、升级奠定了良好的基础。

2004 年 2 月，黄委组织对"黄河防洪减灾系统建设芬兰贷款项目后评估任务书"

调水调沙现场

进行了审查。与会专家认为：黄河防洪减灾系统建设芬兰贷款项目是黄委首次利用国外贷款进行防洪信息化建设的大型项目，在黄河防洪减灾中发挥了重要作用，为"数字黄河"工程建设打下了坚实的基础，为大型信息化项目和国际合作项目提供了借鉴。

20世纪90年代是治理黄河国际交流合作的重要发展时期。在此期间，黄委先后与世界银行、亚洲开发银行，芬兰、法国、德国等国政府以及一些著名科研机构开展了一系列大型合作项目。利用世界银行贷款在黄土高原连续开展的3期水土保持工程项目、1993年完成的世界银行技术合作信贷项目"黄河流域水资源经济模型研究"、1994年完成的世界实验室赠款项目"黄河洪水实时预报和防洪调度系统"、世界银行贷款项目"黄河下游水量调节系统"，以及在美国科罗拉多州立大学进行的中美合作"黄河下游河床形态研究"等，都取得了丰硕成果。

第三章

大河重照

一、走上历史前台的小浪底

　　2001 年，举世闻名的黄河小浪底水利枢纽全面竣工。工程投入运用以来，在黄河防洪减淤、调水调沙、供水灌溉等方面发挥了巨大效益。小浪底工程的兴建，堪称中国水利工程建设史上的一部鸿篇巨制。

　　而事实上，围绕修建小浪底工程，中外专家研究论证了近半个世纪。

早在 1935 年，受聘来华的挪威籍主任工程师安立森，在查勘黄河潼关至孟津河段后，提出了三门峡、八里胡同、小浪底三个坝址的查勘报告。1946 年 12 月，受国民政府行政院邀请来中国查勘黄河的美国专家雷巴德、萨凡奇等，在提交的《治理黄河初步报告》中也提出了小浪底坝址。

1935年，受聘来中国的挪威籍主任工程师安立森考察黄河时，首次提出小浪底工程坝址（右2站立者为安立森）

中华人民共和国成立后，为了实现"变害河为利河"的治黄总目标，国家组织对黄河流域进行大查勘，展开小浪底坝址的地质测绘工作。黄委钻探队在小浪底坝段钻 11 个标志孔，小浪底工程勘测工作正式拉开序幕。

1955 年 7 月，全国人大第一届二次会议审议通过《关于根治黄河水害和开发黄河水利的综合规划》。按照规划，在黄河干流上要建设 46 个梯级工程，小浪底为规划中的第 40 级工程。

1958 年 12 月，黄委在《黄河综合治理三大规划草案》中提出将小浪底至八里胡同合并为一级开发，开发任务为发电、防洪和灌溉。接着又在《黄河下游综合利用补充报告（草案）》中，提出将任家堆、八里胡同、小浪底三级开发合并为一级开发方案。

1962 年 2 月，三门峡水库由于淤积严重，由"蓄水拦沙"改为"滞洪排沙"运用，黄河下游的防洪问题又突出表现出来。

1967 年在四省治黄会议上重提兴建小浪底水库的问题。1970 年，黄委编制的《黄河三秦间（三门峡至秦厂）干流规划报告》中，提出小浪底水库的任务为防洪、防凌、发电、灌溉，首次把小浪底主要开发目标由发电、灌溉改为防洪和防凌。

1975 年 8 月上旬，淮河流域发生罕见的特大暴雨洪水，造成 64 座大小水库相继垮坝失事，550万人遭受重灾，对黄河下游防洪安全敲响了警钟。淮河暴雨中心距黄河干流不足300千米，据分析，如果这种特大洪水发生在相邻的三门峡至花园口区间，黄河洪峰流量将高达55000立方米每秒。届时，黄河下游千里河道将出现"吞不掉，排不走"的极为严重局面。而要防御这种超标准大洪水，当务之急是在黄河干流上再建一座大型控制性工程。

1979年秋，改革开放如春潮涌动。200多名专家、学者聚首郑州黄河迎宾馆，专题研究防御黄河特大洪水的对策。在两种工程方案的选择上，学术界和专家中出现了重大分歧。

以王化云为代表的黄委观点认为，小浪底水利枢纽位于黄河干流最后一段峡谷

| 小浪底坝址原貌

出口，上距三门峡大坝 130 千米，下距郑州京广铁路桥 115 千米，控制黄河流域总面积的 92%，不仅可以有效控制黄河洪水，而且在减少泥沙淤积、灌溉、供水、发电等方面效益显著。因此，从防洪减淤和水资源开发利用的多重角度出发，极力主张兴建小浪底工程。

另一种观点，主张兴建桃花峪滞洪工程的专家认为，解决黄河特大洪水威胁是治理黄河的首要任务，位居小浪底下游百余千米处的桃花峪，基本控制黄河下游全部洪水来源区，虽然该工程属于单纯防洪型工程，不能发挥其他综合效益，但全部解除黄河洪水威胁，意义十分重大，因此极力主张兴建桃花峪工程。

两种方案相持不下。三年后的 1982 年汛期，黄河三门峡至花园口区间普降暴雨，干支流河水并涨，洪水位急剧抬高，花园口洪峰流量达 15300 立方米每秒。波涛汹涌的洪水在演进过程中对两岸大堤和工程造成极大威胁，险情接连不断，在紧急利用东平湖水库分洪削峰和军民昼夜奋力抢护下，方使抗洪形势化险为夷。

黄河防洪的严峻形势，为加快兴建黄河防洪工程的决策，注入了强大的推动力。这一时期，官厅、密云等水库蓄水量急剧下降，北京 90% 以上的地区水压不足，北京、天津严重缺水，接连告急。国家高层决策者的目光急切地在"水"字上聚焦。

这时，王化云向中央呈报了题为《开发黄河水资源，为实现四化做贡献》的报告。报告提出：为防御黄河特大洪水，必须在三门峡以下黄河干流兴建控制性工程。同时，近期黄河有水可调，为解决京津缺水之急，从综合治理开发战略角度考虑，应尽快兴建小浪底水库。

原黄委主任王化云在小浪底勘探工地考察，慰问黄河勘探职工

为此，王化云在亲自抓规划、设计、勘测、试验等基础工作的同时，还利用学术讨论会、方案论证会等一切机会力陈己见，直至上书中央领导，力推兴建小浪底工程。

1983 年 2 月 28 日，根据国务院关于抓紧进行黄河小浪底水库论证的批示，小浪底水库论证会在北京举行。

论证会上，有关省（区）领导、相关领域的技术权威以及持有各种不同意见的专家群贤毕至。会议由国家计划委员会副主任宋平主持，国家经济委员会副主任李瑞山、中央书记处农村政策研究室主任杜润生、水利电力部部长钱正英等出席。

会议一开始，宋平就点出了会议的主旨："重大建设项目，我们过去有过不少教训。其中的一条重要原因，就是缺乏必要的论证就仓促上马，以致出现返工浪费甚至被迫中途下马。小浪底水库是一个超大型工程。多年来，黄委已做了大量工作，有关方面也进行过多次讨论。但由于这个工程位置特殊，又是在多泥沙的黄河上修建水库，事关重大。因此，应该把工程放在黄河治理开发整个一盘棋中，做全面的分析、比较、论证，希望大家知无不言，言无不尽。"

黄委副主任龚时旸就专家对修建小浪底水库提出的问题进行陈述。他说："当前，黄河防洪形势十分紧迫，我们认为，尽快兴建小浪底工程，是最可靠的方案；同时，黄河目前有水可调，修建小浪底水库可以向北京、天津地区供水，以解京津地区严重缺水之困。对于泥沙问题，小浪底水库可以直接拦蓄一部分，还能利用长期有效库容进行调水调沙。"

也许是昔日三门峡工程给人们的教训太深刻，或是那黄河峡谷中还埋藏着太多的疑问，专家们对于修建小浪底工程，仍然议论纷纷，甚或反对修建小浪底水库的激烈之语，不时涌出。

"二十年后下游淤积如何对待，中游水土保持拦沙效益跟不上小浪底水库淤积速度怎么办？"

"对黄河这样的多泥沙大河，复杂性绝不能低估，治黄必须上中下游通盘考虑，任何单打一的做法都可能误事。"

"拿数十亿元投资和 70 亿死库容来换取下游河道 20 年不淤积，技术经济上很不合理。一个水库的死库容居然占到总库容的三分之二，这在中外水利史上也是少见的。我认为，没有必要耗费巨额资金修建小浪底水库！"

著名泥沙专家钱宁教授，多年致力于黄河泥沙研究，此时因身患肾癌无法到会。他在提交给论证会的一份书面意见中写道："黄河泥沙淤积问题，必须抓紧解决。

我认为，在中游水土保持生效之前，小浪底水库作为减缓下游河道淤积的主要措施，可以确定上马，对于存在的一些问题，组织科研攻关，尽快拿出一个明确的答案，这样就可以使工程立于不败之地。"

黄河复杂难治，难就难在泥沙问题。著名泥沙专家钱宁给小浪底工程投了一张赞成票，这一票举足轻重！

一连五天的论证会，即将进入尾声。为这次会议做总结是一件很不容易的事情。

论证会闭幕式由中央书记处农村政策研究室主任杜润生主持，他说："很多同志对小浪底工程有不同的看法、评价和建议，这正说明黄河问题很复杂。不同意见，各有其说，对一些重大问题还要继续进行分析研究，难度较大的问题要组织科技攻关。"

论证会结束后，宋平和杜润生在联名呈送国务院的报告中写道：解决黄河下游水患确有紧迫之感。小浪底水库处在控制水沙的关键部位，战略地位重要，兴建该工程在整体规划上是非常必要的。论证会上，与会同志提出一些诸如工程开发目标、投资安排等值得重视的问题，目前尚未得到满意的解决，尚需继续研究方能做出决策。

此后几年间，从1985年中美小浪底工程联合轮廓设计，到小浪底工程利用世界银行贷款谈判，从中央领导先后视察黄河，反复听取兴建小浪底工程的汇报，直至1991年七届全国人大四次会议审议通过"七五"规划，小浪底工程正式列入"七五"建设项目，历经沧桑的小浪底工程终于驶入开工建设轨道。

小浪底工程的决策过程，透射出在国计民生重大问题上，是国家高层转向科学决策、民主决策的一道灿烂曙光。

二、来自美国旧金山的设计报告

党的十二大召开之后，经济体制改革迅速展开，加大了对外开放的步伐。1984年黄委相继三次向中央领导详细汇报小浪底工程情况。通过做大量工作，这一关键性治黄工程终于驶入决策轨道。

这期间，水电部部长钱正英到美国、巴西等国家进行考察时，美国的柏克德公司首先提出要和中国合作修建小浪底工程。柏克德公司是美国也是全世界规模最大的一家从事基本建设工程的土木矿业公司，实力雄厚，管理先进，钱正英部长当即邀请柏克德公司来华访问。1984 年 1 月，以副总裁安德逊为团长的柏克德公司水电代表团来访，再次提出合作一事。根据水利部的安排，安德逊等 6 名专家在黄委副主任龚时旸等陪同下，查勘了黄河小浪底坝址、龙门坝址，参观了三门峡水利枢纽。安德逊等对小浪底水库提出了初步技术评价意见，认为小浪底地质勘探工作和大坝建筑设计比较深入，已经基本达到初步设计的要求。他们建议大坝分两期施工，以确保工程安全并且提前发挥工程效益。

对于安德逊等的意见和建议，黄委经过认真研究，认为比较中肯，而且柏克德公司的施工组织管理方法确实很先进，与柏克德公司合作，对小浪底工程的技术可行性论证会有很大帮助。于是，黄委表示同意和柏克德公司合作进行工程轮廓设计。

1984 年 4 月，在河南考察的中央领导同志听取了黄委的汇报，对与美国柏克德公司合作联合设计表示同意。7 月 18 日，中国技术进出口总公司与美国柏克德土木矿业公司联合进行小浪底工程轮廓设计的合同在北京签订。8 月 7 日对外经济贸易部批复，合同生效。12 月，水电部在"关于下达黄河小浪底水利枢纽设计任务书"的文件中指出：鉴于小浪底水利枢纽的水文、泥沙及工程地质条件复杂，工程量较大，国内尚缺乏实际经验，因此经国家计划委员会批准，初步设计中有关工程地质评价和处理方法，枢纽总体布置和水工建筑物设计，以及施工方法、总工期和工程概算等部分，由黄委和美国柏克德公司进行轮廓设计，其余部分由黄委负责完成，并汇总成统一的初步设计。

小浪底工程轮廓设计要求，除施工中因地质条件变化需作必要修改外，所有工程的结构、位置、外形尺寸、物料设备来源、建筑材料种类和性质以及运行状况，均应确定下来。轮廓设计的目标是，各项工程量与最终建成时的工程量相差在 10%以内。采用的工作分工为，地质评价、水工设计及施工方案等项目，双方共同完成；工程规划和泥沙处理项目由黄委承担。

中美双方的合作合同中规定：联合设计的领导单位是中国水电部，项目经理是黄委副主任龚时旸。关于分工，规划和泥沙方面由中国方面完成；有关地质评价和水工建筑物的设计与施工方案，由中美合作提出设计意见。

  为了完成这项重大设计任务，中美双方都派出了强大阵容。中方参加联合轮廓设计的是黄委 25 名高级工程师、工程师及 3 位译员。美方参加的是柏克德公司 15 名高级工程师。工程项目经理由中方代表龚时旸担任，副经理由美方代表迪·纳米克斯担任，项目总工程师由黄河勘测规划设计研究院有限公司（简称黄河设计院）总工程师汪祖汸担任。各专业组经理、总工程师由双方派出适当人员担任。此外，柏克德公司委派 7 位、中国水电部委派 4 位精通业务的高级专家组成咨询组，对该项轮廓设计定期进行检查咨询。同时将随时聘请国际知名相关学科专家参加咨询。

  1984 年 11 月 15 日，黄委派出由 28 名高级工程技术人员组成的项目组，分三批飞抵美国旧金山，开始与美国柏克德公司合作进行小浪底工程的轮廓设计。

  在美国进行小浪底工程设计的动态进展如何，黄河人在异国他邦工作生活得怎么样？当时，人们向大洋彼岸投去了关切的目光。

  这期间，黄委主办的《黄河报》成了沟通大洋两岸信息的重要纽带。

  从 1985 年年初到 10 月中旬，《黄河报》在一版显著位置开辟《旧金山通讯》专栏，

1985年10月，原黄委主任王化云（左6）与中美小浪底工程联合轮廓设计的专家合影（右1为时任黄委主任、中方项目经理龚时旸）

接连不断地刊载中美联合轮廓设计小浪底工程的报道。赴美参加设计工作的治黄专家们人人动笔，谈感受，写体会，记述在美国的工作情况。

林秀山的《首次小浪底工程顾问咨询会议侧记》，记述了由柏克德公司专家、中方专家举行的小浪底工程咨询顾问委员会第一次咨询会议。该委员会对黄委多年来在外业、内业和实验室工作提供的大量基础资料，给予了很高的评价。认为正是这些工作与资料，揭示了小浪底工程的独特性和复杂性。总的设计思路是合理的，考虑问题是稳妥的，同意集中流路总体布置的思想，强调浅水设施要能适应流量调节的要求。咨询会重点审议了左岸单薄分水岭的稳定处理、泄洪方案及土坝断面等问题，建议作为比较方案。认为，目前所做的洞内孔板消能方案，是一种很好的设想，应进一步通过模型试验予以论证。顾问委员会还就泄洪洞闸门类型、洞内衬砌方式、发电厂房、施工规划等，提出了审议意见。

叶乃亮《大洋彼岸的报告》一文，从布置草图分工，到图纸绘制、各种专业计算，直至建筑物型式及具体尺寸的确定，牵一发而动全身的修改等方面，进行了栩栩如生的细致描述。高度评价了柏克德公司各个专业组的后盾作用，称专业组与联合项目部"有事则合，无事则分，相互交融，机动灵活"的运作方式，有力地支撑了工程设计的进度和质量。

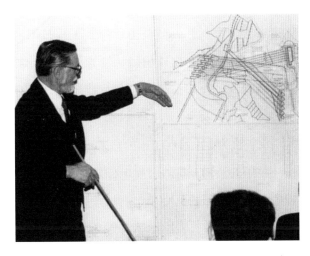

美方专家讲解小浪底水利枢纽工程布置

刘贻笔在记述考察美国混凝土机械公司的观感中，介绍了美国混凝土生产均由电子计算机控制，计算机内存储有100多种不同级配的混凝土配方，能够根据不同用户的需求，在两三分钟内提交一个新配方。当砂石骨料含水量变化时，计算机可以通过安放在配料舱内的电子设备自动测定骨料含水量，并据此自动调整配方，保证混凝土的质量。同时，还介绍了美国政府严格控制混凝土工厂生产废水的排放和处理，严防由此带来环境污染的超前理念与成功经验。

谭伯琥《一次回"家"的团聚》，记述了黄委赴美全体人员到中国旧金山总领事馆参加新春慰问会的情景。会上聆听了国务院的慰问信，获悉了国内改革开放的大好形势和有关政策。慰问演出开始后，著名相声演员姜昆、王金宝，歌唱家胡松华等先后登台，献上了拿手的节目，最后放映了电影《高山下的花环》。党和国家的亲切关怀，使大家感到十分温暖。纷纷表示，一定要加倍努力，搞好小浪底工程轮廓设计，以此报答各级领导无微不至的关怀和期望。

一篇篇来自大洋彼岸的报道，再现了中美联合设计组认真、繁忙、高效的工作情景和一个个感人故事。

到 1985 年 7 月，经过中美双方的共同努力，共完成 4 个枢纽总体方案、5 个坝型比较方案，完成图纸 130 张、文字报告 2400 多页。

1985 年 10 月，黄委赴美设计专家们圆满完成小浪底工程轮廓设计，班师凯旋。10 月 25 ～ 30 日，水利电力部在郑州组织召开黄河小浪底工程轮廓设计成果审查会。审查会热情赞扬了中美工程技术人员成功而有效的合作，对中美联合设计成果给予了高度评价。认为该轮廓设计对确定的方案及应解决的各项重大技术问题都做了比较深入的工作，提出的成果在技术上是可行的，双方的合作令人满意。

审查认为，小浪底工程的技术可靠性已经基本解决；同意选定的枢纽总体布置，设计采用的泄洪、排沙、发电建筑物进口集中布置、隧洞线路安排及消能设施是合理的；同意推荐的斜心墙土石坝坝型和采用防渗墙与铺盖相结合，以及利用水库淤积物的防渗措施；左岸单薄分水岭，上游采用混凝土面板加反滤垫层，并设岸边帷幕与排水措施，以达到保护山坡稳定的方案是可行的；把导流洞改为泄洪洞，用多级孔板消能是一项新型泄洪结构，同意按此方案进行细部试验研究，并建议在多泥沙河流上利用现有工程改建，进行原型试验；关于施工总工期，审查认为，吸取国外施工经验，九年半时间是可能的；有关工程投资，据此为基础，在下一步编制初步设计阶段继续深化研究。

中美联合轮廓设计的高质量成果，在日后黄河小浪底工程建设施工与建成投入运行中，得到了诠释和验证。

三、世界银行贷款协议签订

1991年夏末。黄河小浪底峡谷，彩旗猎猎，锣鼓声声。200响开山炮过后，往日沉寂的山谷间顿时变得繁闹起来。

人们期盼已久的小浪底工程开工了！

黄河小浪底水利枢纽位于河南省洛阳市以北40千米的黄河干流上，是黄河中游最后一段峡谷的出口，控制流域面积69.4万平方千米，占黄河流域面积的92.3%，处于承上启下、控制黄河水沙的关键部位。工程建成后，将把黄河下游防洪标准由60年一遇提高到1000年一遇。总库容126.5亿立方米，拦沙库容75.5亿立方米，可使下游河道20年内不淤积抬高，是以防洪为主，兼顾防凌、减淤、供水、灌溉和发电综合利用的大型水利枢纽工程。在黄河治理开发战略布局中，居于十分重要的位置。

小浪底水利枢纽由拦河大坝、泄洪系统和发电设施三大部分组成。大坝为壤土斜心墙堆石坝，坝顶长1667米，坝底宽864米，最大坝高154米。水库淹没影响涉及河南、山西两省的8县（市）33个乡镇，动迁移民20万人。

小浪底坝址地质情况复杂、水沙条件特殊，导致枢纽采用泄洪、排沙、发电建筑物集中布置在左岸，洞群进口分布在6个高程，进水塔、消力塘集中布置的特殊结构形式，技术十分复杂，是世界坝工史上洞室布置最密集的水利工程。进水塔上集中布置16条隧洞的进水口，是世界上最大最复杂的进水塔，导流洞后期增设3级孔板消能永久泄洪洞，是世界上最大的孔板消能泄洪洞，主坝基础覆盖层深、防渗墙厚，岩石破碎，孔板洞、排沙洞、明流洞混凝土抗磨要求高。

无论是山体中的洞群密度、地质条件的复杂程度，还是高速水流的消能难度，小浪底工程都属世界之最。但因战略地位的排他性，最终还是选择了小浪底。

小浪底工程投资巨大，在当时完全由国家财政拨款兴建，短期内上马的难度较大。为了促使小浪底工程尽快上马，水利部提出部分利用世界银行贷款，黄河设计院编制了"部分利用世界银行贷款的可行性报告"。

1988年7月，世界银行中蒙局项目官员古纳先生一行到小浪底工程坝址调查小浪底工程情况，由此开始了小浪底工程利用世界银行贷款的一系列工作。

握手世界

1989 年 4 月，美国国际咨询公司副总裁、水利专家徐怀云先生对黄河小浪底水利枢纽工程进行考察。黄河设计院副院长林秀山、小浪底项目负责人叶乃亮、罗义生等介绍了小浪底工程设计情况并陪同查勘。

中外水利专家在小浪底工程施工现场研究处理工程建设技术难题（左3为时任黄河设计院副院长、小浪底工程总设计师林秀山）

当年 5 月，世界银行专家组古纳一行第三次考察小浪底工程，共同讨论了使用世界银行贷款问题。建议利用世界银行技术合作信贷（TCC）聘请国际咨询公司协助黄河设计院编制招标文件及工程概算，成立特别咨询专家组审查枢纽设计方案、评估枢纽的安全性，并就贷款的使用、移民安置等问题发表了意见。

之后，水利部从世界银行提供的 11 家国际著名公司中筛选出 5 家公司进行招标，最后加拿大国际项目管理公司（CIPM）中标成为小浪底工程招标设计咨询公司。

1989 年 10 月，古纳率领电力、环境、移民等专家组成的世界银行专家组一行 6 人到郑州，就黄河小浪底工程及黄河水资源有关情况进一步调研。对小浪底工程的截流时间、装机容量、接入电力系统方式、发电、灌溉供水、经济效益分析等提出了建设性意见。

经过一系列工作，1990 年 5 月，国家计划委员会和财政部批准小浪底工程利用世界银行特别技术信贷（TCC）。1994 年 2 月，中国与世界银行在华盛顿就贷款协议和项目进行谈判，签署了会谈纪要。根据协议，国际开发协会为项目提供 0.799 亿特别提款权信贷（合 1.1 亿美元）。1997 年 9 月 11 日，世界银行为小浪底工程提供第二期 4.3 亿美元贷款协议签字。

为保证按照贷款协议执行、合理使用，在项目执行阶段，世界银行定期派团对项目的实施进行检查。世界银行先后组团检查小浪底达 26 次，每次都由世界银行官员和专家提出工作备忘录，对小浪底工程建设、移民、经济、管理、财务以及环保等方面提出评估、咨询意见和工作要求，这些意见和要求，受到了小浪底工程建设和设计部门的重视，并逐项进行认真研究，分别予以处理和落实，促进了小浪底工程建设。

利用世界银行贷款不仅解决了建设资金不足问题，亦为引进先进施工设备、施工技术、施工管理技术敞开了大门，为小浪底工程能够在较短时间内高质量建成创造了条件。

1993年，为了缓解工程移民建设投资矛盾，国家计划委员会批复同意利用部分世界银行软贷款，用于国家承担的小浪底水库移民安置设施建设。世界银行对小浪底移民项目先后进行14次专项评估，1994年2月，明确小浪底移民项目贷款适用《国际开发协会开发信贷协定的

1992年10月，世界银行官员评估小浪底工程移民新村

通则》，并载入1994年6月中国财政部同世界银行签订的《小浪底移民项目开发信贷协定》，明确了开发协会提供相当于7990万个特列提款权（等值约11000万美元）的各币种信贷，信贷期限为35年。至此，小浪底移民项目作为中国国内唯一独立取得世界银行专项贷款的移民项目确定下来。

根据国家的移民政策精神，按照世界银行的要求，小浪底移民项目在管理上与国际接轨，逐步把移民工作纳入基本建设程序的轨道。小浪底移民在项目管理、勘测规划设计、监理、监测、移民安置实施和环境保护等诸多方面都进行了有益的尝试，并有力地推动了移民工作。

小浪底移民安置各阶段任务的顺利完成，为枢纽工程如期建设创造了条件。1994年完成施工区移民的搬迁安置工作，1997年完成库区一期移民的搬迁安置任务。这为大坝按时截流赢得了时间。1999年完成215米高程以下移民搬迁安置任务，为

小浪底水库蓄水发电创造了条件。2000 年按计划完成 235 米以下的移民搬迁安置任务，形成了较大的调蓄库容。2001 年完成 265 米以下的移民任务，标志着库区二期移民搬迁安置取得阶段性重大胜利。

小浪底移民工作取得的成绩，得到了世界银行及国际社会的一致认可。世界银行副行长卡奇先生说，小浪底移民项目是世界银行同中国合作的典范，为其他国家利用世界银行贷款建设大型水利设施和妥善处理移民问题开创了一条路子。世界银行项目官员古纳先生多次赞扬小浪底移民，他在 1997 年给小浪底移民局的来函中写道："关于移民项目，总的来说，世界银行对移民工程的进度和总的实施情况感到高兴。移民工程的质量优良，移民生产安置令人满意。"

四、国际军团的碰撞与融合

作为黄河治理开发史上最为宏伟的工程，小浪底工程引进世界银行贷款，并按世界银行规定进行国际招标投标选择承包商，成为中国首次全面与国际管理模式接轨的大型水利工程。

通过国际招标，以意大利英波吉罗公司为责任方的黄河承包商（YRC），以德国旭普林公司为责任方的中德意联营体（CGIC），以法国杜美兹公司为责任方的小浪底联营体（XLDJV），分别夺取大坝工程、泄洪工程、发电设施工程 3 个土建标。

一时间，来自 51 个国家的 700 多名国外承包商和上万名中国建设者云集小浪底，在 20 多平方千米的施工区摆开战场，掀起了建设施工高潮。

但在小浪底建设如此宏大的工程谈何容易，其地质条件之复杂、水沙条件之特殊、运行要求之严格、施工难度之大、技术要求之高可以说是举世罕见。而"我中有你、你中有我"的全新的国际工程管理模式、20 多万大移民等难题不仅让刚刚在市场经济中起步的中国业主和水电企业感到棘手，也让在国际市场上闯荡了多年的外国承包商和咨询专家不敢等闲视之。

小浪底主体工程开工第一年，在中外建设者的共同努力下，3 个标段的施工进展基本顺利，大坝右岸基础已经清理完毕，提前 4 个月开始填筑，3 条导流洞和电站地下厂房也在按计划顺利开挖。

然而，考验接踵而至。1995 年 4 月 11 日，在导流洞施工中连续出现多次塌方，以德国旭普林公司为首的二标承包商因对小浪底工程的技术复杂性和施工难度等估计不足，无视监理工程师"关于对塌方应做及时支护处理"的指令，反以"地质条件不可预见"为由，擅自停工一个半月。这导致了 1995 年 5～6 月更大规模塌方的发生，工期一再被延误，形成"开工仅一年工期滞后 8 个月"的严峻局面。

1995 年 8 月底，二标承包商以 3 条导流洞相继发生 19 次塌方为由，擅自停工，提出了推迟一年截流的要求。

时间就是金钱，时间就是生命。几百亿元的国内资金投入，是从并不宽裕的国家财政中挤出来的；十几亿美元的国际贷款来之不易，还要靠人民群众的劳动创造去偿还。工程延长一天，国家就要多支付数百万元的贷款利息。更重要的是，工期提前一天，黄河就多一分安全。

严峻的形势，把所有的当事人都压得喘不过来气。关键时刻，水利部党组当机立断：小浪底工程必须按期截流。

那段日子，小浪底业主在会议室里不知度过了多少个难眠之夜，水利部领导现场办公，各路代表、各方专家坦诚相见，集思广益，一次次查摆问题，一次次寻找突破口，最后决定，把中国自己的水电正规军拉上来，成建制引进水电施工队伍，搞反承包，把影响工期的一些关键性工程从外商手中反包或分包回来，依靠和发扬中国水电工人的主人翁精神，扭转工期拖延的被动局面。

1996 年元旦刚过，以中国水利水电第十四工程局为责任方，一局、三局、四局参与组成的小浪底工程联营体（简称 OTFF）宣告成立。经过与德国承包商针锋相对、艰苦细致的谈判，2 月 8 日，双方签订了劳务分包协议。

为了实现按期截流的目标，为了不让宝贵的时间耗费到谈判桌上，参战的中国水电工程队伍忍辱负重，宁愿牺牲部分权益，给洋老板当"劳务雇工"，承担起本不应该承担的巨大风险。

此时距离预定截流日期仅剩一年零八个月，要在 20 个月的时间完成承包商 31 个月的工程量，几乎是不可能完成的任务。

但为了国家的利益、民族的尊严，中国的各支水电工程队伍没有丝毫犹豫，收

握手世界

拾行李，昼夜兼程赶赴小浪底工地。

伴随着农历丙子年贺岁的鞭炮声，OTFF 的中国工人们在隆隆的钻机声中，迎风斗雪，披挂上阵，开始同时间赛跑。

摆在他们面前已经停工 8 个月的 3 条导流洞，处处蹲伏着塌方的"拦路虎"……外方对清除塌方的要求是相当苛刻的，塌方段处理必须采取短进尺开挖、钢拱架支撑的方法，不准使用大型设备，不准打眼放炮。OTFF 的工人们只能半蹲半跪在塌方体下，冒着岩石滑落的危险出渣，头顶巨大岩体压力扭曲的钢梁支撑，用风镐甚至用双手一点一点地抠塌方体，在死神的威胁下一寸一寸地前进。

在导流洞开挖中，外方工程师不允许钻爆，经过中方监理人员反复说服，才同意试试看。临爆破前，他们又提出："出了问题谁负责？"十四局小浪底项目部经理吴云红和 OTFF 总经理杨全异口同声："我们负责！"

扣人心弦的爆破声响过，当老外看到理想的爆破面和安然无恙的洞壁时，蓝眼睛里露出了钦佩的目光。

　　紧接着，吴云红根据自己丰富的经验，提出了"中间拉槽，分部开挖"的实施方案，取代了外商费时费力的"左右两侧分部开挖，单面作业"的施工方案，扩大了工作面，7天推进70米，相比外方原规定的工作效率提高3倍多，大大缩短了工期。

　　凭着高昂的爱国主义精神和科学的施工方法，OTFF在业主、监理、设计方的支持和承包商的配合下，彻底扭转了工程施工的被动局面。每月施工进度都是原计划的110%、120%，甚至更多，从而打破了CGIC从未完成过月计划的僵局。

　　1996年10月，3条导流洞开挖全线贯通，这一喜讯将小浪底工程要推迟一年截流的悲观论调一扫而空，为中华人民共和国成立47周年献上了一份贺礼。曾一度对按期截流失去信心的CGIC破天荒地挂出了鲜红的标语："中德意联营体，1997年10月31日，就是这一天！"

　　为了最大限度地追回工期，中国水电工人怀着对祖国和人民的一腔赤诚，倒排工期，"以日保周，以周保月，以月保季"，在这铁与火的工地上，裹一身汗水、泥水和血水，顽强拼搏，力挽狂澜，终于抢回了被延误11个月的工期。

| 小浪底水利枢纽

1997 年 6 月 28 日，3 条导流洞洞身混凝土衬砌全部结束，年底截流成为定局。外国承包商纷纷竖起大拇指："简直难以置信，very good，他们是最优秀的队伍，真是一支中国铁军！"

历史将会永远记着这个时刻——1997 年 10 月 28 日上午 10 时 28 分，随着最后一车石料抛入黄河锁住龙口，大河截流成功！为了这一刻，小浪底建设者们夜以继日奋斗了整整 3 年。

| 1997年10月28日，小浪底工程成功截流

小浪底工程主要依靠国内投资，此外还使用了 11.09 亿美元的世界银行贷款。按照世界银行的规定，工程建设必须进行国际招标。而既然是国际招标工程，就必须按照国际工程管理的法则模式来运行。而这套法则模式，就是已经出道了近半个

世纪、被国际工程管理公司纯熟运用的菲迪克条款。

自 1994 年 7 月 16 日小浪底国际招标合同签订之日起，这纸合同便开始生效，成为工地上万名中外建设者共同遵守的圭臬。

在这里，中外双方同台竞技，各展风采。没有谁说了算的领导，也没有绝对的权威。大家都必须遵循的唯一准则就是合同。

意大利英波吉罗公司一标承包商马尔瓦尼曾经坦言："如果说小浪底有一部《圣经》，那么这部《圣经》就是合同。"然而，马尔瓦尼的话，当时并没有引起中方现场人员的重视。当然，更没有细心的读者来耐心地解读这部《圣经》。于是，一系列让中国人心绪难平的事，那样猝不及防、又那样不可思议地发生了……

一名中国工人在施工中掉了 4 颗钉子，外方管理人员马上派人拍照。不久，中方收到了这样一封信函："浪费材料，索赔 28 万元。"

28 万元？能买多少钉子！外方是这样计算的：一个工作面掉了 4 颗钉子，1 万个工作面就是 4 万颗。钉子从买回到投放于施工中，经历了运输、储存、管理等 11 个环节，成本便翻了 32 倍。

合同规定，施工现场，必须干净有序。某工程局导流洞开挖时收到一封外方信函："施工现场有积水和淤泥，根据合同条款规定，限期清理干净，否则我方将派人前来清理，费用由你方支付。"起初，中方颇不以为然：洞子开挖，能没积水和淤泥？过了两天，外商派来了 90 名劳务前来"协助清理"。当然，外方是不会白干的，各种费用一算，开出了一张 200 万元的支票。

最难堪的应属某隧道局了，3000 多人辛辛苦苦干了 9 个多月，得到的"报偿"却是被外方索赔 5700 多万元，原来是他们干活进度超标，违反了合同规定的要求，而他们的全部劳务费用只有 5400 万元。也就是说，干这 9 个月，分文未挣还倒贴 300 万元。无奈之下，只好背着空空的行囊，黯然而回。

这样的例子，在小浪底可以说是信手拈来。自小浪底主体工程开工以来，"索赔"便成为出现频率最高的字眼。在最初的两年多时间，中方收到的各种索赔信函累计达到 2000 多封，摞起来有 2 米多高，重达几十千克。

面对雪片般飞舞的索赔函，小浪底人想不通了："难道我们当初搞国际招标，就是为了引狼入室？就是让这些洋人来压榨我们中国工人阶级的血与肉吗？"有人甚至跑到外商营地去抗议。一提索赔，大家就憋气、郁闷："大鼻子又变着法儿坑我们了！"

准则和经验、法律和习惯，在这里发生了强烈撞击。经过一次次痛苦的碰撞以及对国际合同认识的逐步加深，小浪底人渐渐明白过来：与国际接轨不是简单的说说而已，要真正实现接轨，首先就要思想上接轨、行为上接轨，而接轨的唯一准则就是一切按合同办事。

观念一变天地宽。作为业主，小浪底水利枢纽建设管理局率先行动起来，他们以合同管理为核心，对内部机构进行了多次调整，进一步精简了业主机关人员，充实了监理力量，强化施工一线的管理，同时组成了多层次的合同管理系统，从而展开了一场与外商斗智斗勇的"反弹琵琶"大战。

小浪底拥有一支 300 多人，最多曾达 500 多人的监理工程师队伍，他们的工作使合同履行有了严格的保证，也对节约投资起到了巨大作用。

1991 年，小浪底前期工程开工后，参与小浪底建设的工程技术人员，在埋头苦学中成长为中国第一代监理队伍。他们努力学习国际通用的 FIDIC（国际工程师联合会）合同条款，认真履行着事前预控和全过程跟踪、监理、管理职责。1994 年 5 月 4 日，小浪底工程经世界银行专家团 15 次严格检查后正式通过评估。这次评估，意味着小浪底土生土长的监理工程师队伍，具备了驾驭国际大型工程的资格。

1994 年 9 月 12 日，小浪底水利枢纽主体工程正式开工。来自 50 多个国家和地区的 700 多名外国承包商、专家、工程技术人员和上万名中国水电施工队伍云集小浪底。中国工程

小浪底工程进水口塔群施工

师也首次登上了国际工程监理的大舞台。在小浪底这个中外企业同场竞技的国际市场，FIDIC 是竞赛规则，监理工程师是裁判员。

小浪底地下厂房顶拱的稳固，是设计和监理工程师共同关注的焦点。原设计施工方案难度大，工期长。1994 年 11 月，黄河设计院提出设计变更。按常规，设计更改本不该是监理工程师的职责，但为了排除施工干扰，便利施工，监理工程师代表和黄河设计院代表人员共同提出了调整方案：改用 330 根 25 米长、150 吨预应力锚索代替原来的支护方案。这一修改设计比原设计缩短工期 4 个月，节省投资 540 多万元。地下厂房顶拱经历了发电设施等几十个洞室的爆破、开挖等多重扰动，固若金汤，安然无恙。一个方案替业主节约 540 万美元，中国监理工程师不仅出色地应对了难题，也逐步具备了管理国际工程和监理大型工程的实力。

在小浪底二标谈判中，外方和中方提出的要价差距一度达 20 多个亿。双方为此展开了艰巨的谈判。其中仅技术谈判便达 1 年多，共 150 余次；召开了 9 次争议听证会，一次会议便花费一两周时间。

在谈判中，外商拿出了他们的"重磅炸弹"——经会计事务所审计的成本账，向中方讨价。中方谈判人员经过认真分析发现，这本账虽然基本数据正确，但在组合关系上动了手脚，该高的低了而该低的高了，于是中方据此列出了 10 个问题要求外商回答，但外商各个部门说法不一，项目经理也解释不清，对方谈判主角外商监事会主席因为不熟悉具体情况也无法回答。如此"重磅炸弹"失灵，令外商异常尴尬。

经过艰苦的谈判，最后小浪底二标协议支付总计为人民币 54.3 亿元，不但将协议支付总额控制到了概算范围内，而且有部分节余。同时，通过这一协议也保护了中方联营伙伴及其分包商和供应商的经济利益，这一结果也得到了世界银行的肯定。

经过上百轮的谈判后，小浪底三个土建国际标的最终支付都控制在国家批复的概算范围内。19.4 亿元节余中，专门用于应付可能会发生索赔的 7 亿元专项预备费，一分未动。其中，大坝工程节省 9.87 亿元，泄洪和发电工程分别节余 2.29 亿元和 0.78 亿元。

合同变更会带来索赔，但并非所有变更都必然导致索赔成立。在小浪底尾水洞

衬砌方案变动中，监理工程师根据现场地质情况，提出要改变混凝土衬砌为喷锚支护方案，并且主动向外商透露了这一信息，外商知道后兴奋异常，随即提出索赔意向且索赔数额巨大。但是，监理工程师此前只是虚晃一招，在获知外商动态后，表示要收回意向，维持原设计。外商对喷锚支护方案的优越性心知肚明，后来出于工期和工艺的考虑，不得不主动提出修改方案，从而使监理工程师化被动为主动，既达到了变更方案有利于施工的目的，又避免了一起大宗索赔。

"师夷长技以制夷"。索赔的权利是对等的：承包商享有，分包商、业主同样享有。小浪底人深感"知己知彼"的重要性，专门成立了由外国专家参与的合同反索赔小组，运用现代通用的国际惯例开始逐条审核原有合同，瞄准对方的薄弱环节，主动出击——向外方索赔。就连当初被外商反计费的中方劳务，也依据合同"师夷制夷"，向外商提出了6000万元的反索赔意向。

外方的索赔函越来越少了。到后来，三标的外方经理杜邦主动找到中方提出议和，说："以后没有特殊情况，我方不向你方提出索赔，你方也不要向我方提出索赔。"

小浪底集结着为数众多的国外承包商，成功应对国际索赔，不仅可以节余大量资金，也可为国内其他大型工程建设提供许多成功的借鉴。建设中，因国内增值税政策出现了变化，一家德国承包商随即提出1亿多人民币的索赔。为此，中国的监理工程师专门跑到税务部门去咨询，研究以前的税法和现行税法的区别及对承包商的影响。在大量咨询后，终于搞清楚了税收变化对承包商的影响：基本持平的税负额，根本不应提出索赔。对于这一结果，德国承包商从本国请来两个专门研究中国税法的专家和业主谈判，并拿出了详细计算依据。而中方也相应列出一项项计算，仅计算材料便多达200多页，结果显示税率变化对他们的影响是负70多万元人民币。从此，外商再也不谈索赔了。

小浪底是20世纪末国内全面按照"业主负责制、招标投标负责制、建设监理制"管理模式实施建设规模最大的水利工程。以合同管理为核心，从各个环节与国际管理模式接轨，小浪底在国内大型水电工程中，先走了一步。

作为被国内外专家称为"世界上最富挑战性"的工程、治理黄河的关键性控制工程、世界银行在中国最大的贷款项目，在长达11年的建设中，小浪底水利枢纽工程建设业主方经受了各方面的严峻考验，克服了许多意外的风险因素，最终节余投资38亿元，占到总投资的近11%。

20世纪90年代，在通货紧缩期施工的大型工程，因为物价因素出现节余并不为奇。但在小浪底38亿元的投资节余中，有27.3亿元来自管理环节。这主要得益于小浪底人坚持了先进的建设机制。

越来越多的小浪底人开始捧起了沉甸甸的合同文件，像西方人读《圣经》一样，虔诚地研读着国际惯例……

在被称为"小联合国"的小浪底工地，中外建设者在工程中所处地位不同，各国的思想观念、文化背景、施工经验等都有很大差别。彼此之间的生产关系和利益关系更是错综复杂，主要体现在"中—外—中"这样一种新型的国际工程管理结构上。

这一管理结构，就像一块夹心饼干，两头是中国人，中间是外商。在上层是由中方业主、监理单位组成的管理和监督机构，中间层是以外商为主的工程承包商，

而基层是由中方劳务组成的分包商，这些分包商中，有的是进行工程分包，而大部分是以单纯劳务分包的形式参与工程建设。

对此，水利部副部长兼小浪底建管局局长张基尧曾经有过一段独到而又形象的解释："在小浪底施工现场，各方像一筐螃蟹一样绞在一起，你牵着我，我牵着你，给工程管理带来了极大的难度。"就连那些富有经验的外国承包商也不无感叹："技术问题总是可以解决的，而管理则复杂得多，因为人的工作是最难做的。"

如何破解这一难题呢？菲迪克条款无章可循，小浪底人被迫在"战争中学习战争"，在与国际接轨中学习国际工程管理。他们从实际出发，探索实行了"三分三合"的机制，即责任上分，目标上合；岗位上分，思想上合；对外部分，对内部合，形成了具有中国特色的国际工程管理模式。

来自"五湖四海"的中国人，在民族利益和共同责任的感召下，凝聚在了一起，当工程出现问题时，业主就把监理和施工单位请到一起，大家共商解决的办法，形成一致意见后，上下一起努力，对外商构建一种上拉下推的局面，来帮助、促进其

小浪底工程库区移民搬迁情景

全力实施赶工!

在这种情势下,外商也不得不积极配合,不得不跟上中国人的节拍。同时,他们也认识到,业主、监理和施工单位虽无经济合同,但中国人是一家,他们有共同的目的,他们是齐心协力的。

同样在小浪底,业主还以宽广的胸怀热诚接纳了来自世界各地的外籍人员。当外商资金出现紧缺时,业主提前支付预付款,帮助他们渡过难关;每逢节日,外籍人员就会接到业主的邀请,共度佳节,加深友谊。二标现场经理施莫尔兹生病住院,业主派人带着营养品和鲜花来看望。三标外方工程师比尔瓦45岁生日时,意外收到了中方送来的大蛋糕,他激动地说,中国人的友情包围着他……于是,工地上出现了中外建设者携手合作保截流的良好气氛。

在赶工热潮中,中国建设大军强烈的爱国热情和精湛的技艺,更是让老外们心服口服。渐渐地,傲慢变成了恭敬、刁难变成了友谊、撞击变成了融合。小浪底上空高高飘扬的,不仅有爱国主义和集体主义的旗帜,还有国际主义的旗帜。

当然,在小浪底这样一个特殊的试验田和竞技场上,外国承包商执行合同的严肃性、现场管理的科学性以及各种资源配置的合理性,无不让国内水电企业耳目一新。

一位水利界老前辈来小浪底参观,正赶上两个年轻的中国小伙子将经纬仪放到水泥测量标柱上测量。只见两位测量工不动纸笔,冲着对讲机说了几句,不几分钟就走了。事后,老前辈方知,两个小伙子用的是电脑测量仪,其测量工序是被承包商意大利英波吉罗公司的电脑全程跟踪的,每一道工序的精确程度可以用分钟计算。不仅测量如此,他们的成本控制已细化到每一天的进度、损耗、闲置情况。这种严密的管理控制着整个项目的工期、成本,一天下来,是亏是盈一目了然。

临走,这位老前辈发出感慨:"这么大的一项工程安排得像绣花一样精细,不是眼见,想都不敢想。"

水电三局小浪底项目部经理王新友感受最深的是外商的质量意识:一般在仓号浇筑前,经过自检、监理检验签字后,就可浇筑,但外商却要亲自检验,哪怕有一丁点不符合要求,他都会让你重干。外商那股认真劲儿,有时真让我们感到不可理解:我们局在3号导流洞开挖施工中碰到了断层带,按照外商的施工规定,开挖2

米就必须支护，有一位叫刘静波的职工，接班时，看岩石结构比较好，接连干了十几米，再回头支护。虽然他超额完成施工任务，但等待他的是开除。

加拿大国际工程管理公司的项目部副经理吉斯普力直言不讳地告诉中方业主："小浪底是我碰到的被承包商索赔最多的工程，这说明你们还有许多工作需要改善。你们在国际招标中唯一有竞争力的，是你们廉价的劳务。单靠这一点，是很难赚到钱的。"

2001年，小浪底工程全部竣工，开始发挥综合效益

　　管理就是生产力。管理大工程如绣花，人们看到了中外管理的差距，更看到了在与国际接轨中，中国水电建设的走向。小浪底的意义，不仅在于它是一座现代化的水电工程，它更是一座大熔炉、一所大学校，它让小浪底人深切地感受到：建设小浪底是一次参与国际竞争前的实战热身，是"不出国的出国"。

　　在这种"国内工程国际模式"的特定环境中，一批熟悉国际工程管理并能与外商打交道的各类人才在实战的摔打中迅速成长。他们在战胜各种艰难困苦的同时，也实现了对自身的超越。中国水利只要储备了雄厚的人才战略资源，就能走向更加繁荣兴旺的未来。

第四章

世纪之交

一、黄河频繁断流的警示

进入 21 世纪，随着经济社会迅猛发展，黄河水资源管理、生态环境、洪水调度等方面面临许多新情况、新问题、新挑战。按照中央领导指示，黄委组织开展了黄河重大问题及其对策研究，国家授权黄委对黄河水资源统一管理与全河水量统一调度初见成效。为探索黄河治理开发可持续发展之路，黄委持续开展治黄新实践，不断加大国际合作和对外交流的广度与深度，广泛吸收借鉴世界前沿流域管理模式，注重引进先进水管理技术，在工程技术、流域管理、治河理念等方面取得一系列丰硕成果。

握手世界

1997 年 7 月 8 日，黄河已进入主汛期，就在黄河各级部门和单位严阵以待防大汛抢大险的时候，黄河下游断流河段仍在延伸。截至 6 月 26 日，利津站断流 91 天，泺口站断流 46 天。孙口站、高村站、夹河滩站相继于 6 月 22 日、23 日和 26 日断流。这一极其反常的现象，引起人们的高度关注和担忧。

始于 20 世纪 70 年代初期的黄河断流危机，至 20 世纪末，愈演愈烈。统计资料显示，从 1972～1999 年的 28 年中，黄河下游利津水文站有 21 年发生了断流。断流年份达四分之三，尤其是进入 90 年代，年年断流，而且断流的时间一年比一年提前。每年断流的天数也在持续上升。1995 年，黄河下游东营市比 1994 年提前 42 天断流；1996 年断流又比 1995 年提前了 72 天；而 1998 年的第一天，利津水文站就开始断流。20 世纪 70 年代年平均断流天数为 9 天，断流天数最多的年份累计为 21 天；80 年代年平均断流 11 天，断流天数最多的年份累计为 36 天；从 90 年代开始，断流的天数急剧增加，1991 年断流天数为 16 天，1992 年 83 天，1993 年 60 天，1994 年 74 天，1995 年猛增至 122 天，1996 年为 136 天，1997 年则长达 226 天。断流由河口往上游方向延伸的距离也越来越长，70 年代平均 135 千米，80 年代平均 179 千米，90 年代平均 296 千米。

日趋严重的黄河断流，下游沿河 10 余座城市，几千个村庄居民生活用水受到严重影响，给黄河下游以及相关地区人民群众生活和经济社会发展带来了极其严重的威胁。

1992 年，位于河口地区的东营市、滨州市和胜利油田 90 多万城镇居民生活供水几乎断绝，4500 多人因饮用坑塘水患肠道疾病。最危急的时候，东营市全部饮用水仅能维持 7 天。1997 年断流，致使沿黄河地区 2500 个村庄、130 万

黄河断流后，山东黄河两岸群众吃水困难，只能在河沟里取水

人吃水严重困难，许多城市采取定时、定量供水。无棣县马山子镇石桥村由于缺水，一半人口外迁。一些地区甚至被迫开采含氟量超标的地下水予以补充，人们的身体健康受到严重影响。

黄河断流，使工农业生产遭受了重大损失。统计资料显示，20 世纪 70 年代，断流使黄河下游有关地区工业年均损失 1.8 亿元，80 年代年均损失 2.2 亿元。进入 90 年代，由于断流进一步加剧，年均经济损失也随之剧增，1992 年损失 20.9 亿元，1995 年损失 42.7 亿元。1997 年，胜利油田因缺水，200 口油井被迫关闭，山东省工业生产的直接经济损失高达 40 亿元。由于黄河断流，沿岸灌区粮食产量大幅度下降。20 世纪 70 年代粮食减产 9 亿千克，80 年代减产 13.7 亿千克。1995 年，黄河下游断流 122 天，沿岸灌区受旱面积 1913 万亩，粮食减产 26.8 亿千克。1997 年黄河断流，仅山东省就有 2300 万亩农田缺灌，减产粮食 27.5 亿千克，棉花 5000 千克，直接经济损失达 135 亿元。

由于断流，黄河下游河道冲沙用水被挤占，河道主槽淤积加剧，过洪断面严重萎缩。据分析，黄河下游河道汛期冲沙水量需要 150 亿立方米，非汛期生态基流需要 50 亿立方米，河道蒸发、渗漏损失约 10 亿立方米，合计为 210 亿立方米。入海水量大幅度减少，直接导致了下游河道主槽的淤积加重。河流的造床能力被严重削弱，过水断面严重萎缩，加剧了"二级悬河"的不利形势。

黄河断流对生态环境造成的影响也很大，河口地区海岸蚀退；地表植被退化；近海水域生物资源衰减，对渤海资源综合利用与可持续开发不利；影响中国实施生物多样性保护计划；河流水环境恶化，鱼类种群濒临灭绝；农业生态环境受到破坏。

黄河是中华民族的母亲河，越来越严重的母亲河断流，引起了黄河儿女们的忧虑和关注。

1997 年 4 月 8 ～ 12 日，国家计划委员会、国家科委、水利部在山东东营召开了黄河断流及其对策专家座谈会，就黄河断流的成因与发展趋势，解决黄河断流问题的方略和对策进行了深入的探讨。

1997 年 9 月 3 日，利津站再次断流，这是当年利津站出现的第八次断流，也是黄河历史上第一次出现 9 月断流，下游抗旱形势十分严峻。

黄河断流问题迅速引起了国家领导人的重视。国务院副总理姜春云在北京主持

几近断流的黄河下游河道

召开了研究黄河断流对策的专家座谈会，参会的水利、环保等方面的专家学者，共同分析黄河断流的原因，探讨解决断流的对策。

专家们认为，黄河断流的原因，既有自然因素，也有人为因素。一是黄河流域水资源总量贫乏，降雨量和径流量明显减少。河南花园口下泄流量由 20 世纪 50 年代年均水量 482 亿立方米减少到 90 年代年均水量 288 亿立方米，这主要是气候变化所致。二是随着经济、社会快速发展和人口的增加，沿黄供水地区农业灌溉、工业和城乡生活耗水量成倍增加，由 50 年代的年均 122 亿立方米增加到 90 年代的年均 300 多亿立方米（地下水除外），黄河径流水资源利用率已超过 50%。三是用水方式粗放，节水意识薄弱，水资源浪费严重。占用水量 90% 以上的农业用水，其有效利用率只有 40% 左右，落后的大水漫灌情况普遍存在；工业用水重复利用率低，有的地方根本不重复使用。水质污染也加剧了用水的矛盾。四是对黄河水资源的利用缺乏科学有效的调度管理，沿黄地区竞相争水，各自为政。

与会专家学者经过认真讨论，提出了对策和建议，主要有加强管理、科学调度；增强全社会的水忧患意识；积极开辟水源，增加有效供水量；狠抓节约用水，推行节水技术；大力搞好农田水利基本建设；深化改革，理顺水价等。

会议认为，黄河是中华民族的摇篮，是中国西北和华北地区的重要水源，担负着流域内及下游沿海地区 1.4 亿人口、2.4 亿亩耕地、50 多座大中城市、晋陕宁蒙接壤的能源基地和中原、胜利两大油田的供水任务，为沿海经济和社会发展做出了重大贡献。对黄河断流所带来的困难和问题，一定要有充分的估计和清醒的认识。黄河断流虽然出现在下游并表现为季节性现象，但其实质是大自然向我们发出的警告：黄河水资源供需已失去平衡，经济社会发展与环境、资源的矛盾正在激化，如不采取切实有效的对策，黄河流域的供水危机将日益加大加重，后果不堪设想，务必引起警觉，高度重视，认真研究对策，加以解决。

会上，姜春云副总理要求，国家有关部门和沿黄各省（区）要坚决贯彻"加强管理、科学调度、开源节流、量水而行"的方针，统筹兼顾，顾全大局，团结协作，采取切实有效的措施，为解决黄河断流这一重大问题做出贡献。

1997 年的黄河断流，创下了几个"之最"：

断流河段最长：从河口上延至开封柳园口，断流河道长达 704 千米，约占黄河下游河道长度的 90%；断流天数最多：利津水文站全年共断流 226 天；断流月份最多：全年有 11 个月断流；首次在汛期出现断流：在尚处于汛期的 9 月出现断流；首次跨年度断流：1997 年年底至 1998 年年初跨年度断流。

面对中华民族母亲河日渐枯竭的趋势，世界各地炎黄子孙无不忧心忡忡：一条奔腾了千万年的滔滔大河，难道会变成一条季节河、内陆河吗？

围绕黄河断流危机，海内外迅速发起了一场"拯救母亲河"的行动。1998 年年初，中国科学院、中国工程院 163 位院士联合发出呼吁：行动起来，拯救黄河！许多院士在签名的同时，还留下了积极的建议和感人的话语，表达了拯救母亲河的急切心情。

黄文虎院士指出："黄河是中华民族的母亲河，近年来出现断流，情况不断恶化，将对中华民族产生不可估量的严重影响。"

王梦恕院士说："这个呼吁书代表了中国人民群众的共同呼声，建议国务院加强规划、管理、引资、整治工作，把母亲河整治好！"

沈德忠院士认为："要加强对黄河水资源管理，制定相应的法规，对违反用水规定的依法惩处。同时采取有效措施，减少黄河泥沙淤积。"

　　郭重庆院士写道："我出生于黄河上游的兰州，又生活工作在黄河下游的郑州，是受黄河养育成长起来的，对黄河有一种很深的感情。今天，母亲河面临着日愈加剧的断流和严重污染，黄河在呻吟，在呼救，我们有责任为恢复黄河生机而努力。"

　　卢永根院士谈道："拯救黄河是每一位炎黄子孙特别是自然科学工作者刻不容缓的、不可推卸的责任。"

　　林秉南院士指出："黄河既有断流问题，也有洪水问题，由于出现季节性断流，

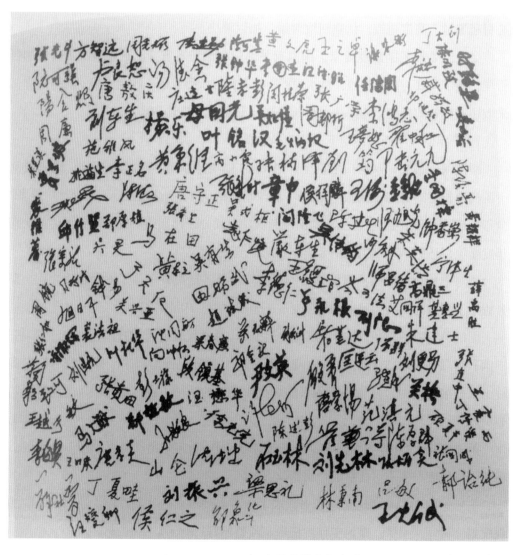

中国科学院和中国工程院院士签名拯救母亲河

下游淤积更为严重，许多河段主槽已淤平。一旦出现洪水，则必然上滩，危害严重，因此拯救黄河应包括断流、洪水、泥沙淤积等重大问题。"

丁大钊院士、吕敏院士认为："黄河治理是个极其复杂、规模宏大的系统工程，必须进行全方位治理、有效治理。"

吴有生院士特别写道："收到《行动起来　拯救黄河》的呼吁书，思绪万千。这份呼吁书写出了中华儿女共同的心声，作为一名科技工作者，我支持，也愿意参与。愿全国各界人士，各个方面，能同心协力，开始坚持不懈的努力。"

俞大光院士指出："拯救黄河确实是一件关系到我中华民族子孙后代而且目前十分紧迫的大事，呼吁社会各界高度认识、关注并及早行动起来。"

行动起来，拯救黄河，喊出了全国各界人士的共同心愿，一系列活动相继兴起。

1999 年 3 月，民盟中央向全国政协会议提出一号提案：保护母亲河。1996～1999 年，民盟中央多次组织到河南等地考察黄河，开展"黄河的治理与开发"专题调研。认为，对于黄河日益严重的断流现象、水资源供需矛盾突出、沿黄地区生态环境被破坏、黄河"地上悬河"等问题，必须引起全社会的共同关注。为此，民盟中央多次邀请有关专家学者进行论证，形成了《关于加大投资力度　依法治理黄河》的建议提案，以民盟中央的名义提交给全国政协九届二次会议，被列为大会的一号提案。

该提案建议：

一、尽快制定《黄河法》。为更科学地实现流域管理、行政区管理和行业管理的有机结合，应当以国家立法的形式统筹上下游、左右岸、地区与部门利益的相关问题，共同处理防洪与减灾、水土保持与减淤脱贫、资源开发与环境保护等关系。

二、尽快采取措施，解决黄河断流问题。建立统一的水资源管理机构，制定水量分配和统一调度管理办法；把黄河流域的节水工程做一个整体考量，列入国家经济发展计划，安排专项投资，各省（区）分级落实配套资金，并承担节水工程建设任务；尽快调整水价，加快南水北调工程建设。

三、加大国家对治理黄河、特别是防洪工程建设的投入。民盟中央建议案提出后，引起社会普遍关注。全国政协提案委员会召开重点提案协商座谈会，有关承办单位国家计划委员会、水利部、黄委、环保总局、林业总局的负责人和专家学者参加，具体落实各项建议。

此间，《经济日报》启动的"黄河断流万里探源"采访活动，历时两个半月，行程 15000 千米，历经黄河 8 个省（区），共写下 10 多万字文稿，刊发 70 多篇新闻稿件和照片。

由中国科学院组成的黄河考察团从黄河入海口溯河而上，对黄河水资源进行了为期 15 天的考察。中国科学院、国土资源部水文地质工程地质所、武汉水利水电大学、水利部、黄委等单位的院士和专家参加了这次考察。考察团通过对山东、河南、陕西、宁夏 4 省（区）沿黄 20 余个市县进行实地考察，分别与 4 省（区）政府、有关部门、专家、技术人员和当地干部进行深入座谈，广泛听取各方面的意见，写出了《关于缓解黄河断流的对策与建议》，呈报国务院。

中央的高度重视，社会各界的强烈呼声和行动，有力促进了加强黄河水资源统一管理的进程。

1998 年 12 月 14 日，经国务院批准，国家计划委员会、水利部颁布实施了《黄河可供水量年度分配及干流水量调度方案》和《黄河水量调度管理办法》，规定黄委负责黄河水量的统一调度管理工作，明确了黄委对黄河水资源的统一调度管理权。

1999 年 3 月 1 日，黄委向三门峡水库发出了第一号水量调度指令。按照"国家统一分配水量，流量断面控制，省（区）负责用水配水，重要取水口和骨干水库统一调度"的水量调度原则，黄河水资源统一管理与全河水量统一调度的实施，初见成效。

有限的水资源在时空分布上得到了调整，协调了生活、生产和生态的用水关系，提高了水资源的利用效率，取得了明显的效果。

1999 年利津断面断流仅 8 天，比近年同期平均断流时间减少 118 天。2000 年，黄河花园口站实测径流量只有 196 亿立方米，是中华人民共和国成立以来第二个枯水年，全流域发生严重旱情，但由于水量统一调度和对用水的监督管理，黄河没有发生一天断流。其间，入海口的利津水文站平均流量约 156 立方米每秒。初步扭转了黄河下游持续 10 年之久的断流局面，黄河三角洲地区生态系统得到明显改善，断绝近 10 年之久的洄游刀鱼也在河口地区重新出现。

二、黄河重大问题及对策研究

世纪之交，国家经济社会发展对黄河的治理开发提出了越来越高的要求。但是黄河在洪水威胁、黄土高原水土流失严重等老问题尚未得到完全解决的情况下，又出现了黄河水资源供需矛盾日益尖锐、生态环境恶化、水质污染严重等新情况、新问题。这些突出问题，严重威胁着沿黄人民生命和财产的安全，制约着黄河流域及其相关地区的经济社会发展。

党和国家高度重视黄河问题。1997 年 8 月，中共中央总书记江泽民、国务院总理李鹏分别在姜春云副总理《关于陕北地区治理水土流失建设生态农业的调查报告》上做出重要批示。

江泽民同志指出：历史遗留下来的黄土高原的恶劣生态环境，要靠我们发挥社会主义制度的优越性，发扬艰苦创业的精神，齐心协力地大抓植树造林，绿化荒漠，建设生态农业去加以根本的改观。经过一代一代人长期的、持续的奋斗，再造一个山川秀美的西北地区，是可以实现的。

李鹏同志批示：黄河经过黄土高原挟带着大量泥沙，淤积下游河床，迫使黄河决口改道，成为中华民族心腹之患。中华人民共和国成立以来黄河经过综合治理，五十年岁岁安澜，成绩巨大。然而黄河并未根治，对下游人民造成大灾难的危险依然存在。小浪底的建成，为开展黄土高原水土保持提供了良好的机遇。请组织有关部门，提出一个治理黄土高原水土流失的工程规划，争取十五年初见成效，三十年大见成效，为根治黄河做出应有的贡献。

1999 年 6 月，江泽民总书记视察黄河，并在郑州主持召开黄河治理开发工作座谈会，强调指出：21 世纪即将到来，我们必须从战略的高度着眼，继续艰苦奋斗，不懈努力，进一步把黄河的事情办好，让古老的黄河焕发青春，更好地为中华民族造福。

1999 年 8 月，朱镕基总理在陕西考察水土流失治理时指出：治理黄土高原水土流失，加强生态环境建设，是让黄河造福于中华民族的一项根本措施。防治黄河洪水灾害，刻不容缓的任务是加大黄河中上游地区水土流失治理力度。

这一时期，国务院副总理温家宝就解决黄河水资源短缺、缓解黄河断流问题，做了多次批示，指出："黄河的问题应该提上日程进行研究。请水利部系统整理分析有关黄河的各项基础资料，认真研究各部门、各科研单位和专家们的意见，抓住缓解黄河断流、防御洪涝灾害、综合治理生态环境等重点问题，提出根治黄河的规划和政策建议，经过讨论，形成比较全面、成熟的意见，向国务院报告。"1998年11月，他在考察黄河期间，进一步明确指出，要围绕解决防洪、断流缺水、生态环境问题，抓紧开展黄河重大问题与对策的研究。

遵照中央领导的指示精神，黄委及时组织有关专家开始了黄河重大问题及其对策的研究。

2000年8月，完成了《黄河的重大问题及其对策》研究报告及黄河防洪、水资源利用、水土保持等10个专题子报告，研究报告以可持续发展战略思想为指导，深刻分析了黄河在防洪、水资源开发利用、黄土高原水土流失治理、生态环境建设等方面存在

黄河的重大问题及其对策研究成果

的突出问题，认真研究了相应的对策与措施。

这一成果后来改编为《关于加快黄河治理开发若干重大问题的意见》。2001年12月25日，朱镕基总理主持国务院第116次总理办公会议，审议同意《关于加快黄河治理开发若干重大问题的意见》，同时要求据此抓紧编制《黄河近期重点治理开发规划》，报国务院审批。

1999年3月25日，为确保《黄河的重大问题及对策》编制工作顺利完成，黄委成立《黄河的重大问题及对策》编制工作领导小组、专家组及编写组。编写组采用专人、专职、专费、专室的工作方式，全力推进各项工作。

1999年10月13～16日，来自中国科学院、中国工程院、国务院有关委、部、局，黄河流域各省、自治区，有关高等院校和科研院所的专家和代表聚集北京，对

水利部提出的《黄河的重大问题及其对策》研究报告（征求意见稿）进行座谈讨论。大家认为该报告紧紧抓住防御黄河洪水灾害、缓解缺水断流、综合治理生态环境等重大问题，提出的黄河治理开发的基本思路是正确的，对策基本可行。同时，专家们还提出了一些修改和补充意见。

会议指出，黄河的三个重大问题是洪水威胁依然是心腹之患、水资源供需矛盾十分突出、生态环境恶化尚未得到有效遏制。为此，治黄基本思路是：防洪，"上拦下排、两岸分滞"，控制洪水；"拦、排、放、调、挖"，处理和利用泥沙；水资源利用及保护——开源节流保护并举，以节流为主；水土保持——防治结合，强化治理；以多沙粗沙区为重点，小流域为单元；采取工程、生物和耕作综合措施，注重治沟骨干工程建设。

同时，会议提出了对策和建议：在总结长期治黄实践经验的基础上，提出的"上拦下排、两岸分滞"以有效控制洪水，采取"拦、排、放、调、挖"，以妥善处理和利用泥沙，其基本思路和总体布局合理，措施基本可行，要优化方案，逐步加以实施。适时修建干流控制性工程，进一步拦减洪水、泥沙；要建成以堤防、河道整治工程为主的下排工程和配套完善的分滞洪工程，尽快消除险点隐患；结合挖河淤背固堤，淤筑相对地下河；加快滩区安全建设；抓紧河口治理；切实搞好防洪非工程措施建设。

缓解黄河缺水断流，首先要全面节约用水，建立节水型社会。近期要以河套平原和豫鲁平原等引黄灌区为节水重点，切实加强水资源的统一管理和保护，同时充分利用骨干水库的调节能力，实行地表水与地下水联合运用，调整水价，以供定需，逐步实现水资源的优化配置。抓紧做好南水北调前期工作，逐步实施。

严重的水污染是黄河新出现的重大环境问题。大量未经处理或未达到排放标准的污水直接排入黄河干支流，使黄河水质近年呈急剧恶化之势。因此，必须强化水资源保护，加大治污力度，杜绝新的污染源，关停"十五小"企业，尽快完善水质监控网络，实行入河排污许可制度和污染物总量控制。

由于流域管理体制改革问题涉及面广，改革的关键是授予流域管理机构必要的权力，以能起到协调各方面关系的作用。

建立多渠道、多层次、多元化的治黄资金筹措机制和建立健全黄河水资源费征收办法、调整水价、征收黄河河道工程修建维护管理费、征收黄河水资源保护费等主要经济政策是必要的，建议区别不同情况进行研究，报有关部门批准实施。

根据专家意见，黄委对《黄河的重大问题及其对策》进行了修改，并据此编制了《黄河近期重点治理开发规划》。

2002年1月，水利部组织召开专家审查会对《黄河近期重点治理开发规划》进行研究后认为，该规划贯彻了党中央、国务院关于黄河治理开发的一系列指示精神，思路清晰，目标明确，布局合理，重点突出，措施可行，建议适当修改补充后，尽快上报国务院审批，作为指导黄河近期重点治理开发的依据。

之后，水利部又征求了国家18部委及黄河流域8省（区）对该规划的意见。经过修改补充，将《黄河近期重点治理开发规划》上报国务院。

2002年7月14日，国务院批复了《黄河近期重点治理开发规划》，这是继1955年全国人大一届二次会议通过的《黄河综合利用规划技术经济报告》之后，又一部国家层面的重要黄河规划。

《黄河近期重点治理开发规划》

规划的指导思想为：坚持全面规划、统筹兼顾、标本兼治、综合治理、坚持兴利除害结合、开源节流并重、防洪抗旱并举的原则。把防洪作为黄河治理开发的一项长期而艰巨的任务，把水资源的节约和保护摆到突出位置，把水土保持作为改善农业生产条件、生态环境和治理黄河的一项根本措施，持之以恒地抓紧抓好。从战略高度全面规划、合理安排、分步推进。以水资源的可持续利用，支持流域及其相关地区经济社会的可持续发展。这一思想的目标直指黄河洪水、水资源短缺和生态环境三大问题，突出体现了国家可持续发展的战略。

规划的目标为：通过10年的努力初步建成黄河防洪减淤体系，重点河段防洪工程达到设计标准，基本控制洪水泥沙和游荡性河道河势；完善水资源统一管理和调度体制，节水初见成效，基本解决黄河断流问题；基本控制污染物排放总量，使干流水质达到功能区标准，支流水质明显改善；水土保持得到加强，基本控制人为因素产生新的水土流失，遏制生态环境恶化的趋势。逐步实现以黄河的可持续开发利用促进流域及相关地区经济社会的可持续发展，最终实现人与自然和谐相处。

规划明确了近 10 年的治理开发任务与主要措施。

（1）用 10 年左右时间初步建成防洪减淤体系。按照"上拦下排、两岸分滞"控制洪水，"拦、排、放、调、挖"处理和利用泥沙的黄河防洪减淤体系基本思路，针对当前黄河下游防洪存在的主要问题，近期建设的重点是全面推行下游河道标准化堤防建设、加快游荡性河道整治步伐、搞好东平湖滞洪区和滩区安全建设、加强河口综合治理、完善水文测报、洪水和枯水调度等非工程措施。

通过上述措施的实施，确保防御花园口站洪峰流量 22000 立方米每秒堤防不决口，基本控制游荡性河道河势。相对稳定入海流路。上中游干流重点防洪河段的河防工程达到设计标准。

（2）把解决黄河水资源不足和水污染防治放在突出位置，进一步完善水资源统一管理和调度体制，以水资源的可持续利用为流域经济社会可持续发展提供支撑。按照开源节流保护并举，节流为主，保护为本，强化管理的基本思路，全力做好水资源管理、利用与调度工作。

加强水污染防治、排污总量控制和断面水质监测。以水资源保护为基础，加强黄河干流及重点支流河源区的水源涵养保护、中游水土流失区的面污染源控制、流域湿地生态恢复和保护工作。

完成上述主要措施后，节水初见成效，灌区灌溉水利用系数由现状的 0.4 左右提高到 0.5 以上，大中城市工业用水重复利用率由现状的 40% ～ 60% 提高到 75%左右；水资源供需矛盾初步缓解，一般年份基本解决断流问题；进入黄河干流的污染物符合总量控制要求，黄河干流水质满足水功能区要求。

（3）进一步加强水土保持，基本控制人为因素产生新的水土流失，遏制生态环境恶化趋势，力争 10 年内水土保持见成效。

按照防治结合，保护优先，强化治理的基本思路，重点在黄土高原水土流失重点预防保护区、重点治理区和重点监督区，因地制宜，分区治理。黄土高原地区水土保持生态建设要坚持工程、生物、耕作措施相结合，充分发挥生态系统自我修复能力，以小流域为单元，综合治理。把治沟骨干工程和淤地坝为主要内容的沟道坝系建设作为小流域综合治理的主体工程，加强沟道坝系建设，注重坡面治理，强化预防监督。

通过上述措施的实施，近期基本控制人为因素产生新的水土流失，黄土高原新增治理水土流失面积12.1万平方千米，平均每年减少入黄泥沙达到5亿吨，水土保持初见成效，遏制生态环境恶化的趋势。

（4）加快"三条黄河"工程建设，加强有关前期工作，大力开展黄河基础研究，主要研究水土保持和水沙变化、中游水库运用、下游河道演变及河道整治、河口演变及治理、模拟技术等，把黄河治理开发与管理全面推向现代化。

国务院对《黄河近期重点治理开发规划》的批复，是黄河治理开发上的又一个重要里程碑，标志着人民治黄事业进入了一个新的重要时期。

三、联合国开发计划署与宁夏签订节水高效生态农业合作项目

2000年3月12日，北京中国大饭店大厅，座无虚席，气氛热烈。宁夏回族自治区党委、政府利用九届全国人大三次会议休会时间，邀请联合国开发计划署以及美国、以色列、日本等国的投资者，中国科学院、中国工程院两院院士、专家学者、国家有关部门负责人共70多人，会聚一处，共商宁夏经济社会发展方略，为宁夏实施西部大开发战略及"十五"规划思路出谋献策。

会商期间，《联合国开发计划署与中国政府宁夏节水高效生态农业合作项目协议》正式签字。外经贸部副部长龙永图、科技部副部长徐冠华、中国农科院副院长许越先、宁夏回族自治区党委书记毛如柏等出席签字仪式，龙永图副部长、宁夏回族自治区政府副主席马锡广和联合国开发计划署代理代表丽娜·林德伯格女士分别代表本方在文件上签字。

该项目为联合国开发署、宁夏回族自治区政府、黄委、中国国际经济技术交流

中心合作启动项目，首期投资 370 万美元，其中联合国开发计划署投入 170 万美元，宁夏回族自治区政府、黄委等投入 200 万美元，主要用于改进宁夏的水与生态环境，鼓励发展节水高效生态农业，为黄河流域和西部地区水资源有效利用探索新路子。项目计划在宁夏的彭阳县、农垦平吉堡农场、贺兰县、陶乐县建立四个不同类型的示范区，针对其在水利用方面存在的低效率、部分土地盐渍化、农业产业结构不尽合理、农业生产低效益、农民收入偏低等问题，围绕提高水利用效率、改善环境、发展高附加值可持续性农业进行试验示范，取得经验，在宁夏和黄河流域其他省（区）推广普及。实施中，有 100 多名技术人员和管理人员接受国内和国外培训，还有 1000 余名技术员和 10000 名农民在宁夏回族自治区内接受培训。

联合国开发计划署是联合国发展系统中最大的多边无偿援助机构，也是联合国系统促进发展活动的中心协调组织，其宗旨是向发展中国家和地区提供技术援助，以促进发展中国家经济社会的可持续发展。

1971 年，中国在联合国的合法席位恢复后，开始参与联合国发展组织的合作。1978 年，党的十一届三中全会决定实施改革开放政策，积极开展国际经济技术合作。经国务院批准，1979 年 6 月，中国政府与联合国开发计划署签订了"合作基本协定"。1979 ～ 2001 年的 22 年间，联合国开发计划署向中国共提供约 5 亿美元的无偿援助资金，加上通过其他渠道筹集的约 1.5 亿美元的项目分摊费用，中国利用这些款项共安排了 577 个项目，涉及农业、工业、能源、交通、环保、扶贫、经济体制改革等诸多领域。通过上述项目的成功实施，培训了数以万计的科技人才和管理人员，聘请了大批国外专家来华从事技术指导和咨询服务，购进了各类先进的科研、生产和教学仪器设备，有力地促进了中国工农业生产，提高了科研能力和技术水平，促进了中国有关领域改革开放事业的发展。

此次签署的宁夏节水高效生态农业项目，就是联合国开发计划署中国合作项目（1979 ～ 2000 年）之一。

作为西部省（区），宁夏具有农业和能源的突出优势。但同时由于地处西北干旱半干旱地区，是全国水资源严重短缺的省（区）之一。宁夏经济社会发展主要依赖国家分配的过境黄河水，水资源是制约全区可持续发展的瓶颈。这种水资源供需矛盾，一方面是缺水，另一方面是水资源配置不合理。宁夏黄河灌区灌、排骨干体系，缺乏完备的工程措施与田间节水相结合的基础设施，现代的高效节水灌溉技术推广应用不足，致使有限的水资源利用效率低下。在总耗用的黄河水量中，农业灌溉用水量占92%，远高于全国68%的平均水平；灌溉水利用系数为0.43，低于全国0.5的平均水平。解决这一问题，只有走全面深度节水、水资源优化配置的道路。

为此，宁夏启动黄河灌区节水高效生态农业示范项目，旨在大力发展高效生态农业，提高农业综合效益，增加农民收入，改善农民的生产生活条件。项目期限为5年，主要措施是：在宁夏黄河流域地区项目示范区通过示范滴灌、喷灌等节水技术，减少农作物用水量；推行种植高附加值作物，增加农民收入；通过对农民、技术人员的技术培训，改变大水漫灌、耕作粗放、种植单一、效益低下的落后状况，建立起良性循环的节水高效生态农业模式，使黄河水资源供需矛盾得到缓解，生态环境

"天下黄河富宁夏"，靠着黄河，宁夏黄河灌区就是"塞上江南"。灌区内引黄干渠线四通八达，让水进田，多种节水措施齐发，润泽平原（图为宁夏引黄灌区）

得到改善。

该项目的实施，发挥了显著的经济效益和社会效益，并有力带动了宁夏全区节水型社会建设的开展。2004年12月，自治区政府颁布实施了《宁夏节水型社会建设规划纲要》。在2005年的十届全国人大三次会议上，宁夏代表团提出"关于将宁夏作为全国省级节水型社会建设试点的建议"，成为当年全国人大常委会办公厅重点处理的十大代表建议之一。同年6月，国务院将宁夏节水型社会示范区建设作为建设节约型社会近期重点工作，宁夏成为全国首个节水型社会试点省（区）。

2006年5月，水利部与国家发展和改革委联合审查了《宁夏节水型社会建设规划》，部署启动了宁夏节水型社会建设试点工作。几年间，通过动员社会各方、完善体制机制、坚持各业节水并举、法律、行政、经济、技术、宣传等综合措施，各地结合特色产业发展，借鉴和引进国内外高效节水灌溉技术，积极开展高效节水示范基地建设，已建成滴灌、低压管灌、喷灌、小管出流等高效灌溉示范基地83万亩，实现了节水、增产，带动了由大水漫灌向节水灌溉方式的转变，有效地提高了水资源利用效率并增加效益，促进了水资源可持续利用，为自治区经济社会跨越式发展提供了水资源保障，成为引领示范高效节水型灌区建设的典范。

四、亚洲开发银行黄河洪水管理项目启动

2002年7月9日，为消除黄河防洪隐患、确保黄河防洪安全的重要工程措施——亚洲开发银行贷款黄河洪水管理项目正式启动。

这是黄河上第一次利用亚洲开发银行贷款的下游防洪工程项目。主要用于黄河下游堤防加固，河道整治、滩区建设以及下游河道监测、洪水预警减灾系统、资产维护管理系统、机构建设、小浪底工程运行方式研究、气象水文预报等方面。旨在通过加固黄河下游干堤和加强防洪非工程措施建设，完善防洪管理体系，提高黄河下游防洪能力和防洪部门的管理水平，保障黄河下游沿岸人民的生命财产安全。

亚洲开发银行是一个致力于促进亚洲及太平洋地区发展中成员经济和社会发展的区域性政府间金融开发机构。该行创建于1966年11月24日，共有67个成员，

总部位于菲律宾首都马尼拉。中国于 1986 年 3 月 10 日加入亚洲开发银行，按各国认股份额及投票权，中国居第三位。

多年来，中国政府十分重视与亚洲开发银行的合作，水利领域与亚洲开发银行的合作取得了令人满意的成果。利用亚洲开发银行贷款曾先后成功地实施了大连引碧入连工程、福建水土保持、浙江珊溪水利枢纽工程等重点项目建设，取得了良好的经济效益和社会效益。水利部与亚洲开发银行合作完成的"中国水行业战略研究"和"中国水土保持发展战略研究"，对扩大中国水利对外合作，推动中国水利的改革与发展，增进中国水利行业与亚洲开发银行的长期合作，都起到了积极的作用。

1998 年长江、松花江、嫩江大水之后，为搞好灾后重建及大江大河治理，中国政府与亚洲开发银行磋商，拟在 2000 年利用贷款 3 亿美元用于"北部防洪项目"。随着小浪底水利枢纽工程的建成并投入运行，黄河抵御洪水的能力大大增强。但是黄河仍然存在着一些险工险段，洪水威胁依然十分严峻，因此加大对黄河防洪工程建设的投资力度，进一步完善黄河防洪工程体系和非工程体系，仍是一项十分重要而紧迫的任务。为此，在这次 3 亿美元贷款的亚洲开发银行"中国北部防洪项目"中，专门安排 1.5 亿美元用于黄河下游干堤加固。

1999 年 5 月，亚洲开发银行派代表团到黄河下游项目区进行考察，表示愿意对所列项目进行贷款。为促使项目尽快实施，亚洲开发银行与国家发展计划委员会、财政部、水利部进行了多次磋商。

1999 年 10 月，黄委编制完成"项目任务书"，并上报水利部。2000 年 3 月 1 日，项目技术援助工作启动，由亚洲开发银行提供部分赠款，委托丹麦水利所负责项目的前期评估，编制完成核心子项目的《可行性研究报告》及相应的《环境评价报告》和《移民规划报告》，2000 年 12 月，亚洲开发银行完成贷款项目的前期评估工作。

2000 年 3 月，经过国家招标，国际咨询机构丹麦水利研究所及协作单位荷兰欧洲咨询公司、黄河设计院、中国水科院的咨询专家进驻黄河，开始了

《亚行贷款黄河防洪项目国际咨询与培训》

黄河洪水管理技术援助项目的前期准备。

为配合咨询专家顺利开展工作，黄委于 2000 年 4 月成立了亚洲开发银行黄河洪水管理项目办公室，负责贷款项目准备阶段的协调管理工作。根据亚洲开发银行要求，国家成立了由水利部牵头，财政部，国家发展计划委员会，河南和山东两省计划、农业、林业环境、水利等部门负责人与专家为成员的技术指导委员会。在两年多的准备时间里，黄委在亚洲开发银行、国家发展计划委员会、财政部的指导和有关部委及地方政府的大力支持下，按照基本建设程序，先后完成了《亚行贷款项目——黄河下游防洪工程建设项目建议书》编报、《可行性研究报告》编制及审查、评估、报批等国内程序和项目确认、项目准备技术援助、项目评估、贷款谈判和贷款协议签署等各项亚洲开发银行贷款程序。

2001 年 3 月，黄委编制的贷款项目《可行性研究报告》通过水利部水规总院审查；同年 11 月，《可行性研究报告》通过中国国际咨询公司的评估；2002 年 4 月，国务院批准《可行性研究报告》，同意项目实施。

2001 年 7 月，国务院批准了由财政部和水利部会签国家发展计划委员会后上报的贷款谈判方案。同月，中国政府代表团在马尼拉亚洲开发银行总部与亚洲开发银行代表就项目贷款进行了谈判，并草签了贷款协定和项目执行协议；受国家发展计划委员会的委托，中国国际工程咨询公司于当年 8 月 11 ～ 19 日对《亚行贷款项目黄河下游防洪工程建设可行性研究报告》进行了评估。2001 年 11 月，亚洲开发银行执行董事会表决通过项目贷款；2002 年 6 月 10 日，《贷款协定》和《项目协定》在马尼拉正式签署。2002 年 7 月，项目指导委员会第一次会议和项目启动会议在郑州召开，这标志着亚洲开发银行贷款黄河防洪项目正式启动。2002 年 9 月 11 日，《贷款协定》正式生效。为了确保贷款的正确使用和管理，财政部与水利部还签署了《项目执行协议》。

8 月 28 日，亚洲开发银行在菲律宾马尼拉召开亚洲开发银行执行董事大会，表决通过了亚洲开发银行贷款黄河下游洪水管理项目。该项目总投资为 4.047 亿美元。其中，亚洲开发银行贷款 1.5 亿美元，丹麦政府赠款 30 万美元，中国投资 2.243 亿美元，项目实施期为 5 年，2005 年 12 月竣工。

亚洲开发银行贷款黄河下游洪水管理项目在亚洲开发银行执行董事会通过，标志着黄河下游防洪工程贷款项目进入实施阶段。

2001年11月，中国加入世界贸易组织之后，中国与世界的联系与融合更加密切。面对重要的历史机遇，黄委应如何借鉴中外河流治理与管理经验，开启黄河治理开发与管理新征程，这是黄河人一直在深深思考的问题。因此，亚洲开发银行贷款黄河下游洪水管理项目的实施，可谓正逢其时。

黄河防洪项目总体目标是通过亚洲开发银行贷款项目的实施，增强防洪工程的抗洪能力，减轻洪水造成的危害，以利于环境改善和减少贫困。同时，使防洪工程基本建设管理程序逐步与国际惯例接轨，提高项目管理水平。具体目标是通过项目的实施，将有100千米左右的堤防达到防洪标准，并使其成为防洪保障线、抢险交通线、生态景观线；基本解决东平湖滞洪区围坝的大面积渗水问题；使下游滩区3.8万人就地避洪；提高水文预报、防灾减灾、工程维护等方面的管理水平。

该项目是一个行业贷款项目，包括多种防洪工程措施和非工程措施，涉及气象、水文、社会、移民、环境、生态、法律等学科，项目的实施采用过程方法和参与模式，是一次很好的对外学习的机会。根据国务院批准的《可行性研究报告》和中国政府与亚洲开发银行签订的《贷款协定》，项目的建设范围和内容均有明确规定。项目建设范围为小浪底以下河段，涉及河南省焦作、新乡、郑州、开封、濮阳和山东省菏泽、济宁、泰安、济南、聊城10个地（市）共19个县（区）。项目建设内容分为洪水管理、防洪工程、村台建设、项目管理4类。

亚洲开发银行贷款黄河防洪项目的组织管理形式充分考虑了黄委当时的管理体制，并将先进的项目管理经验和方法引入各项目执行单位。亚洲开发银行贷款项目和内资项目在黄河下游同时开展，亚洲开发银行项目的所有管理理念在黄河下游防洪工程建设中得到了充分体现。为了与组织管理模式相配套，黄委先后制定了《亚行贷款黄河防洪项目管理实施意见》《黄河洪水管理亚行贷款项目办公室内部财务会计管理制度》《亚行贷款黄河防洪项目培训组织管理办法》《黄河洪水管理亚行贷款项目办公室固定资产管理办法》等规章制度和办法。同时，根据执行情况，对上述制度和办法及时进行了修改和完善。

项目管理形式的创新主要表现在3个方面：

（1）引入移民监理制，从制度上保证了移民资金的安全。

（2）引入了环境监测机制，对项目区的地表水、地下水、环境空气、环境噪声、野生动植物变化等进行定期监测和评估。

（3）引入项目监测评价体系，对项目执行的全过程进行监测和评价。另外，对参与项目管理的财务、合同管理、移民、环境、后评价人员等进行了培训。

为做好项目管理，根据《贷款协定》和《项目协定》的要求，黄委成立了黄河洪水管理亚洲开发银行贷款项目办公室（简称亚行项目办），负责项目的组织协调和统一管理。亚行项目办下设工程和技术部、环境和社会部、综合部，并在河南、山东两河务局设立了项目办派出机构。在黄委财务局和各项目建设单位设立了专门的资金账户，以便接受亚行和国家有关部门的监督、检查。

防洪类子项目的建设单位仍为项目所在地的市级河务局，主要负责各辖区内亚洲开发银行贷款项目的移民迁占处理、工程建设、资金结算、编制有关工程进度报表和财务报表，向项目办反映工程建设中的重大问题。滩区安全建设为自营工程。项目实施机构由地方政府和市、县河务局共同组建。村台建成后，由地方政府负责公共设施建设和群众搬迁。

亚洲开发银行贷款项目于 2002 年 7 月正式启动，由于中国政府和亚洲开发银行在项目审批程序方面的差异，贷款项目实际开工时间延迟到 2003 年 7 月。根据《亚洲开发银行贷款采购指南》，工程类项目采取了国内竞争性招标，设备、软件和车辆采购，根据预算金额不同，分别采取了国际、国内竞争性招标或谈判，以及直接采购等方式，项目办将评标结果报亚洲开发银行审核后，与承包商或供货商签订合同，报亚洲开发银行备案。

项目的支付主要采用周转金账户，在黄委财务部门设有额度为 500 万美元的周转金账户，财务部门依据监理工程师签字的提款申请从周转金账户支付，支付后将有关提款资料报亚洲开发银行，亚洲开发银行再对周转金账户进行回补。另外，当提款资金额较大、周转金周转困难时，项目承担单位先利用自有资金完成建设任务，亚洲开发银行再直接支付给项目承担单位。

2003 年 7 月，作为亚洲开发银行核心子项目的开封堤防加固和东平湖围坝项目率先开工建设。随后防洪工程项目分 4 批进行了招标和实施。为了保证项目的顺利实施，亚洲开发银行每年 6 月和 12 月派项目检查团，对项目执行情况进行全面检查，同时还不定期派出移民、环境、财务专家等对项目执行中的有关情况进行专项检查和指导。黄委每季度向亚洲开发银行上报进度报告，反映项目执行情况和遇到的问题。同时，贷款项目实行年度审计，由国家审计署郑州特派办每年对项目执行情况进行专项审计，从国家法规、贷款协定执行情况和内部控制等方面对项目进行评价。通过总结审计发现问题并及时修正，使黄委在招标评标、施工管理、财务支付等基本建设的各个环节的管理水平明显提高。

经过施工企业、建设单位、监理单位的努力，堤防加固、险工加高改建、河道整治工程和东平湖围坝加固等防洪类工程如期完成。由国家投资建设的避水村台、撤退桥梁和道路也顺利完成了建设任务，各地政府和当地群众同时加紧开展基础设施和房屋建设。

为了不影响项目的总体进度，2004年黄委启动了非工程措施建设项目。小浪底库区和下游模型厅在当年建成并投入使用，随后地理信息系统、洪水演进及灾情评估模型、水文测验设备更新改造、工程维护管理系统、小浪底水库运用方式研究等相继进入研究和开发阶段。至2008年6月初，除小浪底水库运用方式研究受批复较晚和资金到位慢等原因相对滞后外，下游基础地理信息系统、洪水演进模型、工程维护管理系统、水文测验设备更新改造等项目提前完成，并投入运行。

研究人员在黄河小浪底水库至陶城铺河段河道模型上开展试验

按照要求，亚洲开发银行贷款黄河防洪项目实施主要体现在五个方面：一是根据《黄河下游防洪规划》，将黄河下游临黄大堤按照放淤固堤的方法加固，使下游堤防成为防洪保障线、抢险交通线、生态风景线；二是建设河道整治工程，有效地控制工程段的河势变化和主流游荡，避免中常洪水时主流直冲大堤，造成重大险情；

三是建设小浪底至花园口的洪水自动测报系统，使黄河下游花园口洪水预警预报时长达到 30 小时左右，同时建设黄河下游地理信息减灾模型、防洪工程信息系统，为黄河下游洪水调度争取主动，对防洪抢险、滩区减灾具有重要作用，为滩区群众探索了一条防洪保安和经济协调发展的根本出路；四是开展小浪底运用方式和物理模型试验研究，进一步提高黄河治理的科技水平；五是培养一批外资项目的管理人才，提高管理水平。

亚洲开发银行贷款黄河洪水管理项目是中国利用亚洲开发银行贷款进行黄河防洪工程建设的最大项目，实施中，黄委严格按照国家有关法律、法规及亚洲开发银行导则，进行黄河下游防洪工程建设，产生了显著效益。同时，通过与国际专家的合作与交流，吸取国际上尖端的技术和管理经验，逐步了解和掌握国际通用的建设管理程序，提高了建设管理水平。

五、英国赠款黄河小流域治理管理示范项目

2003 年，由英国赠款实施的黄河小流域治理管理项目，在甘肃庆阳、平凉两地区的四县（区）进行示范，显示出突出优越性。英国赠款中国小流域治理管理项目是基于黄土高原水土保持世界银行贷款项目的一个总结、探索和实践性的创新性项目。通过该项目的实施，旨在加强中国和国际援助机构在流域治理和管理项目方面的工作，总结探索出以扶贫为重点的最佳的可操作模式，促进中国流域治理管理工作。

英国赠款黄河小流域治理管理项目会议

中国黄土高原的地貌环境在世界上独具特色，土壤侵蚀和环境问题更为世人所关注，是世界上水土流失最严

重的地区。严重的水土流失导致当地生态恶化，加剧了居民生活贫困：吃水难、行路难、种田难、发展难，严重制约着当地社会经济的发展。为改善当地的生态环境和群众的生产、生活条件，中国在黄土高原地区实施了一系列以改善生态与环境、减少入黄泥沙、提高当地群众生活水平为目的的水土保持项目。

"黄土高原水土保持世界银行贷款项目"先后于 1994 年和 1999 年在山西、陕西、甘肃、内蒙古等 4 个省（区）实施，两期项目分别于 2001 年和 2005 年顺利完成建设任务，为中国科学高效地治理水土流失积累了宝贵经验，取得了显著的经济、社会和生态效益，得到了世界银行和国家有关部门的好评。一期项目被世界银行誉为农业项目的"旗帜工程"，并获得了 2003 年度世界银行行长杰出成就奖；二期项目被世界银行验收团评价为"特别满意项目"，引起了国内外的广泛关注。

为了进一步完善黄土高原水土保持世界银行贷款项目的监测评价体系，提高国内和国际援助流域治理项目的管理水平及实施效益，由英国国际发展部提供赠款，与中国及世界银行合作，在世界银行项目成功实施的基础上，实施"英国赠款中国小流域治理管理项目"。2003 年 12 月，英国国际发展部与中国财政部正式签署项目协议。

英国赠款中国小流域治理管理项目的实施目标是：完善黄土高原水土保持世界银行贷款项目的监测评价体系，开发以减贫为重点的最佳小流域治理管理模式，并在黄土高原及国内其他类似项目中推广。可以说，英国赠款中国小流域治理管理项目是在中国几十年治理水土流失取得的成果以及黄土高原水土保持世界银行贷款项目的基础上，对中国小流域治理管理模式进行有益探索。

项目确定在甘肃省黄土高原水土保持世界银行贷款项目区庆阳市的华池、环县和平凉市的静宁、崆峒四县（区）中各选定一条示范小流域，进行最佳可操作模式的实践与推广。示范项目选定在黄河流域的泾河和渭河水系，属于黄土丘陵沟壑区第二和第三副区。四条小流域位于静宁县的北岔、崆峒区的甲积峪、华池县的樊庄、环县的高沟等，流域总土地面积 117.11 平方千米。

项目区地貌类型由黄土梁峁、坡面和河谷组成，地形破碎，沟壑纵横，植被较差，水土流失严重，均为水土流失中强度侵蚀区。项目区农、林、牧用地不协调，土地利用结构不合理，种植结构单一，以农作物为主，且粮食产量低而不稳。受干旱和暴雨影响较大，多年平均降水量为 425 ～ 526 毫米，主要集中在 7 ～ 9 月，占全年降水量的 60% 以上，多年平均蒸发能力为 1450 毫米。示范项目涉及 5 个乡（镇）、16 个行政村、72 个社（组）。至 2005 年年底，流域内有农户 2666 户、农业人口 13177 人。流域已有治理程度为 34.49%，人均耕地 6.18 亩，人均产粮 338 千克，农民人均纯收入为 925 元。

英国赠款中国小流域治理管理项目的核心是在示范建设项目中推广参与式工作

黄土高原是世界上水土流失最严重、生态系统最脆弱的地区。每遇暴雨，水、土由成千上万条沟渠流入黄河

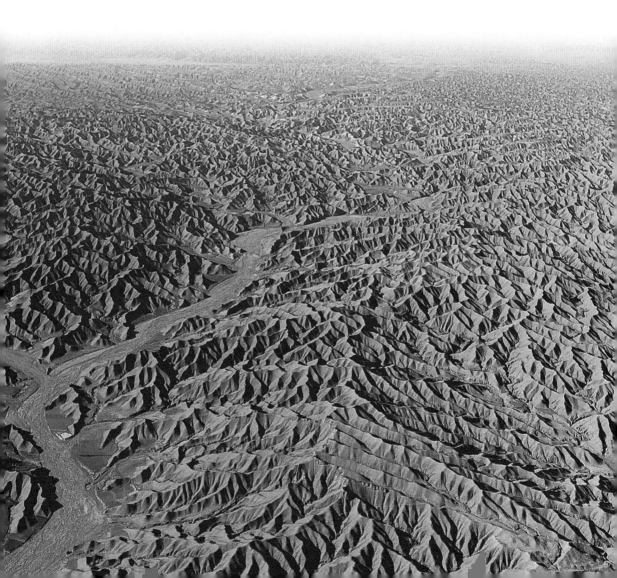

方法。在已有监测评估基础上，提出了强调社区和生计及社区经济可持续发展的监测评价体系，通过宣传和推广，提高流域治理的有效性和可持续性，提高项目区农户对项目的认识，扩大项目影响。通过项目的实施，探索实践中国黄土高原地区生态与生计良性互动的有效方法以及适合中国国情的小流域治理的可持续管理模式。

参与式方法是英国赠款中国小流域治理管理项目大力倡导并贯彻始终的核心工作方法。对于中国广大的农民来说，这是全新的理念和方法。通过引入参与式方法，充分调动农民的积极性，使小流域的群众积极、主动地参与到小流域生态建设中。从本质上讲，参与式的示范建设运作方式是实现黄土高原地区生态与生计良性互动的关键。

参与式方法是 20 世纪后期确立和完善起来的一种主要用于农村社区发展项目的新的工作方法和手段，其显著特点就是强调发展的主体积极、全面地介入发展的全过程，变传统的"自上而下"的工作方法为"自下而上"的工作方法，使项目区内的群众积极、主动、全面

《英国赠款中国小流域治理管理项目——流域发展最佳模式探索与实践》

地参与到项目的选择、规划、实施、监测、评价、管理中来，并分享项目成果和收益。参与式方法不仅有利于提高项目规划设计的合理性，同时也更易得到各相关利益群体的理解、支持与合作，从而保证项目实施的效果和质量。

示范项目以小流域为单元，以社区为主导，应用参与式理念方法，强调民主决策和自主管理，通过对参与式流域规划和实施、管理过程的全面记录和总结，研究和示范在土地退化和生活贫困的流域内，以参与式的方法制定经济、社会、环境可持续发展的综合治理规划的方法和途径，提高流域治理规划的可行性和实施效果。

参与式理念是一种强调群众主体地位、公平参与，提高自我管理和自我发展能力的理念。参与式小流域规划，以小流域为单元，以社区为主体，在关注贫困户和

妇女等弱势群体的基础上，尊重农民意愿，让农户自主选择项目，通过公开透明和民主讨论的方法，确定项目内容和规划方案。组织形式方面，成立县、村两级参与的规划小组，由县水保局、农牧局、林业局、水利局、扶贫办、土地局、妇联及乡（镇）等部门的技术人员组成。村级规划小组由村民大会选举产生（均由村干部、老农、贫困户、妇女等 5～7 人代表组成），并讨论制定工作制度、确定职责分工和工作计划。县规划小组收集流域相关基础资料，掌握县域发展目标。《参与式小流域规划指导手册》由省、市、县相关人员及聘请的专家共同讨论编写完成，并依据操作手册举办由县村两级规划小组人员参加的培训班，选定社区由有实践经验的教授、专家现场教学、实践，学习和掌握参与式工具，统一规划的程序、方法、标准和要求。

县规划小组（有专家指导）进社区和村规划小组一起开展工作，规划小组人员按照各自的分工开展工作：

（1）流域踏查。规划人员和社区代表赴现场调查登记，填绘土地资源现状图和水土流失侵蚀类型图。同时在社区发放问卷、入户访谈，了解社区水土资源和农户的经济状况。

（2）焦点小组访谈。由社区规划小组组织 3～5 名年长有威望的村民代表，通过焦点问题讨论，运用参与式工具，完成"社区发展大事记""社区资源图""机构联系图""农事活动季节历""农户每日活动图""农户流动图"等各类图件。

（3）问题识别分析（寻找贫困根源）。由社区规划小组召集村民大会，讨论制定贫富分类标准，投票表决进行贫困户分类（一般分上、中、下户三类），并依据分类户讨论和了解存在的问题及需求，对社区发展所面临的主要问题进行分析，产生问题清单，形成问题树。

（4）初步规划。针对识别出的问题和需求，规划小组与村民讨论，结合县乡总体发展目标，充分考虑社区农户，特别是贫困户和弱势群体的需求，由农户和其他利益相关者共同参与，初步确定社区项目活动内容和流域发展目标，形成初步规划。

（5）资源整合。县项目领导小组召集相关部门负责人会议，讨论研究初步规

划提出的相关项目活动内容及流域发展目标，落实和确定相关部门在流域内的项目整合。

（6）确定规划。规划小组以公开透明的方式，将规划方案（项目内容、规模、受益农户名单、投资及农户自筹资金）在社区公告，广泛征求社区群众的意见，并与农户充分讨论商定、达成共识后，修改并确定最终规划方案，正式上报审批。

示范项目五年规划（2007～2011年）共涉及四大类85个子项目，规划总投资4196.58万元。其中，英国赠款支持1200万元，占总投资的28.6%；相关部门整合资金1782.51万元，占总投资的42.5%；群众自筹资金486.56万元，占总投资的11.6%；投劳折资727.57万元，占总投资的17.3%。项目分为四大类：

基础设施类23个子项目。主要项目有道路、修桥、打井、饮水、电力等。项目投资953.41万元，占总投资的22.7%。

环境治理类23个子项目。主要项目有梯田、荒山造林、退耕种草、沟头防护、涝池等。项目投资1796.51万元，占总投资的42.8%。

使用参与式方法，专家与项目区内群众一起开展小流域治理规划

生计改善类 25 个子项目。主要项目有种植业、养殖业、水窖、沼气池、手工等。项目投资 1312.66 万元，占总投资的 31.6%。

能力建设类 14 个子项目。主要项目有技术服务、信息交流、新技术引进推广、技能培训和考察等。项目投资 106.99 万元，占总投资的 2.9%。

参与式小流域项目实施与管理，是以社区为主体，在农户自主选择项目的基础上，由社区和农户民主讨论，确定项目的具体实施方案，通过对项目的全程参与实施，提高社区的自我管理能力。成立社区项目实施管理三个小组，以行政村为单位，由村民大会选举产生，包括项目实施管理小组（7～9 人）、村项目监测评估小组（8～10 人）、村项目财务管理小组（3 人）。

社区三个小组的职责为：

项目实施管理小组主要负责项目年度计划、项目采购、任务完成及组织农户参与技能培训等实施与组织管理工作。

项目监评小组主要负责对项目实施和财务管理的全过程进行监测评估、监评项目活动及结果以及张榜公布情况等。

项目财务管理小组主要负责社区的专账管理、农户自筹资金的筹集、专账资金申请和村级账务登记核算等。

在项目规划期间，结合社区讨论的项目内容，以县项目办为主（聘请专家指导），经执行办与省、市、县项目办共同讨论、修改，制定了示范项目三个操作手册：《参与式实施管理操作手册》《参与式监测评估操作手册》《参与式财务管理操作手册》。在示范项目建设中，各县项目办还结合操作手册，分项目实施及要求制定和编印了示范项目建设技术标准。

依据批准的小流域规划方案，县项目办和社区项目实施小组一起编报年度项目实施计划。示范项目建设采用三种实施方式：

（1）县项目办组织实施的项目有：桥涵（土桥）、道路、饮水工程、农电、提灌站及相应的能力建设。

（2）社区组织实施的项目有：梯田、造林、经济林、涝池、沟头防护、农机具购置、防疫设备购置、学校音体美设施购置及相应的能力建设等。

（3）由社区组织农户自营的项目有：种草、修建水窖（集流场）、投牛还犊、畜种改良，修建牛棚、猪舍、沼气池，地毯加工设备等。

在项目实施的每个环节上，注重质量把关，监测评估小组严格按照《参与式监测评估操作手册》的程序和要求，依据项目建设的技术标准，逐项目分时段监测填卡评估。

在报账支付环节上，按项目一般分为预付、中期支付和竣工验收后支付的三批支付兑现方式（自营工程多为一次兑现），报账是依据监评小组的监评结果，实行三个小组长签字记账支付。

在实施过程中，注重项目的公开透明。各村根据项目进度，都定期公布项目进度及财务支付情况。为便于监督和信息反馈，项目村都在村部设立了意见箱，并公布了县、市、省项目办及执行办和世界银行的电话号码，以便投诉。

在项目实施中，县项目办在督促相关部门落实整合项目的同时，派技术人员在项目区巡回指导和抽查，发现问题及时与社区分析研讨和协商解决，或通过举办实用技术培训班，提高社区自我发展能力。

通过项目的实施，参与式小流域管理体现出三大亮点：

一是体现了"以人为本"、构建和谐社会的原则。把解决群众生计与改善生态环境和建设社会主义新农村有机地结合起来，为构建和谐社会奠定了基础。

二是体现了"授人以渔"的自身造血机制。项目以社区主导为主，提高社区自主管理能力和农户的自我发展技能，为社区可持续发展注入了活力。

三是体现了政府服务功能的重新定位。协调部门，整合资源，相关部门变行政管理型的大包大揽为服务型的指导和服务。项目办提供技术指导和信息服务，引导农民改善环境和增收致富，为项目科学规范开展创新了机制。

与以往的传统小流域治理项目相比，参与式小流域管理的规划由"自上而下"转变为"自下而上"，征求社区的意见，尊重农民的意愿，使项目规划具有科学性和真实性；项目实施由上级计划下达转变为社区自主管理，变被动式为主动式，由"让我干"转变为"我要干"；项目运行机制由行政管理型转变为指导服务型，结合社区需求，开展能力培训，提供市场信息，注重技术指导。

对参与式小流域的管理以社区为主，充分尊重农民的意愿，相关利益群体共同讨论并确定项目，真正体现了农民当家做主；项目从规划到实施管理的全过程，公开透明，张榜公布，全面体现了政府倡导的阳光工程；项目的资源整合落到实处，强调政府职能转变，充分显示了政府执政为民的公信力。

中国小流域治理管理项目（示范小流域项目），引进国际新理念，运用参与式方法和社区主导式管理机制，经过多年项目建设，探索和总结出了

英国赠款中国小流域治理管理项目资料

一套具有全新理念、新机制的小流域治理管理可操作模式。运用参与式方法，坚持以小流域为单元，以社区为主导，实行环境治理和生计改善相结合，注重资源整合和项目的公开透明，加强社区项目的民主决策和自我管理，不断创新工作机制，促进区域经济社会的可持续发展。

英国赠款中国小流域治理管理项目是基于黄土高原水土保持项目的一个总结、探索和实践的创新性项目。通过在四个小流域示范和实践，总结出社区主导式小流域治理管理模式，既是项目成功实践的经验总结，也是引进国际新理念与中国实际的创新结合，同时更是各级政府关注民生、解决"三农"问题、寻找切入点的践行尝试。项目以环境治理、生计改善与可持续发展为目标，强调社区主导式管理，着力解决农民最关心、最直接、最迫切的问题。项目从规划、实施及管理应用参与式工具和方法，具有科学性、实践性和可操作性，探索总结的社区主导式小流域治理管理模式，可在同类项目区借鉴和推广。

六、世界银行农业项目的旗帜工程

2004年5月20日下午，美国华盛顿特区第19街世界银行总部12层大厅内，

握手世界

灯火辉煌，气氛热烈，2003年度世界银行行长杰出成就奖颁奖盛会在这里隆重举行。当满头银发的世界银行行长沃尔芬森先生面带微笑地宣布，将世界银行的最高荣誉"世界银行行长杰出成就奖"颁发给中国黄土高原水土保持世界银行贷款项目时，全场沸腾，掌声

世界银行项目获奖

如潮。在场的中国水利部水土保持司及黄委领导，相互致意，心情格外激动。

这是从全球 3105 个世界银行贷款项目中严格评选出来的最终结果，也是中国水利行业首次获得世界银行的最高奖项。

黄土高原水土保持世界银行贷款项目，是中国政府 20 世纪 90 年代初首次利用国际金融贷款开展的大规模水土保持项目，也是世界上最大的水土流失控制项目。该项目成功地将国家的生态效益与农民的生活利益紧密地结合起来，实现了自然与社会共生互动的良性循环，不仅开创了中国水土保持运行管理科学化、高标准建设规范化的先河，而且为全世界农业扶贫项目提供了成功的典范。

中华人民共和国成立 50 多年来，中国政府对黄土高原地区进行了大规模的水土流失治理，取得了明显成效。由于该地区水土流失量大，生态环境脆弱，经济基础差，治理难度大，治理进度仍然较为缓慢。为了加快黄土高原水土流失治理进度，防止生态环境继续恶化，提高有效治理质量，自 1990 年 9 月开始，在国家发展计划委员会、财政部、水利部组织协调下，黄委与陕、晋、甘、内蒙古四省（区）酝酿利用外资捆绑式投资形式申报世界银行贷款黄土高原水土保持项目，黄委及时组织黄河上中游管理局和四省（区）有关部门，开展有针对性的项目前期工作，制定技术标准、引进计算机管理、进行广泛的技术培训，完成了大量前期准备工作，有效地促进了项目立项和审批。

黄土高原水土保持世界银行贷款项目，是利用国际货币基金组织的资金进行中国的公益性事业，该项目的目标指向，一是通过有效并可持续地利用土地和水利资源，

114

增加粮食产量和农业产值；二是治理黄土高原水土流失，减少入黄泥沙。一期贷款项目涉及陕、甘、晋、内蒙古4省（区）7个地（市）22个县（旗、市）的9个流域（片），总面积15600平方千米，其中水土流失面积13992平方千米，占总面积的90%。项目执行期8年，利用世界银行贷款1.5亿美元，加上国内配套资金，总投资折合人民币21亿元。

当时，在国内还没有类似的大型国际合作项目的经验可供借鉴，如何按照国际惯例要求正确进行项目立项的各项前期工作，是摆在项目组织者和领导者面前的头道难题。为此，黄委及黄河上中游管理局先后组织数百名技术骨干，采取走出去、请进来的办法进行强化培训，走访或调研相近项目的成功经验，聘请组建项目咨询

世界银行项目经理伏格乐与时任黄委副主任兼中央项目办主任黄自强（左5）在项目区现场

专家组，认真听取世界银行的咨询意见，与四省（区）项目领导小组及项目办密切合作，圆满完成了项目的各项建设任务。项目组工作人员形象地比喻说，10年来，仅起草的各类立项论证报告、项目区选择背景资料、项目监督监测等相关文件，就能装几卡车。

对此，时任黄委副主任兼中央项目办主任的黄自强先生，感受尤为深刻。他自1993年起开始接手黄土高原水土保持世界银行贷款项目，风雨兼程十个春秋，其间，他坚持每年都要驱车数千千米深入各项目区调研、检查、指导工作，与基层的项目人员共同度过了无数个日日夜夜。回顾起这段历程，他深情地说："不少项目工作者从中年干到退休，许多年轻人从风华正茂干至人到中年，为了项目成功，他们无怨无悔，默默奉献，这个成就奖来之不易呀。"说到这时，他眼眶里盈满了泪花。

在中央项目办的大力推动和各级政府的积极响应下，项目从一开始就汲取了世

界银行先进的管理经验，改变传统计划经济体制下的项目管理运行机制，采用指导性计划与严格验收向集约化发展的项目管理模式，以确保工程施工图、表和实地三对应，分级验收，随机抽检，丈量核实，从根本上杜绝了低标准工程和弄虚作假行为。同时，采用工程竣工验收后一次性报账与分期付款相结合的资金使用办法，确保林果工程的成活率和保存率，对保存率达不到 85% 的面积，将从当年新造林果工程中核减相应的报账面积。严格的项目监督机制，使资金使用、项目进度、工程质量、竣工验收，公开、公平、透明，有力地保证了项目的建设质量。

通过管理运行机制的引进和创新，较好地实现了政府官员、项目管理与技术支撑相结合的"三元互动"运行机制，逐步建立起了符合世界银行要求和项目实际的协调体系、管理体系、监测体系和技术服务体系，形成了融"规划、协调、示范、监督、科研"于一体的流域水土保持管理新格局，为中国当时和以后一个时期，社会公益性事业的外资项目提供了良好的借鉴。项目实施不仅锻炼了一支能吃苦、肯战斗、善协作的坚强队伍，而且还培养出了一批与国际接轨的技术管理人才。更难得的是，有数万农民通过项目培训和实践，掌握了一门乃至多门治土致富的技术，带动项目区的农民走向共同富裕。

在项目实施中，各级项目办坚持以高标准基本农田建设为核心，以发展经济为重点，以出精品建样板、争创一流工程为突破口，以脱贫和减沙为目标，按照以区域为单位，以小流域综合治理为单元，生物措施、工程措施和高效农业技术措施相结合，多种治理形式并存，三大效益相统一的原则，遵循集中连片、规模治理的建设思路，开展了大量卓有成效的工作，出现了像山西省偏关县、隰县项目区，甘肃省环县、合水县、泾川县项目区等多个先进典型。他们在项目实施中，坚持因地制宜，合理规划，以小流域为单元，沟坡兼治，生态建设与减沙并重，综合治理与经济发展立体开发，在注重当前利益与长远利益结合，经济效益与生态效益同步的同时，极大地调动了广大群众实施项目的积极性。

由于一期项目工作扎实，进展顺利，成效显著，1999 年世界银行经过对项目中期评估，决定继续启动二期。两期共投资 42 亿元人民币（其中世界银行贷款 3 亿美元），规划治理总面积 9204 平方千米，陕西、山西、内蒙古、甘肃 48 个县（旗）的 120 多万人受益。项目主要实施了包括土地开发、植被建设、苗木培育、水土保

　　截至1997年底，黄土高原水土保持世界银行贷款项目累计完成治理措施面积480万亩，占计划任务的58.2%（图为治理区——延安汾川河流域治理面貌）

持工程及支持服务等在内的水土保持综合治理和开发措施，在提高项目区农民生活水平、消除贫困、改善区域脆弱的生态环境、减少入黄泥沙等方面，显示出了巨大的促进作用。随着建设项目的连续实施，7000多平方千米严重的水土流失区得到初步治理，各种治理措施在有效地保护水土资源、合理地利用土地、减轻风沙灾害、调节河川径流、减少水土流失、改善生态环境的同时，进一步增强了区域的生态抗灾能力，盘活了水土资源。

　　以农民生产生活条件的改善为例，大量的基本农田建设，使项目区农、林、牧用地比例得到调整并趋于合理，促进了坡耕地大面积退耕还林还草。基本农田数量从 1993 年的 11.98 万公顷增加到项目期末的 22.38 万公顷，人均基本农田由 0.1 公顷增加到 0.17 公顷，坡耕地在总耕地中的比例由 71.2% 降低至 34.2%；由于提高了单位面积产量，尽管总耕地面积减少了 7.53 万公顷，粮食产量却增加了 24.3 万吨；

握手世界

土地生产率由每公顷 1209 元增加到 3097 元；贫困农户总数由实施前的 14.8 万户下降到 2.5 万户。项目区粮食总产量由 43 万吨增加到 70 万吨，农民人均收入由 361 元提高到 2004 年的 1624 元，人均粮食由 378 千克增加到 532 千克。农业总产值由项目实施前的 8.97 亿元提高到 2004 年的 76.79 亿元。

项目区农村基础设施建设有了长足发展，各等级道路新增 608 条，道路密度由每平方千米 1.47 千米增加至每平方千米 2.25 千米；增加供电线路 9369 条，增加供电容量 32 万千瓦时，农村通电户比例由 62% 提高到 98%，通电村由 80% 增加到 98%；新建提水及蓄水设施 65852 处，有 88 万人解决了饮水问题，较项目实施前增加了 20 万人。农村医疗卫生条件得到改善，新增县、乡级卫生院 36 所，村级卫生站 456 所。提高了义务教育普及率，降低了文盲与半文盲比例，增加中小学校 772 所，在校学生数量由 25 万增加到 32 万，适龄儿童入学率由 87% 提高到 98%，农民群众生产生活环境有了明显改善。

项目区累计治理面积占水土流失面积的 55.24%，年保土能力达 5700 万吨，较

治理后的下崖底流域，一改过去穷山恶水的旧貌，成为旱涝保收的米粮川

项目评估时的 1900 万吨增加 3800 万吨。林草面积由 4391 平方千米增加至 7668 平方千米，新增 35.9 万公顷；林草覆盖率由 17.8% 提高到 41.1%，治理程度由 20.98% 增加到 55.24%。

项目监测资料表明，随着林草面积增加和地面植被覆盖度的提高以及水平梯田、坝地等滞蓄和拦截径流工程的增多，土壤存储水量增加，区内小气候有所改变；风速降低、雷暴减少、冰雹灾害等自然灾害减轻；土壤团粒结构改变，肥力增加，农作物产量提高；林草生态系统建设以及生态环境改善，对保护区内生物多样性具有重要意义，植物多样性为动物生存栖息提供了良好条件，保护和促进了区域内生物多样性发展。

项目的成功实施，引起了国内外的广泛关注，得到了世界银行的高度评价。世界银行行长沃尔芬森 1995 年 9 月考察延河项目区时，称这是他所见到的"最出色的项目区之一，能取得这样大成就的只有中国"。世界银行驻华代表处的农业代表伏格乐先生曾参与并见证了项目发展的全过程，他称赞黄土高原水土保持一期工程是世界银行农业项目的"旗帜工程"。

2002 年 9 月，世界银行委托联合国粮农组织对一期项目进行验收时，项目效益评估团团长刘雪明感慨道："在黄土高原严重水土流失区实施如此规模的水土保持项目，并取得这样巨大的治理成效，如果不是亲眼所见，简直令人难以置信，该项目无愧于世界农业项目旗帜工程的称号。"

验收团在向世界银行执行董事会提交的项目竣工报告中，对项目执行情况和效益如此描述："项目实施超前于评估报告，所完成的各项措施都是高质量的。项目第一目标已经实现，通过土地和水资源的高效和可持续利用，提高农业生产和农民收入，超出了评估报告的估计值；减少入黄泥沙项目的第二目标也稳定地得到实现。项目实施达到了预期目标，同时在国家、地区和各地，均取得了令人满意的生态、经济和社会效益；其首创的流域统一发展模式，已经在全国范围内推广；项目管理工作获得了巨大成功，令世界银行非常满意。世界银行与中方的合作成为全世界合作的榜样，不仅促成了项目的成功，还为今后长期合作创造了良好条件。"

2005 年 9 月，世界银行验收团对二期项目进行了竣工验收。通过实地调查，认为二期项目工程建设质量高、效益明显，再次给予了"非常满意"的最高评价。

握手世界

世界银行驻中国代表恩斯伯格先生，在水利部主持的黄土高原水土保持世界银行贷款项目二期竣工验收大会上，用一段耐人寻味的回忆开始了他热情洋溢的发言。他说："10年前，我与伏格乐先生（时任黄土高原水土保持世界银行贷款项目首席执行官）乘坐一辆吉普，驰骋在尘土飞扬的茫茫黄土高原上。那是项目执行的第一年，我们首次来这里考察，在颠簸的车内，他告诉我，50年后，我想这里一定会草木繁茂！然而到今年，才仅仅10年，10年啊！这里竟发生了如此大的变化？我想只要熟知黄土高原的人都会知道，这是多么不可思议！"恩斯伯格先生还用了一个形象的比喻，描述了项目区10年来的治理规模，他说："10年来，共建梯田8万公顷，果园6.3万公顷，乔木、灌木林8万公顷，人工种草5.7万公顷，如果把所有治理面积加在一起，以宽度100米计算，可以从西安经旧金山、华盛顿、巴黎、莫斯科，再返回西安，也就是整整绕地球一圈啊！"

　　黄土高原水土保持世界银行贷款项目是一个以政府为主干，各相关机构以及贫困群体共同参与的庞大系统。在这一系统中，由于机制健全、技术先进、管理到位，

> 世界银行行长沃尔芬森
> 考察项目区

自上而下都能够全面履行各自的协调管理职能。10 多年的项目建设实践中，锻炼了一支肯吃苦、能战斗、善协作的坚强队伍，培养出了一批与国际接轨的技术管理人才。用世界银行行长沃尔芬森的话说，黄土高原世界银行项目的成功不是魔术，而是一种通过人民勤劳实施的结果，也是一种经岁月证明的有效理念。

黄土高原水土保持世界银行贷款项目的成功实施，为项目区农民带来极大实惠。在减少入黄泥沙的同时，也为黄河流域机构赢得了更多国际合作的机会。在 2004 年全球扶贫大会上，黄土高原水土保持世界银行贷款项目以生态效益与农民利益二者的成功结合，实现自然与社会共生互动，被作为典型案例推广。

第五章

黄河论剑

一、在全球水伙伴高级圆桌会议上

进入 21 世纪以来，大江大河治理与管理是世界各国面临的共同课题。全球水安全问题面临诸多新挑战，国际知名水事活动日益活跃。国际组织机构举办的世界水论坛、全球水伙伴（简称 GWP）会议、澳大利亚布里斯班河流节、瑞典斯德哥尔摩水周、亚洲开发银行水周、国际水利学大会、国际大坝会议等，都具有鲜明的跨国发展与行业特色。

握手世界

世界水论坛每3年举办一次，是世界水理事会发起组织、由各国政府参与的大型国际水事活动，其规模在数千人乃至上万人，世界上大多数国家都派政府代表团参加，会议内容涉及和覆盖所有涉水行业。其主要目的

全球水伙伴中国地区委员会治水高级圆桌会议召开

是在各国政府间就水事问题进行广泛对话，以形成国际共识，应对共同面临的水危机。斯德哥尔摩水周由斯德哥尔摩市政府发起，瑞典水环境研究所组织举办，每年举办一次，主要针对工业及水环境、水卫生方面，同时也涵盖了相关的水行业，会议规模在千人左右，每年举办一次。澳大利亚布里斯班河流节，主要议题是与河流相关的学术问题及河流文化，也涵盖了相关水科学的研究，会议规模600人左右。

随着改革开放的深入和综合国力的不断提高，中国在国际舞台上的话语权和影响力日益提升。黄河是中华民族的母亲河，又是一条极其复杂难治的河流。进入21世纪后，在洪水威胁、水土流失严重等问题尚未根本解决的情况下，又出现了水资源供需矛盾加剧、生态环境恶化等新问题。黄河问题是全球水利界共同面临的一项重大课题，黄河治理开发对世界水利发展具有典型意义。因此，在世界水利外交与河流舞台上，黄河越来越受到国际社会的关注。黄委与世界上30多个国家和地区的国际组织、流域管理机构、科研单位、咨询公司、培训机构等相关单位建立了长期的合作关系，特别是与荷兰、美国、加拿大、澳大利亚、法国、丹麦、挪威等水利界有着较为密切的合作关系；同时与欧盟、世界银行、亚洲开发银行等国际组织，国际水利界较为活跃的非政府组织如全球水伙伴、世界水理事会（WWF）、世界气象及水对话组织（DWC）、国际水资源研究所（IWMI）等有着良好的交往与合作，在国际平台上共同探讨水资源一体化管理问题及如何在流域实施水资源一体化管理案例，同时为黄河治理开发引进资金、技术和先进设备和管理经验。

2003年2月12日，全球水伙伴中国地区委员会治水高级圆桌会议在江苏无锡召开。这次会议的主题是：流域水资源的统一管理、区域水资源统一管理、水污染

124

的防治。全球水伙伴成立于 1996 年，是一个向所有从事水资源管理的机构开放的国际网络组织。其宗旨在于促进全球范围内水资源的统一管理，目的是以公平的方式，在不损害重要生态系统可持续性的条件下，促进水土及相关资源的协调开发和管理，以使经济和社会财富最大化。全球水伙伴中国地区委员会成立于 1999 年 11 月，由全球水伙伴中国地区委员会临时技术咨询委员会和秘书处组成。

出席 2003 年全球水伙伴中国地区委员会治水高级圆桌会议的黄委主任李国英在发言中提出了建立"维持河流生命的基本水量"概念，引起了很大反响。

他在讲话中列举了当时世界 3 条著名断流河流的情况。20 世纪 90 年代以来，由于流域地区经济社会的发展，用水量急剧增加，黄河连年发生断流。在此期间，世界上还有两条著名的河流发生了断流。一条是美国的科罗拉多河，1997 年美国各州将科罗拉多河的水用完之后出现了河道断流。科罗拉多河断流后带来三大问题：一是河道萎缩；二是河道环境、水质恶化；三是河口湿地减少，一些野生生物失去生存条件。另一条是埃及的尼罗河，由于断流的影响，河口三角洲地区的环境破坏严重，河口三角洲大幅度蚀退，滨海地区的一些房屋根基被淘刷，甚至倾覆。在 3 条断流河流中，科罗拉多河流经美国和墨西哥两个国家，在美国境内流经 7 个州，州和州之间独立性很强，水事协调难度很大，解决不了水资源统一管理和水量统一调度问题，断流问题不会得到解决。尼罗河流经 10 个国家，在水资源的统一管理和水量统一调度上更加困难，因此断流问题也很难得到解决。

而在中国，黄河断流问题得到了国家的高度重视，引起了全社会的极大关注。1999 年国家授权黄委对黄河全流域实行水资源统一管理和水量统一调度。制定了水资源统一管理和水量统一调度办法，国家统一分配水量，实行流量断面控制，省区负责用水、配水，流域内的重要水利工程统一调度。按照这个办法，在黄河来水偏枯的情况下仍实现了连年不断流，根本的解决办法在于黄河水资源统一管理和水量统一调度。

李国英认为，尽管如此，目前的黄河不断流仅仅是初步的，使用手段单一，基础脆弱。解决黄河的断流问题需要通过行政手段、工程手段、法律手段、科技手段和经济手段，五管齐下。其中，工程措施是极其重要的调控手段，黄河下游 94 座涵闸全部由黄委直接管理，这是实施流域水资源统一管理和水量统一调度，实现黄河不断流的重要物质基础。但在黄河枯水期，按照"丰增枯减"的原则，黄河分配水量不可能完全满足地区灌溉需求，需要采取两条措施来渡过枯水期难关：一是枯水年打井抽用地下水，丰水年再回补地下水，使地下水水量恢复平衡；二是调整灌区种植结构，减少种植水稻等耗水大的农作物。要推动上述措施的实施，还必须建立一套科学的水价形成机制。

李国英强调指出，20世纪80年代黄河下游平滩流量约6000立方米每秒，而当时的平滩流量不足3000立方米每秒。随着经济社会的发展用水需求与日俱增，灌溉面积逐渐扩大，用水量越来越多，仍然存在黄河断流威胁，那样将使主河槽淤积、萎缩加剧，河口生态遭到严重破坏。

据此，李国英提出"维持河流生命的基本水量"的概念。维持河流生命基本水量，对黄河而言，要节水优先，治污为本，优化水量调度，统一管理，以供定需，还要开辟新的水源，尽快兴建南水北调西线工程。只有这样，才能维持河流生命的基本水量，使黄河不再断流，维持黄河流域生态平衡。

从参加这次全球水伙伴高级圆桌会议，李国英想到，黄河作为中华民族的象征和世界上最复杂难治的河流，向来为国际水利科学界密切关注，中国的治水是从黄河开始的，中国的治水历史就是黄河的治理历史。黄河是中华民族文明的摇篮，黄河治理存在许多未知的自然规律和重大问题，亟待人们去研究、去解决。黄河问题是全球水利界共同面临的一项重大课题，研究黄河能真正领略和体会河流治理的最高境界，对世界水利发展具有典型意义。进入新的历史时期，借鉴世界各国的先进流域管理模式与治理经验，集全球河流科学之力共同研究解决黄河及世界流域管理所面临的共性问题，已成大势所趋。如果搭建一个以黄河为主体的河流治理与管理的国际水利学术交流新平台，扩大治黄开放，加强技术合作，致力协同攻关，进一步推动黄河治理开发与管理，同时黄河治理的成功经验也可让世界各国分享，进而促进世界各国河流治理管理的共同发展，不是一件很有意义的事情吗？

正是受这次全球水伙伴圆桌会议的启发，为应对黄河治理新老问题相互交织的严峻挑战，谋求黄河长治久安，黄委萌发创办黄河国际论坛的初步构想。试图建立一个由黄河流域机构创办的具有广泛影响力的国际水利对话平台，在全世界范围内集思广益，深化交流，吸收借鉴国际前沿的流域管理模式和先进技术，进一步探索流域可持续发展之路，广泛吸收借鉴世界先进流域管理经验，学习引进先进水管理技术，为黄河现代治理开发提供科学参考。

二、一波三折的艰难创举

黄河是中华民族的母亲河，也是世界闻名的游荡性最强的多泥沙河流。她哺育了中华民族，孕育和传承了光辉灿烂的华夏文明，但同时也是一条河情极其特殊、洪灾频繁的河流。黄河流经世界上最大的黄土高原，输沙量与含沙量均居世界河流之首。泥沙的严重淤积，使下游河道成为地上悬河。历史上，黄河不断决口、改道，给中国人民带来一次次沉重的灾难。长期以来，黄河的治理与开发一直是安民兴邦的大事，一代代水利精英为之皓首穷经，前赴后继。经过半个多世纪的建设，黄河治理与开发取得了举世瞩目的巨大成就。作为世界上最为复杂难治的河流，黄河仍然存在着许多未知的自然规律和重大问题，亟待人们去探索，去解决，应该给黄河创造一个国际品牌。黄河国际论坛不能仅局限在国内，要建立国际视野，瞄准世界一流水平，兼收并蓄，博采众长，让黄河研究成为破解世界多泥沙河流之谜的一把金钥匙。

然而，创办黄河国际论坛绝非一个轻而易举的事情，它的孕育走过了一段艰难曲折的历程。

委党组听取国际论坛筹备及国际厅改造方案汇报

论坛领导小组检查国际会议厅改造

水利部刘建明司长指导论坛筹备工作

党组成员郭国顺指导国际会议厅改造

国际厅改造验收

国际会议厅改造直播

会议组织与保障

国际会议厅改造现场

这是一次前无古人的创举，工作难度极大。一张白纸，缺乏经验，百端待举，面临许多未知因素。流域机构组织大型国际会议如何报批备案，论坛的规模多大，国际组织与各国代表响应如何，既要遵守国家外事相关政策规定，又要符合国际会议模式，还要切合黄河实际，应该如何做好论坛组织工作？论坛的效果如何？一系列问题迎面而来，对于负责论坛筹备工作的黄委国科局而言，尤其感到一种从未有过的压力。

2002年4月29日，水利部对黄委报送的"关于举办黄河国际论坛研讨会的报告"复函，同意创办黄河国际论坛，由索丽生副部长担任黄河国际论坛顾问委员会主席，并明确要求水利部有关司局支持黄河国际论坛研讨会的召开。同年8月，水利部向科技部正式报备黄河国际论坛第一届研讨会。之后，黄委迅速成立"黄河国际论坛"筹备领导小组，统筹安排，推进各项筹备工作的开展。

在中国，流域机构举办大型国际会议尚属首次，一切都是从零开始。2002年3月，1000多份第一轮会议通知发往世界各地之后，组织者的内心十分忐忑。黄委既不是一个国际行业协会，也不是专业学术机构，没有固定会员，究竟能够拿到多少"订单"，取决于黄河国际论坛的议题是否切合世界潮流并整合学术资源，取决于筹办者是否有坚定的毅力、足够的耐心和周密的工作。

工欲善其事，必先利其器。为满足国际会议同声传译、代表交流等需要，同时实现局域网、电视和互联网对论坛的实况直播，筹备领导小组决定对黄委国际会议厅进行改造。改造工程由黄委办公室副主任侯全亮、国科局副局长尚宏琦总负责。从2003年2月上旬开始，在他们的组织协调下，黄委办公室、国科局、规计局、财务局、信息中心、机关服务处等单位抽调人员，分兵把口，密切配合，从经费落实到招标投标，从整体布局到地毯颜色，事无巨细，一丝不苟。在几百平方米的空间内，十几个分标工程按照施工组织运行图，合理安排，交叉作业，有序进行。其间，先后召开主任专题办公会3次，协调会11次，历时近3个月，如期完成了国际会议厅的全面改造。改造后的国际会议厅，面貌焕然一新，无论是科学合理的灯光音响、网络设置，还是便于与会者交流的座位布局、现代化设备，处处体现出组织者和所有工作人员的责任意识、艰辛努力和良苦用心。国际会议厅改造完成后，一位黄委领导感叹说："没想到，在两位文人手里，竟然在短短时间内组织完成了这样一项施工组织任务！"

然而，始料不及的突变骤然而至。2003 年春，中国遭遇"非典"，世界卫生组织对中国一些核心地区发出"旅游警告"，黄河国际论坛的筹备召开因此受到较大冲击。4 月 17 日，黄河国际论坛组委会还在向全世界发出热情洋溢的第三轮通知，5 天之后，却不得不因"非典"蔓延，紧急通知会议延期。

尽管论坛会议推迟，但筹备工作并没有停止脚步。会议组织者把压力变为动力，继续准备预案，细化工作流程，做好每个环节，从会议邀请、论文征集编纂，到主会场分会场安排、迎来送往，再到食宿考虑、线路考察、会见磋商日程等，每一个细节都尽量周全，而心愿只有一个：全力搭建河流对话平台，让全世界的水利人了解黄河治理开发的巨大成就，让全世界的水利精英为黄河存在的现实问题把脉问诊，献计献策；让世界了解黄河，让黄河走向世界！

据统计，在会议筹备过程中，黄河国际论坛组委会共发出 4 轮会议通知；有关纪要、表格和汇报共计 309 件；在组委会秘书处的电子信箱中，接收并处理了 1567 封来自各国、各地区、各流域机构和科研院所、咨询公司的会务邮件；正式参会代表 350 人，其中来自亚洲、美洲、欧洲、大洋洲等世界各地的代表 100 多人；正式编印出版英文论文集 4 册，共计 2000 多页。

网上直播

会议现场电视直播

国际会议厅中心控制室

大会同声传译

│ 会议期间网上直播、同声传译等各项保障

多年后，回忆起当时的情景，论坛组委会秘书长尚宏琦依然记忆犹新，感慨万千。他说："那的确是一场严峻的挑战，当时不少人担心搞不下去，没法收场。这中间的艰辛，实非语言难以诉说。"

许多参会代表对黄河国际论坛发出的会议邀请书，留下了深刻印象："中国的治水是从黄河开始的，中国的治水历史就是黄河的治理历史。黄河是中华民族文明的摇篮，与世界各国的河流开发和治理相比，研究黄河具有更大的挑战性，其意义远远超过黄河研究的本身，不了解黄河就等于没有真正了解中国和东方文明，只有研究黄河才可透视中华民族的古代文明和现代文明，只有研究黄河才能真正领略和体会河流研究的无限风光及河流治理的最高境界。"

颇富感染力的邀请书，引起了国内外水利界的热烈反响，参会代表都翘首期盼，期待一睹古老黄河的风采。

会期临近，论坛筹备领导小组对各项准备工作进行了周密严格的检查确认。严密的会议流程，宽敞多用途的智能国际会议厅，实时递送的同声传译、电视直播和互联网传播，热情的青年志愿者服务，以及多家国内外基金组织和科研机构的大力协助，为完成大会使命做了有力保障。一切就绪，只待东风。

6月24日，世界卫生组织宣布解除北京的旅游警告，将北京从近期有当地传播的疫区名单中删除。论坛秘书处迅速行动，再次向水利部请示召开大会。水利部随即批复，同意10月举办论坛。

这是一个谋求互动、互补和多边共赢的创举，也是流域机构创办大型国际会议的首例，全力搭建河流对话平台，让全世界的水利人了解黄河治理开发的巨大成就，让全世界的水利精英对黄河存在的现实问题把脉问诊，献计献策；让开放的黄河与世界牵手，广泛交流，增进了解，建立友谊，加强技术合作，必将对黄河治理开发以及世界水资源一体化管理产生深远影响，共同促进21世纪世界江河治理及研究的发展与进步，为水资源可持续利用、人与自然和谐相处做出贡献。

回顾历史，黄河国际合作源远流长。早在20世纪30年代，在德国阿尔卑斯山下，世界著名水工专家恩格斯就先后两次主持了黄河下游模型试验。为此，几位河工专家还围绕治黄方略的分歧而争执不下。今天，当我们站在一个新的高度回首这段感人的往事，重温的不仅仅是历代先贤们治水兴邦的艰难梦想，而且再次看到了作为最复杂、最特殊的世界闻名的万里巨川——黄河的伟岸身影和感召力，而对黄河的研究和探索因此成为国际水利界情不自禁的学术冲动。

在黄河一次又一次的热切呼唤中，中原大地将迎来一个盛大的河流节日。世界各地向充满生机的中国投来了关切的目光，对于即将诞生的黄河国际论坛，充满了向往和期待。

三、世界河流的节日

2003 年 10 月 18 日，距首届黄河国际论坛开幕的日子还有短短 3 天，按照惯例，已经到了倒计时的最后时刻。

大会秘书处一片繁忙，哪怕一件很琐细的事也要被精心地料理妥帖，从每一位海外来宾的到达时间到会议议程的每一个衔接点，从挂衣位置的安排到"Be careful"（小心碰头）的细心提示……会议的主人像是小心翼翼的保姆或接生婆，唯恐稍有懈怠会影响一个新生命的完美。

10 月 21 日，秋高气爽，煦日和风。中国河南郑州，黄委大院内，数辆大巴车鱼贯而入。车门开启，西装革履、神采奕奕的来宾依次下车。与以往不同的是，这次的宾客来自五湖四海，不同肤色、不同人种、不同语言，大家相互致意。热情洋溢的气氛中，一场别开生面的河流盛会——首届黄河国际论坛正式拉开帷幕。

"在这秋高气爽、温馨宜人的季节，首届黄河国际论坛隆重开幕了。我谨代表黄委及黄河国际论坛组织委员会，向来自各个国家和地区的专家、朋友以及国内的各位嘉宾，表示热烈的欢迎！对为本次论坛提供鼎力协助的各国际组织和团体表示衷心的感谢！"首届黄河国际论坛开幕式上，黄委主任李国英热情致辞。

参会代表抵达会场

握手世界

黄河，以博大的胸怀，欢迎来自世界各地河流的使者。它标志着黄河从此以一个东道主的身份融入了世界河流的大家庭之中。首届黄河国际论坛大会的主题为"21世纪流域现代化管理模式与管理经验、流域管理现代技术应用"。

水利部副部长索丽生，黄委主任李国英，亚美尼亚共和国财产管理部原副部长 Markosyan Ashotkh，澳大利亚墨累 – 达令河流域委员会主席 Don Blackmore，法国罗纳河管理委员会主席 Pierre Roussel，GCW 咨询公司董事长、美国田纳西流域管理局前主席 Craven Crowell 等参加会议。来自世界五大洲32 个国家和地区的 350 多位专家学者出席会议，发表论文 258 篇，围绕流域现代化管理模式及高新技术应用两大议题，内容涵盖水资源管理、现代水文测报及监控、泥沙遏制及利用、游荡性河道整治、生态环境、节水社会、数学模型、河流生命等诸多学科和专业领域。

为及时向国内外广泛传播大会盛况，论坛充分利用现代化信息技术，除设立中心会场外，还设有 8 个分会场和流域水资源管理等 10 个专题会场，规模宏大，形式独特，手段先进，传播迅速。

论坛以"21 世纪流域现代化管理模式与管理经验、流域管理现代技术应用"为中心议题，涉及流域水资源管理、生态环境、河道整治、泥沙研究、水文测报、信息技术等各个层面，主题鲜明，内容丰富。与会专家学者从多维视角分析了河流治理和流域管理，带来了各个国家的流域管理经验模式。会议还采用对话会、技术交流会、会上会下自由交流等多种形式进行了充分交流；设立了青年分会场，举行了黄河青年流域一体化对话会。会议期间，中荷两国政府正式批准的合作项目"建立基于卫星的黄河流域水监测和河流预报系统"启动仪式成为本届论坛的一大亮点。

"人无分东西，河无分南北，不同的信息和学说，共同的心愿与祝福，各种观点在论坛上碰撞磨合，融会贯通。世界向黄河张开了热情的臂膀，黄河向世界展示着迷人的风采。河流是有国界的，而科学、友谊与合作却超越了时空，指向未来。"

首届黄河国际论坛是新时期黄河治理开发中的一件盛事，是一次以黄河为平台、增进国际水利学术交流与合作的创举。国内外专家学者齐聚黄河之滨，参加黄河国

第一届黄河国际论坛开幕式

际论坛，研究全球水利界共同关心的流域一体化管理、多沙河流的治理开发问题，探讨促进人与自然协调发展的途径，这对于推动中国乃至世界大江大河的治理都有十分积极的意义。

会议上，围绕黄河治理开发的进程、经验及成果，中国水利部、黄委的领导、专家及知名院士学者等发表了演讲及学术交流。作为东道主，充分展示了当时黄河治理的经验及成果。

开幕式上，中国水利部副部长索丽生发表致辞，代表水利部对大会的召开表示热烈的祝贺，向与会的各位来宾、专家和朋友表达诚挚的敬意。"中国的水资源总量丰富，但人均水量少，时空分布不均。洪涝灾害、干旱缺水、水土流失和水污染等问题严重。中国政府非常重视水资源问题，正在积极探索和实践治水思路的转变，实施一系列重大措施，努力实现以水资源的可持续利用支持社会经济的可持续发展。"索丽生指出："在中国大江大河中，最有代表性的是黄河。经过半个多世纪不懈的努力，黄河治理取得了举世瞩目的巨大成就，但由于黄河流域自然环境复杂，许多自然规律仍未被人们认识和掌握。除长期存在的洪水威胁、水土流失等问题外，又出现了水资源紧缺、水污染加剧等诸多新矛盾，这些问题几乎涵盖了中国江河治理中所有的共性和特点。黄河的治理与开发，对中国水利事业的发展有着非常重大的影响。"他提出，大江大河的治理是人类共同面临的课题，世界上许多国家在流域管理的各个方面积累了丰富的经验。尽管国情有所差异，这些成功经验及在探索中汲取的教训都值得大家互相学习、借鉴。在本次论坛的论文中，有许多境外专家也在关心和探讨中国的流域管理问题，认真研究黄河的问题，并提出了不少有独到之处的观点、认识和建议。

索丽生希望各国同行以黄河国际论坛为平台，开展技术交流、进行学术讨论，畅所欲言，献计献策，加强技术交流合作，共同促进 21 世纪世界江河治理及研究的发展与进步，为水资源的可持续利用、人与自然的和谐相处做出更大的贡献。

随后，索丽生做了题为《我国治水新思路在治黄中的探索与实践》的大会报告。向来宾介绍了中国水利事业新的理念：即从工程水利向资源水利转变，从传统水利向现代水利、可持续发展水利转变的治水新思路。新时期治水思路的主要内涵包括：坚持人与自然和谐共处，重视生态用水；加强水资源配置、节约、保护；加强水资源统一管理；适应市场经济要求，按经济规律办事；以水利信息化带动水利现代化。并且结合黄河当时几年的工作，介绍了新思路在治理黄河中的探索与实践，主要包括：水量统一调度、洪水管理、水污染防治、潼关高程控制与三门峡水库运行方式调整、退耕还林与水土保持、调整水价，促进节水、地下水保护等方面。黄河治理的成功实践说明，这种转变不但加强了流域水资源的统一管理，使洪水、干旱、污染、泥沙等问题得以统筹考虑、综合治理，体现了人与自然的和谐共处，而且适应市场经济的要求，按经济规律办事，调整水价，促进了节水；同时也积累了经验，那就是要依靠科技进步，以信息化推动流域治理及水利现代化。

黄委主任李国英向大会介绍了新时期黄河治理战略及正在实施中的"三条黄河"的建设内容。论述了"三条黄河"之间的关系，以及建设"三条黄河"的保障措施。

黄河治理开发新实践、新经验的全面展示，深深吸引了世界各国的水利同行。与会代表进一步认识了黄河，加深了对黄河治理开发与管理的了解，引起了强烈的反响。

四、他山之石　可以攻玉

这是一次具有世界前沿水准的国际会议。所有来宾既是河流的儿女，也是河流的使者和庇护者，他们带着不同国度、不同地域、不同形态的河流自然信息和文化信息，以及千百年来河流对于人类的共同祈求和祝愿，聚首于郑州——这片由于河流的力量而诞生过一种古老文明的黄土地上。从北美的密西西比河、西欧的莱茵河、罗纳河、泰晤士河到俄罗斯的伏尔加河，从中亚的锡尔河、阿姆河到南亚的印度河、湄公河，从埃及的尼罗河、澳大利亚的墨累－达令河到芬兰的冰河，从印度尼西亚小流域到斯里兰卡的古代灌溉系统，从额济纳绿洲到拉斯维加斯沙漠，从黄河、长江、淮河、黑河到台湾的淡水河，从新安江到黑龙江，从黄土高原到信德平原——通过演说、演示、模型演绎和参数比对，千姿百态的江河湖渠纵横流淌在蔚蓝色的屏幕上，从不同角度交流和阐述了流域及水资源管理的研究成果及流域管理实践经验，相互之间受到了深刻的启示。

观点在迸发、碰撞和交流，共识也在阐释和争论中汇拢提升，那就是：基于人类数百年来向河流急剧扩张所造成的新的洪水威胁、水资源短缺和生态环境恶化的严峻现实，基于河流本身的复杂性和混沌界面，基于对黄河的向往和关怀，基于全世界河流的共同遭际和命运，迫切需要通过协作攻关和技术互动，对河流及其流域实施现代化管理和综合治理，实现 21 世纪乃至更加未来的世纪中人口、资源、自然环境和经济社会的可持续发展。

美国田纳西河流域管理局前主席克洛维尔先生介绍田纳西河流域管理经验时说，田纳西河流域位于美国东南部，流经美国 7 个州，是美国第 4 大水系，干流全长约 1050 千米，年径流量约为 584 亿立方米。以前的田纳西河流域，洪水泛滥成灾，交通闭塞、水运不通，水土流失严重，自然环境恶化，疾病流行，是美国最贫穷落后的地区之一。成立田纳西河流域管理局以来，实施了流域管理，通过整治河道、水电开发、发行债券，使肆虐的洪水得到控制，并彻底改变了这一地区贫困落后的面貌，使往日贫困落后的田纳西河流域变成了比较富裕、经济充满活力的地区，美国田纳西河流域开发成为流域综合开发的典范，特别是田纳西河航运梯级，举世瞩目，一直为业内人士所关注。

谈起这些变化，他认为主要得益于完备的法律。1933年美国国会通过的《田纳西河流域管理法》，对田纳西河流域水资源的综合开发、治理和区域经济发展起了决定性作用。此后，该法随着情况的变化，不断得到修改完善。按照《田纳西河流域管理法》规定，田纳西河流域管理局权限很大，河流治理、航运、防洪调度和发电调度等均由该局决策，可以说在田纳西河流域内，该局集所有权力于一身。其主席由总统提名并经过美国参议院批准，权力甚至比州长还大。

田纳西河流域管理局作为美国联邦政府的水利机构，能够正常启动并发展壮大，重要的原因在于修建防洪等公益性水利设施的同时，大力发展电力，不仅开发水电，还建设火电、核电和利用其他能源发电。目前，田纳西河流域管理局电力的经营收入达57亿美元，田纳西河流域管理局年预算的98%来源于电力的销售收入。以经营性项目的收益支撑公益性水利的发展，使田纳西河流域管理局成立至今获得了巨大的社会效益和经济效益，这是田纳西河流域管理局重要的成功经验。

田纳西河流域管理局的成功，还得益于不断调整的治水思路。田纳西河流域管理局成立初期，采取的是"让水远离民众"的治水思想，后来又转变为"让民众远离水"，近期又发生重大变化，即"让民众参与水"，通过发达的水运、完善的防洪系统、廉价的电力、舒适的水上休闲活动、创造众多的就业机会等，使当地政府、社区、民众共享治水成果，在田纳西州及周边地区成功地营造了一个和谐的水环境。和谐的水环境、发达的水经济、独特的田纳西河流域管理局水文化，使田纳西河流域管理局在当地树立了良好的形象，这是田纳西河流域管理局这一联邦机构在田纳西地区得以存在并获成功发展的重要因素。

克洛维尔建议黄河的治理从技术的层面上讲要从规划入手，把泥沙作为主要研究方向，寻找解决泥沙问题的方法。从管理的层面上讲，要加强统一管理，要进行立法制约。黄河立法要提上日程，通过立法，给流域管理机构一定的权限，对水资源统一管理，流域管理要真正实现法律说了算。同时要制定合理水价，并把水价保持在合理的水准。要从治水、水的控制、能源供应、民众的需求四个方面考虑，通过流域管理、统一管理，通过协调各方面的利益，达到综合平衡运用，给民众营造一个和谐的水环境。

法国罗纳河管理委员会主席 Pierre Roussel 带来罗纳河流域的管理经验。他说，罗纳河流域的水资源管理与黄河的水资源管理有很大不同。正像那句哲理名言"人不能两次踏进同一条河流"，各国要成功实施流域管理，需根据本国情况对流域管理进行适当调整。

第一届论坛上澳大利亚Don Blackmore先生和法国Pierre Roussel先生与与会者分享流域管理经验

罗纳河流域机构的管理特点是实行"三三制"，各方代表通过民主参与流域决策过程来协商解决产生的一些问题。流域委员会的主要作用是通过指导流域机构制定多年发展规划，建立相应的资金运作方式，以保证流域发展政策的贯彻执行。比如每年向用水户、排污单位收取的治污等费用达到 5 亿美元，最终还要返还用于流域的治理开发，按照中国的话说就是取之于民、用之于民。

举办首届黄河国际论坛对于黄河走向世界、让世界了解黄河的意义，Pierre Roussel 先生认为，黄河是世界上公认的最为复杂难治的河流，举办此次论坛必将促进世界河流的治理开发与管理工作的进程，并为各流域的交流提供一个很好的合作平台。河流在地理上是有国界的，但人们对于河流的治理关注却是共同的。从加强各国水利界交流合作的意义上来说，黄河属于中国，也属于全世界。

澳大利亚的墨累 - 达令河流域委员会主席 Don Blackmore 为大会带来了流域水交易的经验。他说，尽管墨累 - 达令河流域和黄河流域分属南、北半球，但有一个共同特点是都属于干旱流域，同样面临着干旱甚至断流问题。近 20 个月内，墨累 - 达令河流域一直干旱少雨，只是在 5 个星期前才下了一场雨，其干旱程度可想而知。唯一不同的是墨累 - 达令河流域因海水入浸造成的盐碱化，而黄河因黄土高原水土流失给下游河床带来严重的泥沙淤积。此外，墨累 - 达令河流域人口比较稀少，100 万平方千米的流域面积内只有 300 万人口，受洪水威胁没有黄河流域这么严重。

墨累 - 达令河流域共有 24 条小流域，经过几十年的摸索，解决该流域干旱缺水的一个有效举措和成功经验就是水权转让，即水交易。其水权转让开始于1984年，这种交易行为最初只是在某个小流域进行，并逐渐推广到流域和流域之间。交易刚开始时完全是人们的自发行为，简单地说就是你愿意买，我愿意卖。政府的作用只是帮助建设一些基础设施，并促成农民完成这种交易行为。

在相当长的时间内，墨累–达令河流域水资源管理也是一种政府集中管理，水量分配完全是政府行为。农民过去也只能根据政府分配的水量种植定量的农作物，这在某种程度限制了农业生产。实施水权转让之后，完全是一种市场行为，政府工作效率提高了，农民可以通过买水来扩大种植面积。

最重要的是，通过由市场引导用水行为的改变推动了水的更好利用。市场将水资源重新配置到经济效益好的地方，促进了水资源更高效的利用。水交易允许农场更好地管理干旱时期的用水效益，使得个体对他们自己的水供给负责。通过充分利用已经从河流中引出的水，避免从环境敏感地区过度引水，缓解环境压力。水交易同时提供了一种使得增加河流环境流量的成本最小的方法。水交易为那些不再具有竞争力的农场提供了一种调整机制，增加了农业企业管理的灵活性。水市场还给政府水管理施加了压力，迫使他们完善管理方式。

Don Blackmore 说，墨累–达令河流域的经验表明，水交易是一种资源配置工具，可以在其他国家的流域管理中应用。但是水交易的引入需要采取一种合适的方式，长期来看，水交易确实能够促进水资源的可持续利用，能产生可观的经济、社会和环境效益。在澳大利亚，水交易正在使水资源在用户之间及用户与环境之间重新配置。

他认为，目前人们都已经认识到水是人类最宝贵的财富。为了我们的子孙后代，政府应将水作为公共资源加以控制和管理水交易带来的许多显著的效益。不论国家与国家之间还是一国内部，水管理首先应该考虑的是政治利益和个人利益。气候变化无常往往会加剧水资源匮乏状况，在这种情况下，政府从水效益角度出发，公平分配水资源。因此，流域水交易可称得上是一种维持可持续利用的关键工具。

荷兰德尔伏特大学教授冯·贝克先生在对各国水资源一体化管理实践经验进行分析时说，水资源一体化的概念在世界上很多地方已被人们广泛接受。其通常的出发点在于如何解决缺水问题、改善水体质量和保持生态系统平衡。欧洲国家，如法国、德国、荷兰、葡萄牙、英格兰、威尔士，把流域作为一个区域进行管理，称为"水社区"。在美国已制订并实施大量的生态管理计划。生态系统管理已经出现，并有望成为可持续发展的一种新的整体手段。北非国家则通过对海水进行淡化并实行水资源一体化管理来解决严峻的缺水问题。在地中海国家，废水回收和灌溉水再利用是水资源一体化管理的一个重要手段。

缺水是当今世界面临的共同问题。国际水利工程与研究协会副主席玉井信行先生介绍了日本在节约用水方面的做法。

日本从 20 世纪 60 ~ 80 年代搞水利开发以解决不断增长的水需求。但这是一个供给管理阶段，影响环境并且成本较高，第二个阶段就是加强需求管理，对用水价格进行了调整。许多城市对水价的管理表现为水价不是线性的，一些用水大户就必须多付一些，水价很高。在日本，水价政策是用水越多水价越高。如在东京大学，它的用水成本占总预算的 20%，这个比例是很高的，这迫使他们不得不下功夫研究如何节约用水以降低成本。

日本政府计划在将来通过污水处理来节约用水。在东京，每天的需水量是 500万立方米，其污水处理系统覆盖着整个市区，几乎所有的污水都可以被再处理。而这当中只有 10%的再生水被利用，主要是用来保持河流最小的基本流量、冲刷厕所等，其余大部分被抛进大海。污水主要沿大河排放，有时也用泵打到一些缺水的小河中去，并且污水的排放是在地下，并不直接排放到天然河流中。在他看来，经过处理的污水也是水市场中的一个重要部分。

玉井信行对中国在洪水管理方面的一些新的理念与举措表示认同。他认为人与自然和谐相处是非常有必要的，人们不仅要控制洪水还要更好地利用洪水，通过科学手段使其资源化。同时他认为，洪水也是大自然的组成部分，没有洪水也就没有自然状态下的河流。如果想保持河流的自然状态，就应该接受一定程度的洪水淹没。

关于黄河，许多专家、国际咨询机构和流域管理官员经过大量考察研究，认为通过正在实施的"三条黄河"建设，将从技术方面大力推进流域管理一体化和现代化目标，国际水利界将始终关注和支持这一宏伟工程。其中一些敏感问题，如生态系统和湿地、水权以及综合模型方面的需要等也将在这一过程中统筹解决。

　　国际著名河流数学模型专家、美国国家水利科学与工程计算中心王书益教授一直关注"三条黄河"建设，他认为"数字黄河"工程，是古老的黄河走向现代化过程中具有远见卓识的一步，运用现代的科技手段治理复杂的黄河是十分必要的。"数字黄河"工程中"数学模型"是一个重要环节，"数学模型"的建立、完善离不开数据的验证，其中应做好数学理论解答与"数学模型"解答的比较、"数学模型"与物理模型的比较、"数学模型"与原型观测的比较，三者关系相辅相成、相互印证、缺少了哪个环节都难以得到适用的数学模型。他特别提出，在"数学模型"的建立上要从基础数据着手，一点一滴做起。由于黄河的事情很复杂，把希望完全寄托在购买国外公司的原始软件、程序上来缩小与国外的差距不很现实，更多的事情还需要通过黄河人来摸索、来解答，以进一步修改完善软件、程序，使之符合黄河的"河情"。他还建议黄委在"物理模型"、原型测量等方面加倍努力，为"数学模型"的建立、改进奠定良好的基础。

　　论坛期间，与会专家学者围绕不同的议题，畅所欲言，广泛交流，分享了众多先进技术理念及宝贵经验。

　　关于游荡性河道整治问题，日本水利专家认为，通过水槽试验说明在游荡性的河段上移动坝因为水流的冲刷而向下游移动的过程中，在凹岸的底部和凸岸的顶部的中间位置的弯曲角度存在一个临界值，在临界值以上移动坝在游荡性河段不再向下游移动。这个结论可以用来判断移动坝会不会向下游移动。同时他指出，实际的游荡性河流复杂多变，弯曲角度与游荡性河流波动变化不定，对移动坝的表现和行为预测也相当困难，为此需要进一步开展一些试验来确定这个临界值。

　　关于治理黄河方略的研究，武汉大学韦直林教授认为，水库调度和调节是各种措施的关键，由于黄河流域是水资源短缺的流域，因此水库运用方式要从现在的放泄洪水转变为拦蓄洪水，洪水被高效控制在水库以后，对于下游河道要束窄河槽，以水冲沙，刷深河槽和降低水位，即下游的河道整治工程要与水库的运用相结合，利用有利的水沙条件冲刷河槽。为了进一步解决滩区、蓄滞洪区的问题，建议把居民从产业中分离开来，确定滩地的明确界限。中游革新目标是减少主河槽的沙量和在支流上修建大中型水库来拦沙。

　　关于黄河下游游荡性特征和输沙能力，清华大学王兆印指出，游荡性河流常与泥沙淤积联系在一起。黄河下游的表现为经常改道和河槽的摆动不定。泥沙输移能力受不稳定水流冲刷和淤积作用及输沙能力的影响，泥沙输运能力是指水流搬运泥沙通过断面的能力，而泥沙输移能力反映水流改变河槽形状和位置的重要方面，在稳定流中，泥沙的输运能力可能很大，但泥沙输移能力却为零。河流运动的形式为沉积、冲刷、扩宽、搬运、弯曲、游荡、改道和从一个河槽向另一河槽的迁徙。河流运动速度取决于水流的挟沙能力，挟沙能力越大，河槽移动速度越快。河流运动的速度不仅与不稳定水流有关，还与河床及河岸的物质组成有关，为此，他建议把河槽和河槽中含沙水流作为一个移动的整体来看待。

黄委原总工程师龙毓骞通过翔实的数据、丰富的图表向与会代表展示了黄河下游河道的冲淤过程，分析其变化规律，提出下游河道的冲淤很大程度上取决于来水来沙情况和水沙搭配比例，同时三门峡水库、小浪底水库的运用方式和联合调度调节进入下游的水量、沙量和水沙搭配比例是改变下游河道冲刷现状的重要措施。他认为，在黄河下游冲淤的问题上，三门峡、小浪底、陆浑、故县等水库的联合运用调水调沙将是重要课题。

荷兰德尔伏特水力学研究所水资源与流域管理专家 Van Beek 教授是中国和荷兰政府科技合作项目的协调人，针对黄河流域管理存在的问题，他认为，黄河流域管理在水土保持、水质管理、水环境监测等单个环节做得很好，但在总体协调、综合管理方面还比较薄弱。要全面解决黄河流域的防洪、缺水、水质变差和环境恶化问题，必须加强水资源的一体化管理。水资源一体化管理是在 20 世纪 80 年代末、90 年代初提出的，由"可持续发展"概念演进而来。目前，在世界上很多地方已被广泛接受，其通常的出发点在于如何解决缺水问题、改善水体质量和保持生态系统。

他强调，实现一体化管理的一个关键因素是流域机构和行政部门之间贯彻水资源一体化管理的协作意愿。有了良好的协作意愿，才能制定适应解决流域具体问题的特定制度并可能得到积极贯彻。黄河流经 9 个省（区），不同时段、不同地区的工农业用水及城市用水都有自己的特点，加强流域部门和沿黄各省（区）政府的合作显得尤为必要。比如解决缺水问题，如何充分利用有限的、可能得到的水资源，这要求黄委与地方政府密切合作，进行水资源的统一管理。

一体化管理还要求尽量由统一的机构来管理同一事项，而不是像现在很多地方存在的七八个部门同时参与管理一件事的现象。这样的条块分割往往造成协调不够、效率不高，进而出现管理不善的局面。他建议黄委加强部门之间的协调，不能照抄照搬国外的经验，必须在参考性意见的基础上，在具体工作中不断总结经验教训，才能找到适合本地特点的有自己特色的管理方式。

水资源一体化管理要有科学依据，Van Beek 教授建议黄委加强水资源一体化管理综合模型系统的开发。采用现代工具提高整体性能并应用在自然资源系统—社会经济系统—行政管理和立法系统的大框架下，鼓励决策支持工具和综合模型方面的研究工作，特别是对包含多种机制的大系统的研究。

Van Beek 教授还建议黄委需要加大力度增强公众的参与意识，从强化机构能力、建立顺畅的及时交流渠道和提供易于为公众理解的信息三方面进行努力。

与会代表的发言，涵盖了当今国际治水管理与技术的各个方面。如在流域治理中重视人与自然和谐相处，注重生态保护和修复；农业用水方面，要从单位面积产量方面转向单位水量的粮食产量方面，以少量的水生产尽量多的粮食；法制化流域治理及一体化管理是流域治理与保护的重要保障，而市场化则是水资源开发及利用的新途径，同时需要有公众参与；要重视国际合作和先进技术在黄河治理中的应用；在欧洲、美洲、亚洲太平洋地区，尽管采取的措施不一样，但治河的概念是相通的。那就是通过大家的共同努力，构建人与自然和谐相处的治水新理念。

热烈的发言、丰富的观点，为黄河治理开发与管理带来诸多启发。

五、会上会下的交流合作

2003 年 10 月 23 日，"中荷合作——建立基于卫星的黄河流域水监测和河流预报系统"启动仪式在首届黄河国际论坛期间隆重举行。

黄河安危事关全局。尤其是随着流域经济的发展，黄河的水资源紧缺问题日益严重，不仅仅是黄河下游而且是全流域面临断流的威胁，黄河水资源问题和防洪问题变得同等重要。建立现代化的流域水资源监测和预报系统，对提高黄河流域防洪和水量统一调度的科学性和预见性具有重大意义。

多年来，国家加大资金投资力度解决包括水文监测预报在内的黄河问题，经过多年的建设，黄河流域水资源监测水平有了很大的提高，但与国民经济的发展对黄河的治理和开发的要求相比，仍有很大的差距，尤其是黄河源区和小浪底至花园口区间的水文测报和预报技术手段及水平还不能满足黄河水资源和防洪调度的迫切需要。黄河上游是黄河流域水资源

会场一角

的主要来源区，黄河源头地区来水直接决定着黄河的水资源丰枯，其监测、计算、预报及分析十分重要。由于该区域处于高寒地带，常规水文站点少、测验条件差，现有水文测验手段获取的水文信息不足以说明该区域径流变化的原因，河源区的水资源预报的落后局面已成为影响整个黄河流域和水量调度水平的瓶颈。小浪底至花园口区间是黄河重要洪水来源区，但洪水预见期短，其预报水平对小浪底等四个水库防洪调度有决定性影响。

因此，在水利部的指导下，黄委决定与荷兰 EARS、IHE 和荷丰公司等合作，建立基于卫星的黄河流域水监测和河流预报系统，采用遥感、遥测等先进技术实现空间水文监测，弥补地面观测不足，实现黄河流域时间、空间连续的基于气象卫星的降雨、蒸发、干旱监测，并拟采用分布式模型和人工神经网络开展河源区径流预报和三花间洪水预报，经扩展后可实现水体、荒漠化、森林、植被、土壤含水量等方面的空间监测，对提高黄河流域水资源监测水平有着重要的促进作用。

中荷合作——建立基于卫星的黄河流域水监测和河流预报系统项目从酝酿到立项乃至通过中荷两国政府的批准，历时3年多时间。项目合作双方以科学严谨的态度，对项目方案进行多次论证和修改，付出了大量的心血。中国水利部、财政部和荷兰政府、荷兰驻华使馆对项目十分支持，荷兰政府举办第二届世界水论坛期间，为中

荷项目双方提供了相互了解的重要渠道，黄委对这项中荷合作项目高度重视，多次召开专题会议研究项目有关问题。通过此次合作，黄河流域已被中荷合作联合指导委员会确定为下一阶段中荷合作重点流域。

项目启动仪式上，黄委副主任黄自强怀着喜悦的心情，强调："多年来，中荷教育科研合作、黄委首批赴荷兰 IHE 青年人才培训班等项目合作，为黄河流域水监测和河流预报系统项目开展培训了大量的国际合作管理人才和技术专家，中荷黄河流域合作正在迎来一个灿烂的明天。让我们共同努力，以此次项目为新的起点，把中荷合作推向新阶段！"

会上宣讲发言，会下个性化交流，代表们关注的问题讨论得愈来愈深入。交流治水管水成果的同时，增进了了解，加深了友谊。

会议期间，媒体记者采写了《黄土高原播绿人》的报道，赞颂了70 岁的美国马萨诸塞州大学教授梁恩佐，为了实现心中的梦想，往返奔走于美国和黄土高原之间的事迹，令人深受感佩。

来黄河国际论坛报到前，梁恩佐教授再次

会间采访美国马萨诸塞州大学梁恩佐教授

看了内蒙古准噶尔旗纳林镇的海湾沟村，那里有黄土高原资金有限公司贷款给农民修筑的第一座淤地坝，有了这座坝，村里 50 户农民生计有了保障，致富有了希望，黄土高原增添了一片绿色。该公司是梁恩佐在香港注册的。为了这座坝，梁恩佐寻寻觅觅，上下求索，整整坚持了 10 年。

梁恩佐祖籍广东中山，1948 年随父母从上海到香港，1950 年移居美国，那一年，他 17 岁。说到黄河，梁恩佐回忆道：小时候，印象中黄河洪灾频繁，同学中就有因此去上海逃难的难民家的孩子。梁恩佐大学读的是土木工程系，后又攻读土壤力学硕士研究生，希望日后能参与黄河治理。1977年，为促进中美关系正常化，梁恩佐与杨振宁等华人学者一起，发起成立了全美华人协会。1993年，当他在哈佛大学中文图书馆看到中国的治黄科技期刊《人民黄河》时，激动之情难以言表。他通过友人表示，愿为这份刊物做些工作，并把自己多年研究黄河的论文寄给《人民黄河》发表。几年间，他组织了多场关于黄河治理的学术报告会，吸引了美国各界关心黄河的人士和大批华侨及中国留学生，报告会成了治黄成就展示会。一时间，中国黄河成为当地媒体报道的热门话题。

1994年，梁恩佐应邀首次对黄土高原进行实地考察。这里严重的水土流失，落后的经济状况，使那个他长期设想的"沟地农业"的概念逐渐变得清晰起来。改造被雨水侵蚀留下来的千沟万壑，在每条山沟里筑上小型土石坝，拦泥蓄水，再在水库周围铺草植林，有效地把水土进一步稳定下来。这样，泥沙被拦截，成为可耕地，减少了黄河下游河床的淤积，雨水停留在坝前水库中，慢慢渗透到地下，汇集于水库下游的山沟里，为下游地区提供较长时间的清水供应，可改变当地的干旱状况。1995年，他作为世界银行顾问，花了两个月的时间，又考察了内蒙古、陕西、山西的水土保持项目区。那年正是干旱年，当地农民的困难处境让他触目惊心，更坚定了他建立"沟地农业"的信念。

10年间，梁恩佐先后十几次来到黄土高原，考察论证、走访农户、拍摄录像，他还动员说服各地华商投资治黄。经过不懈努力，他成立了"黄土高原资金有限公司"，内蒙古准噶尔旗纳林镇海湾沟村成为该公司的第一个投资地。谈到黄土高原农业生产，梁恩佐说，黄土高原是一个很有发展潜力的地区，通过沟地农业建设，提高农业生产效益、增产增收，自然回收建坝投资，逐步建立起水利经济的良性循环机制。以海湾沟为例，全村共有50户200人，黄土高原资金有限公司在该村投入50万元人民币，年息5%，帮助建一座坝，发展800亩水浇地，平均每户可得16亩水浇地，1万元贷款，贷款要求5年还清。每户拥有了这16亩水浇地，他们就会自觉地管理好，经营好，在土地上谋求利益的最大化。梁恩佐说，现在看来，5年的时间可能偏短，如果到时还不完，农民可以用土地做抵押，进行二次贷款。他核算过，建一座温室大棚，一年就可收入1万元。现在坝已经建成，后面就会有效益了。梁恩佐说，黄土高原需要建千千万万的淤地坝，他希望通过努力，建立一种程序，做出样板，用

事实证明这里的农民有能力还贷，以吸引国际金融组织和更多的人到这里投资。通过建设淤地坝，减少入黄泥沙，改善这一地区农民的生存处境。当时，黄土高原资金有限公司与当地准噶尔旗水利局签订合同，乡镇政府做担保。其后，他又在准噶尔旗选择了几条可以建坝的沟道，准备签订合同。他希望有一天农民自己做发展计划，直接与投资者打交道，建立一种新型的合作双赢的合作机制。

参加此次河流盛会的每位代表，都有一种独特的感受，都有说不完的话题。

86 岁的台湾水利界专家冯钟豫先生心情久久不能平静。他出身书香门第，家学渊源深厚。其父冯景兰是中国地质学界的一座丰碑，伯父冯友兰是大名鼎鼎的哲学家，姑姑冯沅君是一代才女，是曾受鲁迅称赞的"五四"时期的著名女作家。

1937 年，冯钟豫在清华大学土木系读书期间，到山东济宁进行大地测量实习，目睹南运河决堤的惨况，深受震动，他决定改学水利，由此树立了制伏水患、造福民众的理想。抗日战争结束后，神州大地满目疮痍、百废待兴，作为水利技术人员，他被派往台湾帮助战后重建。当时说三个月后就回来，谁知，这一去竟是 40 年。及至 1988 年再回大陆时，当年风华正茂的青年才俊，已是耄耋之年，两鬓苍苍。

多年来，冯先生积极致力于海峡两岸的水利交流，多次参加海峡两岸水利科技交流研讨会。这次来到郑州参加首届黄河国际论坛，凝视滚滚流淌的母亲河，倾听浓浓的乡土音，面对这条流淌在血脉深处的大河，冯老先生不禁心潮激荡，思绪万千。他说：一湾浅浅的海峡，曾隔断了 40 年的回乡路，今天是黄河把他和故乡连在了一起。举办黄河国际论坛，可谓正逢其时。祖国的实力、水利工程师的能力和研究水平已经到了可以和世界对话的地步，迈出这一步很关键，这将是一个标志。

谈起黄河水资源，他说，我们现在还是一个资源社会，依靠资源生存、发展，由于社会生活水准的提高，人口的增加，再加上气候条件影响，水资源将进一步短缺，加强水资源统一管理是必然要使用的手段。发展和环境是一对矛盾，要保护环境就不能无节制地开发水资源，这是一个社会命题。

关于黄河治理思路，冯老先生非常赞同黄委提出的"三条黄河"建设。他说，我们治理的黄河不仅是现在的黄河，还是未来的黄河，现在黄河的研究已走到世界的前列，如果想掌握更多未来黄河的变迁，需要我们加强前瞻研究，这就需要借助现代技术，吸收新的研究方法，认识黄河新的规律，让黄河造福中华民族。

六、一场别具特色的对话会

2003 年 10 月 23 日上午，黄委国际会议厅，一场别具一格的流域一体化管理对话会闪亮登场。

台上，黄委主任李国英，澳大利亚墨累－达令河流域管理委员会主席 Don Blackmore，法国罗纳河管理委员会主席 Pierre Roussel，英国泰晤士河流域管理局局长助理、高级顾问 Peter Spillett 依序而坐。台下是来自中外的 300 多名青年代表。一群充满朝气与梦想的青年和 4 位来自不同国度的"河官"，面对面

对话，探讨河流治理开发管理的经验体会，为本届黄河国际论坛增添了一抹亮丽的色彩。

"李国英主任，如何用一个词表达你对黄河的感情？"

李国英主任深情作答："黄河流域是中华民族的摇篮，它哺育了我们这个民族的成长，孕育传承了光辉灿烂的华夏文明，这是一条让我们引以为豪的河流。对黄河的感情，用一个词概括就是'执着'。"

青年主持人不同寻常的开场白，李国英满怀深情的作答，使对话会在轻松活泼的气氛中拉开了序幕。

来自不同国家、不同流域的四位"河官"首先介绍了各自流域的概况。

澳大利亚墨累－达令河流域管理委员会主席 Don Blackmore 说，墨累－达令河流域跟黄河流域有许多相似之处，在过去的 100 年当中，墨累－达令河流域建了许多大坝，水资源利用达 40% 左右，因此也产生了许多问题。在过去的 20 年当中，他们从工程的大坝建设转变为综合的流域管理，正在改善流域的经济性能。他们认

流域一体化管理对话会上，四大流域共话治理（从右到左依次为英国泰晤士河流域管理局局长助理、高级顾问Peter Spillett，黄委主任李国英，法国罗纳河管理委员会主席Pierre Roussel，澳大利亚墨累－达令河流域管理委员会主席Don Blackmore）

为这种非工程性的流域管理比工程性的建坝要复杂得多，挑战性强得多，是个非常复杂、棘手的过程。

法国罗纳河管理委员会主席 Pierre Roussel 说，法国是一个非常令人神往的地方，虽然不像中国那么历史悠久，国土面积只有55万平方千米，是中国的1/18，1600万人口。但法国也有着灿烂的文化，罗纳河流域是一个旅游胜地。罗纳河流域的主要问题就是在这个范围内怎样平衡流域内各种不同的用水。

英国泰晤士河流域管理局局长助理、高级顾问 Peter Spillett 说，泰晤士河是英国文明的摇篮，有2000年的历史，从罗马时代延续到现在。通常认为英国是个多雨的国家，但实际上英国很干旱，英国人很依赖从泰晤士河中取水。泰晤士河流域有1200万人口，需要用泰晤士河来供水、航运，还要运输一些废物，而且它也是伦敦的一个旅游胜地。所以，进行综合的流域管理是非常重要的。56年前，泰晤士河是条死河，后来投入了很大的资金进行治理。现在，这个项目已基本完成，有120种鱼类又返回到了河流中，这在全球的河流治理中是个非常成功的范例。

"请问主任、主席、局长，流域一体化管理的概念什么？"主持人点明了这场对话会的主题。

法国罗纳河管理委员会主席 Pierre Roussel 首先作答，他说：从20世纪初到70年代，流域管理主要是工程建设，一直在用水，用水发电、灌溉。由于用水量很大，不注意综合管理，所以污染很厉害。如果河水不限制使用，水越来越少，会造成很坏的环境影响，致使人们对传统的流域管理方法非常不满。通过流域一体化管理，就是培养一种主人翁的精神，让人们认识到河流是共有的，大家都要关心它，保护它，在用水的同时注意保护。

墨累-达令河流域主席 Don Blackmore 接着说：在澳大利亚，墨累-达令河流域综合管理至今已有40多年，但在过去几十年当中，也是以工程建设为主，这种单纯工程性的建设带来了严重的环境影响。倡导流域一体化管理，首先是让人们明白，流域面临着什么样的问题，在此基础上对环境和经济方面进行综合考虑，并且让各有关部门和公众一起努力恢复流域生态，保护流域的总体价值。墨累-达令河流域的配水，是在用水户之间进行用水权交易，用经济的手段来管理。政府采取措施鼓励农场主和农民通过水权的买卖，促使人们合理种植作物的决策，达到生产和用水的和谐。

黄委主任李国英说：流域一体化管理的最典型特征，应该是一龙管水，不能多龙治水。也就是说，治理方案都应在统一规划下进行。至于投资渠道，可以多元化。投资主体可以是国家，也可以是地方，也可以利用外资。流域一体化管理在各个国家都有不同的定义。每一个国家有每一个国家的国情，很难有一个全球通用的流域一体化管理的概念。中国七大流域机构，黄河的管理体制和其他流域的管理体制也不尽一样。每条河有每条河的情况，都应该探索采取最有效的管理手段和管理体制。

英国泰晤士河流域管理局局长助理、高级顾问 Peter Spillett 说：流域一体化管理有几点共同的原则。第一，是要有一个体制，能够允许不同的利益相关方彼此交流。第二，要有一个系统进行利益相关方之间的调度，在总体规划下，有一个主要机构负责总的调度，使各个利益相关方采取相应的行动。第三，流域一体化管理应该有一个综合的管理理念，就是要保护环境。第四，必须有一个公平的由上至下的决策支持系统，使得水资源能够公平地进行分配。决策应该尽量地下放到各个地方，使地方能够有自己的责任，使他们结合当地的情况采取行动。

"那么，请问，各个流域在流域一体化管理中采取了哪些措施，效果又如何？"

罗纳河管理委员会主席 Pierre Roussel 说：流域综合管理就是为了能够造福于子孙后代。生态保护是一种生态目标，它是最近20年才开始进行的，在生态保护目标上也遇到了很多问题。第一是人类的污染，罗纳河流域有1000万的人口，人类活

时任黄委主任李国英与外宾交流

动造成的污染是很严重的。如果有资金就可以防治污染。第二是工业污染，解决的

方案是谁污染对谁收费来起到遏制污染的作用。第三是农业污染，也是最大的污染，这是在保护水资源中所遇到的一个很大的问题。因为，农民以前认为农业没有对河流造成污染，现在他们认识到了，正在采取有效的措施来防治污染。解决的措施有两个原则，一是谁污染谁付费，二是以水养水。罗纳河有很多有关资金支持系统，平时比较好的水资源获得更多的资金支持。现在他们的努力目标是在农业上推行这两个原则，以便更好地控制农业污染，可望在今后 10 ～ 20 年中彻底解决这个问题。

墨累 – 达令河流域管理委员会主席 Don Blackmore 说：墨累 – 达令河流域跟黄河流域一样，非常缺水。今年发生了断流，这是过去一百年当中发生的第二次断流。澳大利亚政府也认为水权最好是一龙管水，有一个主管部门。但是，也需要用户的参与。如果是枯水期，农民可能只能用到他们应有水权的 50%，但在丰水年，他们就可以把他们富裕的用不完的水出售出去，主管部门负责进行交易。在 20 世纪 80 年代中期，介绍这种水权概念的时候，政府非常紧张，因为他们觉得这种概念可能很难被农民接受，但是，事实证明这种做法是行之有效的。现在，每个人都知道水权是什么，提高了水权对于保护管理水的重要意义的认识。枯水年出售水权的农民，可以得到丰厚的回报，提高了用水效率。墨累 – 达令河流域的大城市很多年都是依赖于从墨累 – 达令河取水。在 2002 年，他们用水超过了分配额度，必须从农民团体中去买水，这样，买方满足了他的用水额，农民通过售水增加了收入，两全其美。这种水交易不是在农民之间个人进行的，而是在社团之间进行的，最远的两个交易方之间的距离相差 1500 千米。墨累 – 达令河流域委员会的职责就是促进各地之间的水交易，保证交易确实得到实施。有些时候，水的交易会带来污染问题。如果发生了污染，政府司法就是保证买水一方必须有效地治理污染，因此治理污染能力也是进行交易的重要条件。在过去的 20 年当中，墨累 – 达令河一直是这样做的。当然，这些交易不是一蹴而就的，而是逐渐发展的过程。先做试点，然后进行推广。

Peter Spillett 说：在英国有个制度，叫作水质目标，不同领域有不同的用水标准，工业用水标准相应低一些，比如，每段河流都有一定的化学物质标准，如果一段河流是用于饮用水的话，必须符合一定的标准。他们制作了一个模型来控制水质，上游的污水排放必须符合一定的标准，才能排放到泰晤士河当中，这样来保障水质的统一性。在过去二三十年的主要目标就是提高水质，目前还没有完成这个目标，但是已经取得了很多的成就。农业的用水问题，包括淡化水流的含氮量的一些标准，还有含磷的一些标准的制定是一个很重要的问题。他们很关注水量的问题，英国也面临着水缺乏的问题，他们采取了一个两步走的计划，一方面，是发展水源，增加水量；另一方面，是控制水量。他们投入了很多的资金来保障伦敦流域的洪水利用情况。他们也鼓励公众采取适当的行为节约用水，提高用水效率，并向他们提供一些咨询、建议。例如，不要在中午用水管浇花园，因为这样蒸发量很大。他们还建议人们在洗碗的时候也能够采用新的节水的刷碗机。现在他们正在进行调查，如何重新使用已经使用过的水。同时，他们把一部分水排到地下，补充地下水。他们还有一些新的水库发展计划。保证水量很重要的一点就是在上游尽可能地保障水流，水越多越好。冬天有很大降雨的话，如果能直接控制上游的水流，就能缓解夏天的缺水情况。所以，他们的主要目标从保障水质改变为现在的保障水量。

李国英说：当前黄河面临四大问题，第一是黄河的防洪问题。黄河下游是地上悬河，现在下游的河底高程高出两岸的地面，一般为 4～6 米，局部河段高出背河地面 10 米。对于这样一条高耸于黄淮海平原之上的地上悬河，防洪要求应该说是比世界上任何一条河流都要高，不允许出任何问题。所以，黄河的防洪问题要严重得多。第二是水资源供需矛盾日益尖锐化。黄河的径流量只占到全国的 2%，却担负着全国 15% 的灌溉面积、供水任务，担负着全国 12% 人口的供水任务，担负着全流域 50 多个大中城市的供水任务。随着流域经济社会的快速发展，水资源供需矛盾更加尖锐。突出表现在 1990～1997 年，几乎是年年断流。1997 年，黄河下游断流的长度是 704 千米，占整个黄河下游总长度的 90%，断流的天数是 226 天。第三个问题是黄河流经世界上最大的黄土高原，45 万平方千米水土流失区，每年都在给黄河输送着大量泥沙。泥沙进入黄河以后，下游的河床不断抬高，所建的水库库容不断地被泥沙所填满，这是非常严重的一个问题。第四个问题是水质污染问题。黄河在 20 世纪 80 年代每年接纳的污水排放量大概是 21 亿吨，进入 90 年代以来，每年接纳的排放量已超过了 42 亿吨。黄河的四大问题使黄河成为世界上最复杂、最难治理的一条河流，这是摆在我们这代人面前非常重的任务。只有对每个问题进行深入的分析研究，采取相应有效的措施，以只争朝夕的精神，矢志不渝地奋斗，才能够把黄河问题逐步解决，更好地造福于中华民族。

"请各位流域官员谈谈目前流域一体化管理采用的模式。"主持对话会的年轻人问。

Peter Spillett 先生回答道，在四五十年前，泰晤士河的管理是由不同的机构承担的，市政府、当地官员还有一些污水处理的部门负责各自的项目。1963 年，流域管理实现了国家化和集权化，由国家统一来规划。1973 年以流域为基础建立了 10 个地方的水务局，泰晤士水务局是最大的一家。每一个地方的水务局负责这一地区水循环的方方面面，包括污水处理、水循环、供水、污水控制以及航运等，这就是以水域为基础的管理方式。1973 年以后，英国一直在沿用这种综合管理的模式。另外一个重要的转变是政治方面的。1989 年，英国把所有国有水务管理机构私有化，以能提高水务管理的效率。私营公司可以通过私营的渠道从银行及其他途径筹集更多的资金投资到水系统中，不用依赖国家财政部门的拨款、资助。英国的私有化发展得很好。英国的水管理有长期的战略性的规划，每年政府会制订一个具体的计划。但是真正对水务进行经营和管理的是私营公司，政府只起到监管作用。政府成立了一个强有力的监管机制，有经济、环境、饮用水和生物多样性等方面的监管部门，对私营公司进行监管；这些监管部门对政府负责。总体而言，综合性的流域管理是一个战略性的规划体系，需要公平地分配水资源，在不同的相互竞争的有水户之间来分配水资源、保障可持续发展。

Pierre Roussel 先生说，法国不是私有化的体制，流域机构是政府机构，针对污染和用水收费，通过这种收费来筹集资金。这些资金为各个城市的有关水机构、水公司提供支持，建设抽水站或者污水处理厂等。也就是通过谁污染谁付费、谁用水谁付费的方式来获取需要的资金。在法国，综合的水管理更多的是一种通过行政和经济手段来管理领域。对水的调度由河流管理局来负责。河流管理局由各方参与，有政府、用户和社区的代表。这种代表不是代表大部分，而是代表所有的利益关系方，这样可以使工作公平地开展，这是一种民主化的管理。政府在其中扮演一个监管角色。关于用水，政府需要和公众进行协商和磋商，然后来确定有关的水管理方面的政策。归纳起来，我认为，每个国家所面临的问题不同，采取的解决方法也不同，但是从长期角度讲，是有共同点的。要对本流域很好地了解，可以通过经济、政治的手段更好地进行流域管理。

Don Blackmore 先生表示，墨累－达令河流域委员会首先是讲一种水的交易，各州之间的调水、用水都是当作一种业务来开展的，这是部门的职责。主要管理有关的堤坝、河流，同时保证各州按照有关的规定开展管理，保证农民、农场主能够很好地利用水，还要负责堤坝的维护、水质的保护等。墨累－达令河主要的问题是供水和需水之间的矛盾。有时污染问题非常严重，这主要是自然污染，也就是盐分的污染。还有就是由于过去 100 年中农民砍伐树木导致的水土流失，这是我们所面临的几大问题。解决这些问题所采取的措施由社团来管理，而不是政府参与。就是每 20 千米左右的地方就会有一个相关的机构来进行管理。政府主要是制订一个监管框架和环境，由基层的机构来进行具体的工作，确定有关流域之间的界线。所以，墨累－达令河是由民众自己负责取多少水、交易多少水、界线在哪里等。但是最重要的一点是要有充分的投资，使土地所有者能够承担起他们应承担的职责。政府不直接干预农民，而是让农民或者说用户有更多的自主权，政府只扮演一个笼统的监管角色的作用。联邦政府和州政府已对整体的框架达成了一致意见，就是主要制定关于防洪方面战略的目标和政策，同时保证拥有足够的资金来开展这方面的工作。至于这个流域的主管和社区的负责团体，他们负责具体的任务。墨累－达令河大概有 2400 多个由农场主主持的土地所有者团体，他们共同研究、切磋怎样解决问题。在澳大利亚，综合流域管理是一种很新的经验，没有一个流域管理模式是放之四海而皆准的，每个流域都有自己所面临的具体问题。对流域的管理，人们是不可能真正驾驭自然的。但是，是可以实现人与自然之间和谐相处的。一句话，流域管理就是要了解社区的需求，如何保障环境，并且管理好自然资源，有效地实现目标。

李国英说：黄河的管理模式，概括一句话就是统一规划、统一调度，流域管理与区域管理相结合。这个管理体制是比较有效的，但今后还要进一步完善，完善的关键点在于进一步强化流域机构的法律地位及配套手段。流域一体化管理的职责和追求的最高目标是维持河流的健康生命。

对话会中，在场的青年朋友还就黄土高原的治理问题、墨累－达令河流域的生态环境建设资金来源、英国政府和企业在流域管理中的职责、私营体制下的水价等流域治理相关问题，对四位中外流域"河官"进行了提问。

这场青年朋友与嘉宾的对话会，进行了两个半小时。整个对话会，精彩对答，思维碰撞，时而伴有幽默风趣，思考深邃，热情奔放、充满生机，不仅实现了青年水利人与流域机构高层管理者的近距离接触，让他们有机会学习流域机构管理者的经验，也让现场所有听众感受到了世界水利事业的光明前景。

七、期待再相会

2003年10月22日，首届黄河国际论坛闭幕前夕，对侯全亮、尚宏琦等工作人员来说，这注定又是一个不眠之夜。从22日深夜至23日拂晓时分，他们为了起草和翻译论坛闭幕总结讲话稿，挑灯夜战，通宵达旦。几天来，眼睛熬得充满血丝，嗓子嘶哑，身心交瘁。但想到天亮后，黄河国际论坛东道主——黄委就要用中英文两种文字的讲话为本届论坛完美收官，顿时充满了责任和力量，笔端的文思一如泉涌。

本届黄河国际论坛，硕果累累，与会代表给予了高度评价。认为这次河流盛会，顺应大势，正逢其时。

进入21世纪，国际上诸多河流在治理开发与管理中面临着许多新的问题，黄河作为世界上最复杂、难治的河流，存在许多未知的自然规律和重大问题，亟待人们去探索。因此，需要建立一个河流流域平台，沟通各个国家和地区河流治理开发的成功经验，集思广益、博采众长，共同研究解决黄河问题及世界流域管理所面临的共性问题。可以说，首届黄河国际论坛的召开，顺应河流治理管理趋势，为推进世界流域一体化管理发挥了重要影响，成为流域机构创办国际性水事盛会的典型范例。

本届论坛主题突出，内容丰富，具有鲜明的时代特征和中国流域特色。

各位专家学者在大会发言和各种交流中，深深感到，本次黄河国际论坛以"21世纪流域现代化管理模式与管理经验、流域管理现代技术应用"为主题，在中心议题框架下，渗透到流域管理、高新技术等各个层面，论坛结构设置科学合理，内容丰富，既遵循了国际惯例，又体现了黄河特点，会议举办得有声有色。

在大会主会场和各分会场，来自世界五大洲的专家学者，满怀喜悦的心情充分展示自己的科研成果，共同分享成功的快乐。交流范围涉及流域管理、水资源、生态环境、河道整治及泥沙研究、水文测报、信息技术等许多学科，具有广泛的代表性。

国际水利界专家学者从多视角分析河流治理与流域管理，把各种流域管理经验模式带入黄河国际论坛这一平台。此次论坛专门设立了青年分会场，以流域一体化管理青年对话会的互动方式，让青年人就自己关心的问题与国内外流域管理的主要负责人进行了面对面的自由交流。

论坛期间，大家深入交流，分享成果，各种学术思想的融会交流，构成了本次论坛多层面的学术价值。

许多专家围绕流域一体化管理的中心议题，畅所欲言，发表了新的观点和认识，介绍了具有前沿性的最新研究成果，对黄河治理开发提出了新的观念和独到见解。

澳大利亚墨累－达令河流域主 Don Blackmore 先生的报告《澳大利亚墨累－达令河的水权交易》，把水权的理念提升为一种制度，用法律的手段固定下来，通过调控水价完善水市场、通过水质水量自动化监控调配水资源，为缺水流域的水资源管理提供了一种可供操作的模式。

法国罗纳河流域管理局主席皮特·洛塞尔先生系统地介绍了罗纳河流域管理经验，其流域管理机构和开发公司成功合作，建立生态效益和经济效益"双赢"的综合管理模式，实现了水资源可持续利用的目标，成为流域管理的一个成功范例。

美国田纳西河流域管理局原主席克洛维尔先生报告中介绍的"美国田纳西流域管理集权模式"，是流域管理的另一种成功类型。

在数学模型和 IT 技术专题分会场，集结了来自美国、荷兰、芬兰、英国、丹麦等诸多世界研究院和咨询机构的世界级专家，几乎涵盖了当今世界顶级数学模型和仿真技术专家，他们共同切磋探讨有关关键技术及发展方向，收到了很好的效果。

有的专家风趣地说，黄河国际论坛为世界各个国家和地区水利界广泛交流与对话提供了良好的机会。坐在黄河国际论坛会场，仿佛走进了水利科学的殿堂，远在天涯的全球水利界专家，搭着黄河这座桥梁，握手相聚，走到了一起。

本届黄河国际论坛，成果累累，手段先进，盛况感人。共有 32 个国家和地区的 300 多位专家学者出席，收到论文 258 篇。会议期间，中荷合作——建立基于卫星的黄河流域水监测和河流预报系统正式启动。一些国外代表和黄委有关专家进一步密切联系，初步商谈了合作意向，为下一步技术合作打下了良好基础。为了及时向国内外传播大会盛况，论坛利用现代化信息技术，除中心会场外，还设有 18 个分会和 10 个专题会场。从筹划筹备到实施举行，组织严谨，安排周密，准备充分，手段先进，传播及时，为举办大型河流国际会议积累了成功的经验。通过创建黄河平台、开展国际水利学术交流与合作，初步实现了"让黄河走向世界，让世界了解黄河"的构想。

会议期间，来自全球各地的专家在热情的气氛中，以多种形式相互交流，表达了彼此的友好之情。老朋友加深了友谊，新朋友建立了联系。通过黄河国际论坛，国外来宾认识了黄河，了解了中国古代文明和现代文明，大家都有多方面的收获。

2003 年 10 月 23 日上午，首届黄河国际论坛举行闭幕会。黄委主任李国英满怀激情地为这次黄河国际论坛做了全面总结："我们竭诚欢迎各位专家学者多来黄河考察，期待大家通过黄河国际论坛这个平台，更好地研究黄河的新情况和新问题。把黄河泥沙研究和多沙河流水库运用等方面的研究成果与世界水利界分享，建立广泛的合作与交流机制，将相互交往的渠道建得更加畅通，把合作研究的范围开拓得更加宽广。"

最后，李国英宣布：经大会组委会研究决定，2005 年举办第二届黄河国际论坛，主题是维持河流健康生命。2005 年，我们再相会！

2005 年，我们再相会！这是国际水利人的共同期待。

第六章

生命河流

一、黄河调水调沙的破冰之举

2002 年 7 月 4 日 9 时，黄河小浪底水库 11 个闸门依次徐徐开启，泄水洞喷涌而出的巨浪犹如群龙吐水，伴随着震耳欲聋的轰鸣，奔向黄河下游，从而拉开了黄河首次调水调沙试验的序幕。

调水调沙试验是一项庞大的系统工程，通过统一调度大型水库对来水来沙进行控制与调节，改善水沙组合关系，变水沙不平衡为相适应的配置关系，把河道内的泥沙更多地输送入海。这种试验，国内外均没有人搞过，既无先例可遵循，又无经验可借鉴。水流含沙量、下泄流量及施放时间等一系列临界值参数，均处于试验摸索阶段，而且试验期间的来水来沙情况受制于天气及其预测水平和精度、水流在下游河床中演进存在的不归一性等，这些不确定性因素将使这次调水调沙非常复杂。

握手世界

为做好此次黄河调水调沙试验，黄委经过长时间的准备，通过科学调度，在不影响两岸用水的情况下，使小浪底水库蓄水达44亿立方米，为试验提供了可靠的保证。此次试验还运用了大量高新科技与仪器，并对动床物理模型进行验证和率定，形成"数字黄河""模型黄河""原型黄河"三方联动。

在首次调水调沙试验中，黄委提出的建设"三条黄河"（原型黄河、数字黄河、模型黄河）新理念也得到了初步运用。由原型黄河调水调沙试验研究为基本需求，以"数字黄河"模拟分析若干方案，用"模型黄河"进行反演优化，再回到"原型黄河"实践运用，调整完善。

首次黄河调水调沙总指挥中心

黄河调水调沙试验在继续。2003年，在遭遇50年来最为严重的干旱之后，一场大流量、长历时的秋汛接踵而来。

在严峻的"大考"面前，黄河防总经过科学分析，实施干支流小浪底、三门峡、陆浑、故县水库联合运用，并综合考虑拦洪、减灾、减淤、洪水资源化等因素，实行干支流水库水沙联合调度。三门峡水库敞泄运用，小浪底、故县、陆浑水库适时拦蓄洪水，三门峡、小浪底水库适时排沙等，充分利用时间差、空间差，让洪水流量、含沙量在花园口水文站实现"对接"，进行空间尺度下的调水调沙，达到错峰削洪、排沙、冲刷河道的目的，使下游河道流量维持在 2500 立方米每秒左右，大大减轻了伊河、洛河下游、伊洛河和黄河下游防洪压力，成功避免了伊河支流、洛河、伊洛河和黄河下游出现大面积漫滩，保障了黄河滩区广大人民群众生命财产安全。

2003 年，是黄河流域极不平凡的一年。黄河国际论坛创建，正逢"非典"突如其来，接着又遭遇"华西秋雨"。

从 7 月 30 日，黄河中游府谷出现 13000 立方米每秒的洪水开始，历史罕见的"华西秋雨"使黄河中游干支流洪峰连绵相接，整整持续了 80 天，洪水量达到 110 亿立方米。陆浑水库突破汛限水位！故县水库突破汛限水位！小浪底水库水位持续上涨，突破汛限 248 米水位后，上升至 250 米，水位最高的时候超过 260 米。

在 80 个日日夜夜里，黄河防总面临着局部救灾与整体防洪，水库运行安全与下游滩区安全，防洪、蓄水和发电多方利益冲突等多重矛盾交织的形势。

在艰难的条件下，黄河防总运筹帷幄，谨慎决策，经反复讨论，形成"无控区清水负载，小浪底调水配沙"的目标方案，即利用小浪底水库把中游洪水调控为含沙量较高的浑水，然后打时间差、空间差，再用支流伊河、洛河、沁河的清水与浑水在花园口对接，实现大空间尺度的调水调沙。一个新的调水调沙方案诞生了！

这一设想和现实的巧妙结合，来自经验与智慧碰撞出来的火花，根基于现代治黄的理念和对黄河河情的理性认识。

然而设想付诸行动，难题也接踵而至。一是上游高含沙洪水和下游清水在花园口断面如何实现"对接"，它包括上游高含沙洪水与小浪底水库的"对接"，小浪底水库下泄洪水与下游伊河、洛河、沁河清水的"对接"两个层面的内容。二是如何利用小浪底水库宝贵的库容，达到拦粗沙排细沙的目标，破解合理调度小浪底水库进行泥沙分选这一世界级难题。

在防洪调度过程中，黄河防总边实践，边总结，边研究。根据制订的《2003 年黄河调水调沙调度预案》和当时的水情、工情，确定了洪水四库水沙联合调度预案，通过前期实测资料分析、数学模型计算和实体模型试验，综合考虑水量、沙量、水库运用和黄河下游防洪安全等因素，统筹安排，精细调度。

与此同时，"原型黄河"水沙测验体系全面启动，水文部门加密了重点水文测验断面的测验频次，及时提供最新的流量、含沙量信息，为科学调度小浪底等水库

群做好服务。

随着中游高含沙洪水源源不断流入，黄河防总科学调度三门峡水库泄洪排沙，使之如期在小浪底库区产生了约 25 米厚的异重流；水文部门准确及时地跟踪监测异重流向小浪底坝前移动过程；根据水文信息，黄河防总适时下发指令，打开小浪底枢纽孔洞，将细沙洪水排出去，成功实现了小浪底水库拦粗排细的目标。

由于黄河干支流来水量、来沙量瞬息万变，实时更新，水沙搭配摸不着、看不透，从小浪底到花园口还有约 200 千米的流程，做到花园口断面的洪水含沙量稳定保持在 30 千克每秒左右实在是难之又难。黄河防总根据伊洛河、沁河流量，来水量及时向小浪底水库下发指令，适时调整闸门开启的时间、孔洞数、流量、排沙量等关键数据，控制小浪底水库下泄流量、含沙量等标准，从而使花园口的流量、洪水含沙量保持稳定状态。

当花园口水文测验断面黄河水以 2400 立方米每秒左右的流量、30 千克每立方

米左右的含沙量滚滚东流的时候，预示着清水和浑水的"对接"成功。

如果说 2002 年黄河第一次调水调沙，是人类历史上首开最大规模河流原型试验之壮举；2003 年第二次调水调沙，为艰难险阻中书写大空间尺度水沙时空"对接"之妙笔；那么，2004 年的第三次调水调沙试验，更是一部波澜壮阔、荡气回肠、绚丽多彩的惊世华章。

2004 年黄河调水调沙，面前横亘着两座难以跨越的难关：一是起始没有现成的沙源参与，二是后期冲沙水流动力难以为继。前者将使小浪底水库防汛腾库下泄水量，成为效率低廉的"一河春水"；而后者更直接导致调水调沙成为无法兑现的空中楼阁。

面对先天不足的不利条件，为了探索"维持黄河健康生命"之路，肩负神圣使命的黄河人，义无反顾地选择了艰难中挺进的破冰之举！实施人工扰动，再度扩展试验空间尺度，三门峡、万家寨两座水库，也参与了这场调水调沙大战。

与前两次调水调沙试验相比，这次试验呈现两大特点：一是充分借助自然力量，

小浪底调水调沙

握手世界

通过黄河干流万家寨、三门峡、小浪底水库联合调度和人工扰动，在小浪底库区塑造人工异重流，并实现异重流接力运行，对小浪底水库淤积泥沙进行冲刷。二是充分利用小浪底水库出库洪水的富余能量，在下游"二级悬河"最严重和平滩流量最小的河南范县、山东梁山两个"卡口"河段进行人工扰动，增加水流挟沙能力，以最大限度地实现减淤冲沙目的，增大下游河道过洪能力。

大胆构想，科学论证，"三条黄河"，应声联动，一场全新的重大治黄实践就此拉开帷幕。

大河之中，千帆入定，机器轰鸣，水流激射，水流含沙量倍增。从河底翻卷而起的泥浆，在上游来水挟带下，飘然东去。

与此同时，小浪底库区尾部的三角洲上，另一场人工扰沙的战斗也已打响。在这里扰动泥沙，不仅是减少水库淤积，调整和优化库区尾部形态，更为重要的是，被唤醒的泥沙还将加入人工异重流的行进行列。

人工塑造异重流，是这次调水调沙试验中最具挑战性的精彩乐章。这种产生于水库的奇异流体，具有很强的潜游和推移功能，在特定条件下，可以挟带泥沙在水库底部向前行进。如果掌握了这种规律，人工塑造出异重流，对于破解多泥沙河流水库淤积的世界性难题，具有极其重大的意义。然而，这种特殊的流体，尽管在自然状态下的产生和发展是那样漫不经心，但要去人工塑造，却充满了无限艰难，因而，对于这项试验，世界河流治理史上一直没有迈出试验室的门槛，原型试验仍属空白。

如今，黄河人却要依靠自己的智慧和科学的力量，把它"克隆"再造。为此，既要悉心研究异重流的生成要素，审慎分析现实中的水沙条件，又要精心计算3座参战水库的水沙时空对接，其难度之大，不难想象。

随着人工塑造异重流达小浪底水库坝前，进而通过排沙洞冲出库外。霎时间，随着几股由清变浑的冲天巨浪喷涌而出，一幕旷世壮景出现在人们面前。

黄河人工塑造异重流成功了！

这一首开先河的巨大成功，标志着中国水利科学家已领先世界掌握了水库异重流的形成机制和运行规律。它的成功，使人为塑造异重流减少水库淤积成为可能。

激动与感奋，喜悦与沸腾，久久荡漾在黄河人心中。

黄河之水天上来

　　这一切，来的是如此不易。它印记着这项重大治河实践，从初始构想到艰难实施的一串串脚印，折射着不同观点从观望、怀疑最终转向认同和赞许。

　　黄河三次调水调沙试验，不同条件、不同河段、不同水沙级配模式、不同的水库调度组合，充满了风云变幻，蕴含着艰辛的探索。从中，黄河人对于这条大河的水沙运动规律、感性认知与理论总结都得以显著升华。随着第三次调水调沙试验的成功结束，黄河调水调沙从试验阶段转入常规生产运用。这项关键技术的突破，不仅为黄河治理增添了一种重要手段，也为世界多泥沙河流上水库运用赋予了新的内涵。

二、维持黄河健康生命框架的构建

长期以来，随着经济社会的发展，人们对黄河的索取已远远超过了其承载能力。水资源供需矛盾尖锐，各方面用水需求越来越大，河道生态用水被大量挤占，下游河床萎缩加剧，"二级悬河"问题突出，河口生态恶化，一系列问题表明，黄河已面临严重的生存危机。

黄河向何处去？面对这个事关黄河前途和命运的重大问题，作为统筹管理黄河的流域机构，黄委从当时黄河治理与管理的实践中深深认识到，河流也是有生命的。每一条河流对于自然和社会系统的承载力都是有限的，经济社会系统的发展必须限定在河流承载能力范围内，为盲目扩张的人类活动限定一个不可逾越的"保护区"，建立人与自然和谐相处的量化指标体系，以水资源供需平衡为基本条件，确定流域经济社会发展的目标和规模，以水资源的可持续利用支撑经济社会的可持续发展。

正是在这样的背景下，一种新的治河理念——维持黄河健康生命应运而生。2004 年年初，黄委正式确立了"维持黄河健康生命"的理论框架，并确定它所包括的三大组成部分，即治河理论体系、生产实践体系和河流伦理体系。

历史上，黄河洪水灾害十分严重。50 多年来，随着大规模黄河治理开发，洪水灾害问题得到较大的缓解，但一系列新问题又逐渐暴露出来：主槽严重萎缩、悬河和二级悬河加剧、水供需矛盾日益突出、多数河段水质恶化、河流生态系统退化等。面对这种新的状况，如何通过调整人类对黄河的行为方式，逐步恢复和维持黄河健康，使其能够支撑区域国民经济的可持续发展，是当时人们关注和思考的焦点。

河流是陆地水循环的主要路径，河流的生命是河流水系按一定方向和路径进行的水循环过程，地表径流沿河流水系持续运动是河流生命的表现方式。河流生命存在的基本标志表现在容纳水流的河床、基本完整的水系和连续而适量的河川径流等三个方面。连续的河川径流是河流生命维持的关键，它使陆地上的水不断得以补充、水资源得以再生，从而才有河床和河流水系的产生，以及河流生态系统的发育和繁衍。

河流生命可以有不同状态，其决定因素是气候和下垫面条件，并互相影响、互相制约。气候和下垫面条件的改变，一方面源自宇宙和地球运动的自然规律，另一方面来自人类活动。由于自然界的资源很多时候难以直接为人类所利用，且自然状态下的河流还时常给人类带来灾害，迫于生存和发展的压力，人类需要改变流域的下垫面条件，如清除自然植被、修建水库堤防等，结果使河流的生命状态发生改变，许多河流像黄河一样出现了生命危机。

河流生命危机对人类生存和发展带来的压力和威胁，促使人们重新思考和评价近百年来对待河流的态度和行为方式，并于 20 世纪 90 年代中期提出"河流健康"的概念。河流健康是在河流生命存在的前提下，人类对其生命存在状态的描述，但它是一个极具社会属性的概念。

河流功能包括社会功能和自然生态功能两大类。河流的社会功能反映的是河流对人类经济社会系统的支撑程度，是人类维护河流健康的初衷和意义所在；其自然功能则是河流对依赖其径流丰枯而兴衰的河流生态系统的支撑程度，是河流生命活力的重要标志，并最终影响人类经济社会的可持续发展。同时拥有正常的社会功能和自然功能显然是健康河流的基本标准。

由于人类对河流的认识以及人类所处社会经济环境的不断变化，对河流功能的价值取向必然也存在明显的时段特征。人类早期，洪水泛滥是河流健康的主要问题；随着经济社会迅猛发展，供水不足随即成为河流不健康的重要体现；当人类自身"温

脆弱的河流生态

167

饱"基本得到满足并开始关注生活质量时，河流污染和河流生态系统萎缩成为人们关注的重点。"河流健康"的概念正是诞生在"河流生态保护是河流面临的主要挑战"的西方发达国家，因此在相当长一段时期，河流健康主要从生物的生态观点来考虑，河流健康概念及其评价指标大多反映的是河流生态系统健康指标。如莱茵河把鲑鱼能够重返上游作为河流健康恢复目标，多瑙河则把生物多样性和生物种群规模作为河流健康指标。不过，随着理念的发展和深化，人们越来越关注社会、经济和自然的综合需要。如澳大利亚提出的"健康工作河流"和"生命之墨累河"概念，就是为了提供一种社会认同的、在河流生态现状与水资源利用现状之间折中的标准，力图在河流保护与开发利用之间取得平衡。总之，在不同时期或不同地区，河流健康的内涵无不折射出人类经济社会发展和自然环境保护的矛盾，折射出人类在相应背景下的价值取向。河流健康的标准即相应时期或河段的人类利益和其他生物利益的平衡或妥协，不同背景下的河流健康标准实际上是一种社会选择。

"维持黄河健康生命"的治河理念，是在黄河健康状况严重恶化的形势下产生的，因此黄河健康生命的内涵、标志和指标要统筹考虑人类对黄河的需求、对黄河自身的需求和河流生态系统对黄河的需求，统筹考虑黄河的历史矛盾和当前矛盾。由于河流健康标准是指在河流生命存在的前提下，相应时期或河段的人类利益和其他生物利益的平衡点，因此本着社会可接受、经济可发展和环境可持续的基本原则，通过分析河流、人类和河流生态系统的生存条件及其相互关系，论证现阶段黄河健康的标准及其指标体系。

维系黄河健康生命至少应具备两个基本条件：一要维持黄河从河源到大海、从支流到干流一定量级的河川径流，这是维持黄河流域健康水循环的最低条件，而连续的水循环是黄河生命存在的核心；二要维持一个通畅的河床，它是黄河实现其物质输送功能的基础，而河道的畅通程度取决于河床（特别是主槽）的淤积程度和滩地行洪环境。

人类对黄河的需求主要反映在安全的水沙通道、良好的水质和足够的水量供给等方面。黄河水患始终是中华民族的心腹之患，能否保证黄河具有足够大的排洪能力而使洪水不致灾，是人类对黄河的第一期望；良好的水质则是维持人类生命和健康安全的关键环节；水是人类生存和发展的基本条件，经济发展往往在很大程度上依赖于水量保障程度，但黄河的供水能力是有限的，人们不能期望它满足自己无限的要求。

维持河流的生态功能已经成为当今世界各国流域管理者的共识，其目的在于维持系统中生物群落的正常演替和食物链正常运行。黄河生态系统需要河流提供的服务主要包括水质和水量两方面。生物对水质的要求与人类对水质的要求是一致的，但在中、枯水年，河流生物对水量的要求却往往与人类的用水要求存在着突出的矛盾。

黄河健康生命指标体系具体表现在水流连续性、水沙通道、水质、河流生态系统、人类生活生产用水方面。

黄河健康生命是指黄河在基本保障人类社会安全和经济发展的同时，其河川径流条件基本满足河流生态系统健康需要的生命状态，连续的河川径流、通畅安全的水沙通道、良好的水质、良好的河流生态和一定的供水能力是当时健康黄河的主要

| 黄河口湿地生机勃勃

标志，低限流量、平滩流量、湿地面积、水质类别等 9 个因子是表征健康黄河的指示性因子。确保黄河生命安全和人类生命安全显然是实现黄河健康的最低要求，因此"保证黄河干支流低限流量和重点河段的最大排洪能力"是黄河健康指标的优先层次。黄河的输沙、净化、生态、供水等功能能够基本正常发挥，是人们对健康黄河的期望，因此要努力使黄河重点河段主槽断面基本得到恢复、河床纵横断面得到控制、河流水质基本满足生物群生存的需要、人类经济社会发展需水基本得到满足、河流生态系统重点景观和物种基本得到保护，但其关键制约因素是黄河水沙条件。

"维持黄河健康生命"是一种新的治河理念，其理论框架是："维持黄河健康生命"为黄河治理的目标，"堤防不决口，河道不断流，污染不超标，河床不抬高"为四个主要标志，实现这一目标主要应通过九条治理途径，"三条黄河"建设是确保各条治理途径科学有效的基本手段。

要使黄河为全流域及其下游沿黄地区的生态系统和经济社会系统提供持续支撑，必须首先使黄河自身具有一个健康的生命。其生命力主要体现在水资源总量、洪水造床能力、水流挟沙能力、水流自净能力、河道生态维护能力等方面。维持黄河健康生命，就要维持黄河的生命功能，这将成为黄河治理开发与管理工作的奋斗目标。

2005年，时任黄委主任李国英著《维持黄河健康生命》，获中国政府图书奖

黄河问题的根本症结在于水少沙多，水沙不平衡。

对于"水少"问题，应开源节流，加强水资源统一管理，树立"以水定发展"的用水观，积极推广节水措施，逐步建立节水型社会。从长远看，需要通过南水北调工程解决黄河缺水问题。

对于"沙多"问题，一是在黄土高原地区，特别是对黄河下游淤积影响最为严重的多沙粗沙区，依靠工程手段，修建若干座淤地坝，把泥沙拦在黄土高原的千沟万壑之中，逐渐变黄土高原的侵蚀环境为沉积环境；二是积极实行退耕还林（草）、封山禁牧等措施，依靠大自然的自我修复能力恢复生态，保持水土；三是在干流及支流上继续修建大中型水库拦蓄泥沙，在小北干流实施放淤措施，进一步减少进入黄河下游的泥沙。

对于"水沙不平衡"问题，一是通过继续建设骨干工程，构建黄河水沙调控体系，最终形成以龙羊峡、刘家峡、大柳树、碛口、古贤、三门峡、小浪底等控制性工程为骨干的水沙调控体系，提高控制洪水和泥沙的能力；二是进行科学合理的河道整治和滩区治理；三是坚持不懈地进行调水调沙，修复河道形态，变不利水沙过程为有利水沙过程；四是加强河口治理，争取形成溯源冲刷。

要保证治理途径的科学性、合理性，必须将每一条途径的具体方案和措施置于科学决策场中，这个决策场由"三条黄河"构成。

"三条黄河"，即原型黄河、数字黄河、模型黄河。原型黄河，就是自然界中的黄河，是研究和治理、开发与管理的客体。数字黄河是原型黄河的虚拟对照体，主要是借助现代化手段及传统手段采集基础数据，对全流域及其相关地区的自然、经济、社会等要素构建一体化的数字集成平台和虚拟环境，以功能强大的系统软件和数学模型对各种治理方案进行模拟、分析和研究，提供决策支持，增强决策的科学性和预见性。模型黄河是原型黄河的物理对照体，主要是利用物理模拟技术，将原型黄河的各种技术要素按一定比例进行缩小，按其研究对象分类组成既相对独立又相互联系的实体模型体系，对原型黄河所反映的自然现象进行反演、模拟和试验，并能对综合因素进行单因子剥离，从而揭示原型黄河所蕴含的内在规律。

原型黄河、数字黄河、模型黄河，"三条黄河"之间相互关联，互为作用，共同构成一个科学决策场。其中，原型黄河是数字黄河和模型黄河建设的基础，也是数字黄河和模型黄河研究的对象。数字黄河建设的主要目标是对黄河治理开发与管理方案超前进行计算机模拟，提出若干可能方案、趋势与方向；模型黄河建设的主要目标是利用其与实际流场物理相似的功能，对数字黄河提出的可能方案进行模拟试验，从中选取可行的治理开发与管理方案。

维持黄河健康生命治河理论和"三条黄河"建设是新时期黄河治理开发的新理念和新思路。这是一个庞大的系统工程，它的研究与实践，不仅需要水利、生态、环境等自然学科，也广泛涉及哲学、经济、社会、文化等社会科学和人文科学，需要全社会的广泛参与和共同努力。正因如此，黄委决定，在深入进行"维持黄河健康生命"理论框架和生产实践体系研究的同时，开展"河流伦理"研究，将其作为"维持黄河健康生命"理论体系的重要组成部分。

三、应运而生的河流伦理

2004年9月25～26日，由黄委主办的"河流伦理学术研讨会"在郑州召开。这门新创立的课题一撩开面纱，立刻引起了有关学界的密切关注和积极响应。

举办这次河流伦理学术研讨会，既是时代的必然要求，也是为第二届黄河国际论坛作理论基础的准备。

面对全球范围内众多河流都承受着严重的生命危机，而且这种趋势正在向愈演愈烈的方向发展，不禁使人们对工业文明以来的河流治理提出了新的质疑。河流治理的终极目标到底是什么？如何正确处理人类社会发展与维持河流健康生命的关系？河流除它的工具性价值外，是否还应该尊重其本体的生命价值和权利？怎样让哺育人类与万物的河流生生不息，以水资源的可持续利用支撑经济社会的可持续发展？在新的历史时期，这一系列重大问题，都迫切需要做出明确的回答。面对黄河的种种生存危机，黄委确立了"维持黄河健康生命"的理论框架及其治河理论体系、生产实践体系和河流伦理体系，并确定2005年第二届黄河国际论坛的主题为"维持河流健康生命"，也亟须河流伦理研究作为理论支撑之一。河流伦理的研究，正是在这样的时代背景下应运而生的。

河兴则万事兴，河亡则万物亡。翻开人类繁衍生息的历史画卷，探究文明社会的发展历程可以发现：一条大的河流自下而上，往往就是若干民族、不同文明共同发展的舞台；一条河流，只要它有奔腾不息的河水，那里往往就是一个地区政治经济文化的中心，人们可以安居乐业。历史上，许多灿烂的文明都是依河而兴的。反之，一旦河流自身生命系统发生危机，以河流为依托的其他生态系统也就失去了存在的基础。如果一条河流断流、长年干涸直至生命走向终结，必将导致流域生命系统的衰亡。比如，黑河下游居延海的严重沙漠化，塔里木河流域罗布泊、楼兰古城的历史悲剧，无定河边统万城的悄然消失等。每一条河流对于自然和社会系统的承载力都是有限的，河流生命的负荷只有在其承载力的范围内，才能保持可持续发展。因此，经济社会系统的发展必须把河流的承载能力放在首位，以水资源供需平衡为基本条件，确定流域经济社会发展的目标和规模。

与会专家、学者畅所欲言、各抒己见，以自己的研究领域为出发点，以河流伦理研究为交汇点，大胆立论，细心求证，从宏观到微观，多视角、多层面解读了河流伦理学的深刻内涵，论述了建立河流伦理学的必要性、紧迫性及其为维持黄河健康生命所产生的深远意义，提出了黄河价值、河流伦理的合法性、河流伦理的价值论、黄河伦理的利害相关体、黄河伦理规则等一大批新观点，进一步发掘和延伸了"维持黄河健康生命"的人文内涵，为完善这一理论体系提供了有力的理论支撑点。

中国社会科学院哲学所研究员余谋昌是生态伦理学的权威，他在发言时说：黄河是中华民族的母亲河，它的生命对于我们太重要了；黄河生命正在受到多种损害，存在严重的生存危机。我们必须拯救黄河，确立河流生态系统整体性的观点，传播

2004年9月，黄委举行的河流伦理学术研讨会现场

河流生命的自然价值观和生态伦理观，并在这种观点指导下，采取切实有效的行动，努力改变当前黄河生命的生存形势。

河流的权利是河流生命的自然生存权。河流作为生存主体，它是权利所有者，要求其生存利益受到尊重，并得到实现。这种生存权利要求的合理性在于，权利所有者维护自己的生存利益，对侵犯它们利益的行为提出挑战。河流的权利是它的利益与权力的统一。

河流生命权利的特点体现在：河流生命权利的自然性、河流生命权利与义务的一致性、河流权利主体与道德主体的不一致性。河流是生命权利主体，但不是道德主体。河流生命以自然规律生存，因而是生存权利的主体；但是它不是道德主体，道德是社会现象，道德主体只能是人。河流以生态规律自然地生存。它的权利被确定，要求成为人类的道德对象，需要人类给予道德关心，成为"道德共同体"的一部分。

河流生命权利是河流的整体生存，包括河流全部生态要素——基本水量、水生生物、稳定的河道、健康的流域生态系统等的完整生存，包括保持基本水量、流域的植被保护、不能被割裂肢解、动态地生存、清洁地生存等。

余谋昌指出：人、生命和自然，构成不同的生命组织层次序列。人和其他生物物种处于不同的生态位，有不同的权利，表现为权利的差异性。人的权利与河流的权利常常是有矛盾的，需要按公正的原则实现权益的合理分配。

当前，黄河生命危机表现出多项病害并发症，河源崩溃、尾闾消失、河口淤塞、河床萎缩、河道断流、湿地退化、沙质污染、洄游生物灭绝，等等。这是人类过分损害黄河生命价值、过分损害黄河生命权利的结果。因此，必须确立生态系统整体性的观点，从自然价值（河流生命的价值）的确认，到自然权利（河流生命的权利）的尊重，在新的价值观和伦理观的指导下，以可持续的方式开发利用河流，实现开发与保护的平衡，达到河流生命的健康。

武汉大学教授、中国环境资源法学研究会会长蔡守秋说：关于河流伦理和环境道德对黄河流域经济社会可持续发展的意义和作用，可以从以下几个方面来理解。河流伦理和环境道德是在黄河流域兴利除害、实现流域可持续发展的重要手段和工具。环境资源法律与河流伦理、环境道德相得益彰。一方面，环境资源法积极维护环境道德，一旦条件成熟就把环境道德规范提升为环境资源法律规范。另一方面，环境道德积极为环境资源法辩护，并通过道德舆论推动环境立法、守法和执法。将河流伦理、环境道德与黄河流域法制建设结合起来，是建设黄河流域法治秩序、实现黄河流域可持续发展的根本途径。既承认人的价值又承认环境的价值，既尊重人的尊严又尊重大自然的尊严，这是环境资源法的基本价值取向。实现天人合一、人与自然和谐共处，是人类社会和自然法学理论追求的理想境界。只有制定和完善有关开发、利用、保护、改善黄河的法律规范和法律制度，才能实现人与黄河和谐共处的黄河流域法治秩序。

中国环境伦理学研究会副理事长、哈尔滨工业大学叶平教授在发言中阐述了水伦理的观点，他认为：要建立河流伦理学，其主要原因不是一条河流、两条河流受到了人类的干扰和破坏，而是地球整个水圈都已经受到人类严重影响，如何实现地球之水与人共存的问题，是一个道德哲学问题。谈到水生态价值观、生态权利观以及水生态利益观，他说，水生态利益既可以指生物的生存或繁衍，也可以指人们生活之必需满足的那些物质和生态条件。确立生态利益的概念有助于平衡人与生物之间、人与水之间的利益冲突及其各自所能承受的基本生存福利的限度。

中国社会科学院徐高龄研究员在会上提出了黄河管理模式的塑造。他说，伦理观对管理决策的干预主要是价值观和道德层面的评判。在现代社会，一项决策虽然不能由伦理判断说了算，但伦理判断有时可以具有否决权。

中华人民共和国成立以来，国家对黄河管理的传统模式可以概括为：黄河管理主要着眼于人类安全与经济，在管理措施中主要着眼于水利工程，在水利工程中主要着眼于坝库建设。这一传统模式的不足之处在于，忽视了黄河生态、黄河文化，偏重工程、轻视制度，偏重坝库、轻视其他工程措施（如配水、环保等），因而未能更有效地提高水资源质量和利用效率，扩展水资源的服务功能，改善水经济收益分配的公正性。进入21世纪，传统的黄河管理模式有条件也有必要转变，应当重新认识黄河价值，重新认识黄河在流域层次和国家层次上的功能，重新认识流域社会与黄河的关系，重新认识黄河流域人类的利益追求，重新认识人类社会的各利害相关体的关系，重新认识黄河管理中各类措施的功能定位及相互关系，从而建立新的管理模式。

黄河管理的未来模式内容包括：全面恢复黄河作为"资源河""生态河""历

史文化河"的价值和功能，实现和扩展黄河对国家经济社会和政治、文化的贡献；确保流域社会各利害相关体的公正、均衡、趋同和可持续的发展。根据对黄河管理未来模式的阐述，未来黄河的河流工程，应由三部分组成，即黄河河流工程＝河流水利工程＋河流生态工程＋河流文化与自然遗产工程。

河流水利工程的构成是指河流水资源工程的新建、改造与功能更新。具体包括："配水工程""旧坝库系统改造与功能更新""河流疏浚工程""河口排沙工程"。在进行新时代的水利工程建设时，其特征是经济与生态的完美结合。

河流生态工程的目的是河流生态建设与恢复，重建黄河的生物学生命、物理学生命、化学生命，包括"流域污染治理工程""河流生态恢复工程""流域水土保持与生态恢复工程"。

制度建设是决定黄河及其未来命运的关键问题。这一制度建设包括两个层面：其一是流域的经济与社会制度。它既应与中国整体的制度改革与制度建设一致，又应考虑黄河资源环境特点；其二是流域水资源管理制度，包括水分配制度、用水制度、水经济制度等。

吉林大学哲学社会学院教授刘福森在题为《河流伦理的哲学基础》的报告中提出：伦理的哲学基础是价值论，河流伦理的哲学基础当然也是价值论。但是，我们不能从功利性价值中去寻找河流伦理的理论合法性，而应该从人文价值中寻找它的理论合法性。因此，河流伦理的价值论基础，不是河流作为被使用物的功利性价值，而是作为养育我们的母亲的神圣、善良、友善、纯洁、关爱、美好的人文价值。呈现在新伦理学面前的，是平等的人与动物、人与河流、人与生态自然的关系。我们爱它们，不是出于客体的权利，也不是出于我们对权利所有者的义务，而是出于一种厚重的人文教养：一种崇高的境界，一种善良的愿望，一种热烈的情感，一种良心的自律，一种对美的渴望，一种关爱自然的热忱。生态伦理、河流伦理不仅是理性逻辑的推演，还应是人们在人文精神的教化中形成和不断提升的自发流露。

黄委研究员侯全亮在题为《河流伦理是维持黄河健康生命的人文基础》的主题发言中，系统阐述了河流伦理产生的背景、河流的生命、河流的权利等内容。他认为，河流伦理研究的主要特点，一是在伦理关系上，将人与人之间的伦理关系拓展到人与河流的关系，主张人类应尊重河流自然形态，在"维持河流健康生命"的前

提下，开发利用水资源，与
河流和谐共生，统筹发展，
体现了人与自然和谐相处
的科学发展观。二是在时代
背景上，是人类在遭到大自
然的多次报复之后，经过理
性思考而形成的伦理思想
选择。三是在伦理价值观
念上，河流既有工具价值，
同时还有自身的本体价值。

黄委侯全亮研究员在河流伦理学术研讨会上发言

作为一个边缘学科、全新的领域，河流伦理的主要功能在于：①提高人们对于河流
生命的科学认识水准，借助人文科学和社会科学的理论进行观察、分析、反思、预
测，从而把握人与河流和谐相处的规律性，规范人类自身的社会行为。②在特定的
时代背景下，对河流生命理念进行培育和弘扬。在道德领域，召唤呵护河流的良知；
在情感领域，召唤美感的永续。③改善调控管理，将人与河流的关系，从以往改造、
征服的关系转为和谐相处、共存共生的关系，唤起人们尊重自然规律意识的回归。
发挥人类内心深处亲近河流的天然资质，让全社会从根本上认识黄河水资源统一管
理与调度、黄河调水调沙等当今治河举措的重大意义，树立起"维持黄河健康生命"
的自觉意识，使之充分发挥好哲理启示作用、理念支撑作用和舆论感化作用。

这次河流伦理学术研讨会，以黄河为平台，以河流伦理研究为切入点，在治黄
工作者和社会科学、人文科学领域的专家学者之间架起了一座交流、对话的桥梁。
这为唤起人们自我警醒，以自己的聪明睿智和果敢行动，投入捍卫河流生命的重大
实践，打开了一扇窗户。

四、黄河代表团在瑞典

2004年8月15日上午，波罗的海之滨的斯德哥尔摩市国际会议中心406会议室，

斯德哥尔摩国际水研讨会会址

座无虚席，宾朋满座，第14届斯德哥尔摩国际水周黄河专题会议在这里正式拉开帷幕。

　　来自联合国环境计划组织、世界水议会、国际水资源研究所、亚洲开发银行、荷兰德尔福特水力学研究所、英国减灾研究中心、美国国家能源部、埃及国家研究中心以及德国、瑞典、印度、孟加拉国、加纳等20多个国家和国际组织的65位专家、官员参加了本次黄河专题会议，中国驻瑞典大使馆派代表出席了黄河专题会议。英国《新科学家》杂志专门派记者前来采访。

　　斯德哥尔摩水周创办于1990年，是一个旨在为保护水资源和环境、共同寻求水资源可持续管理方法、提高公众生活水平和消除贫困而提供的交流平台，每年举办一次。此届斯德哥尔摩国际水周是第14届，中国派出由水利部水资源司、农水司和黄委、长委、海委、珠委、松辽委、太湖局、中国水科院、南京水科院等单位共19人组成的中国水利代表团。

这一时期，中国黄河的治理开发与管理推出了一系列新理念，进行了新的实践与探索。为了进一步增进国际水利界对黄河治理实践的了解，及时跟踪当今世界水问题及其治理的发展方向，黄委决定在水利部代表团中专门组成黄河代表团前往，并在斯德哥尔摩国际水周设立黄河专题分会场。

对于参加此次国际水事活动，黄委领导十分重视，多次听取汇报，就此行的重要意义、宣传主题、实施效果，提出了明确要求。要通过此次活动，让国际水利界更多地了解黄河，共同参与黄河的治理与研究。会前，代表团成员从制订方案、会场注册，到编写主题报告、印制宣传资料等，进行了认真的准备。

黄河专题会议由国际水资源研究所所长弗朗克、荷兰德尔福特水力学研究所原所长冯·贝克、黄委尚宏琦教授级高工主持。黄委朱庆平、尚宏琦、侯全亮、孙凤先后做了题为《黄河调水调沙试验》《维持黄河健康生命》《建设三条黄河 实现黄河长治久安》《黄河水资源统一管理与水量调度系统》的主题报告。报告介绍了不同条件下黄河调水调沙试验的主要成果与认识，维持河流健康生命理论框架的重要意义与内涵，"三条黄河"的总体结构和建设进程，黄河水量调度系统实施水量调度监控所发挥的重要功能及下一步黄河水资源管理的发展方向。

会议上，国际水管理研究所戴维莫顿教授、"挑战计划"项目主管乔治·帕米拉女士、项目专题负责人弗兰西斯先生，分别介绍了"挑战计划"黄河项目的实施与取得的成果。长期从事流域一体化管理研究的冯·贝克教授，展示了当时黄河水资源管理的研究成果。与会专家就南水北调西线工程、调水调沙关键技术、节水效率、黄河分水方案等所关心的问题进行了提问与交流，讨论气氛十分热烈，表现出对黄河问题的浓厚兴趣。整个专题会议一直延续到13时。

中国驻瑞典大使馆一等秘书王建族处长代表使馆出席了黄河专题会议，对会议的成功举行表示祝贺。

在整个斯德哥尔摩国际水周期间，黄河代表团举办的黄河展台，以新颖的治水理念，丰富的实践内涵，吸引了一批批与会代表。这些展品以"维持黄河健康生命"为主线，涵盖黄河调水调沙、"三条黄河"建设、水资源管理与调度、水土保持、黄河国际论坛等内容，广泛宣传了黄河治理新理念、新实践。本届国际水周大会秘书长、瑞典国际水研究院院长安德森·本特尔先生，巴基斯坦水利部部长，国际水

第14届斯德哥尔摩国际水研讨会大会会场

奖获得者、丹麦大学斯温·约更森教授等知名专家来到黄河展台参观，对黄河治理成就给予了高度评价。参展代表高度评价中国水利和黄河治理开发与管理所取得的成就，认为黄河的问题与治理经验对于世界河流具有重要的示范意义，黄河应在世界水利舞台上占有更重要的位置。

会议期间，黄河代表团就黄河治理的国际合作与技术交流同各有关方面的代表进行洽谈。

与荷兰国际咨询公司总裁经过商谈，拟运用新的 IT 和通信技术，共同打造新一代"流域一体化管理系统"，通过在中国和荷兰的应用，使之上升为一种具有世界示范作用的名牌，这一合作意向提交中荷合作联合指导委员会审议。

与"挑战计划"总负责人乔纳森·乌利先生会谈时，集中讨论了"挑战计划"在黄河流域的立项工作。双方商定，"挑战计划"组织将专门选派专家到黄委考察咨询，进一步优化黄河项目，细化研究课题，举办培训班，提高项目入选成功率。

与世界水理事会理事长葛诺索夫、高级顾问保罗·豪夫维亨经过商谈，达成共识，确定黄委组团参加 2006 年在墨西哥召开的第四届世界水论坛，并设立黄河分会场。

在与瑞典国际发展署官员希娜依达夫人的交流中了解到，瑞典王国为了应对水问题的挑战，寻求解决水危机的方案，已连续每年都拿出占本国 GDP 1%的资金约 190 亿美元，对亚洲、中东、东欧等地区的发展中国家在消除贫困人口、改善水环境等方面予以项目合作与资金扶持，并派出 150 多人在世界各地专门设立办事机构，推动环境与社会经济可持续发展。当时将公布一个关于自然资源与水环境的战略投资

会议期间，黄河代表团与IMMI所长 FRANK商谈黄河合作交流事宜

计划及其政策，征集一批新的资助项目。此届国际水周期间，他们还专门设立"卫生与水"和"居民供水与工业污水排放"两个分会场，通过展示，请会议代表就改革投资与水价等问题展开讨论。希娜依达夫人的介绍，为黄委申请此类国际项目提供了有益的启发。

通过广泛交流洽谈，不少代表明确表示将参加 2005 年黄委举办的第二届黄河国际论坛，并设立专题分会场。

会议期间，黄河代表团运用现代化传输手段，通过《黄河报》、黄河网及时报道了"维持黄河健康生命"治河新理念、新措施及国际水研讨会的有关活动，引起了一些世界新闻媒体的关注。BBC 英国广播公司通过远程电话采访了黄河代表团团长朱庆平，提出"黄河治理开发与管理的经验对世界其他河流具有怎样的启示""黄河作为中国的母亲河，今后能否继续为支持中国经济社会发展发挥重要作用"等问题。

朱庆平在接受采访中，阐述了"维持黄河健康生命"理论产生的背景、基本框架以及当时的成功实践与重要启示，介绍了三年不同条件下黄河调水调沙的基本经

验与科技内涵、"三条黄河"工程建设的主要内容及其发展现状。并指出，这些具有创新性的理论探索与实践经验，为世界水利科学增添了新的内容。对于世界其他河流、特别是多泥沙河流，无疑将具有很重要的借鉴意义，并表示相信，只要我们坚持科学发展观，按照"维持黄河健康生命"的新理念，矢志不渝地推进黄河治理的各项工作，黄河一定能生生不息，万古奔流，为中国经济建设和社会发展做出更大的贡献。

BBC 英国广播公司《当日国际新闻》和《科学发现与探索》两个栏目分别播出了这次采访报道。

此次国际水周大会上，世界水理事会理事长葛诺索夫先生做了《通向墨西哥的道路——瞩目第四届世界水论坛》的报告，指出，过去 100 年里世界人口增加了 3 倍，但用水量增加了 6 倍。当时，全世界有 14 亿人口饮水安全不能保证，23 亿人口缺乏足够的卫生设施，每年有 700 万人死于与水相关的疾病；由于人口增加，其后 20 年，人均可供水量减少三分之一，水资源紧缺问题进一步加剧。该报告深刻揭示了全球水问题的严重性和急迫性。

大会安排了"水和贫困""非洲水危机""湖泊模拟""湿地保护与恢复"等主题发言。这些发言都有一个共同的认识：水是一切生命的基础，当前全球范围内都面临着严重的水危机，努力探索解决水问题的目标与有效途径，对于各国具有普遍的重要意义。为此，真诚期望各个国家和地区相互之间积极开展新的合作，共同维护人类共有的家园。

会上，青年论坛主席、瑞典灵科平大学博士生斯乔曼德·曼哥纽森女士介绍了青年论坛讨论结果，反映了新一代水工作者对全球水问

黄委代表团成员在斯德哥尔摩国际水周黄河展台合影

题的认识和希望。著名水资源及环境专家、瑞典水研究院弗肯马克教授从技术角度对各个专题会议进行了系统的分析和点评，指出了进一步研究的方向。

通过参加此次斯德哥尔摩国际水周，黄委代表团成员增进了对当时世界水问题及河流治理发展趋势的了解，初步达成了一批技术合作意向，加深了对"让世界了解黄河，让黄河走入世界"发展战略的理解，进一步增强了推进黄河治理开发与管理事业的信心。

五、第二届黄河国际论坛召开

2005年10月18日上午，第二届黄河国际论坛在国内外水利人的热切期盼中隆重开幕。来自全球61个国家和地区的800多名专家学者、20多个国际组织的代表汇集在黄河之滨的河南省郑州，聚焦"维持黄河健康生命"的主题，开始了思想火花的融会与技术合作交流。

河流是人类及众多生物赖以生存的生态链条，也是壮美多姿的地球形态的重要组成部分。奔腾不息的河流不仅给了人类物质的生命，而且赋予了人们文化的生命。然而，由于人类对河流无节制的开发利用，致使当今全世界范围内大多数河流面临着生存危机。

以黄河为例，黄河是中华民族的母亲河，她哺育了中华民族的成长，孕育和传承了光辉灿烂的华夏文明。黄河流域土地、矿产尤其是能源资源十分丰富，在国民经济发展中具有十分重要的地位，维持黄河健康生命，保障流域经济社会的发展，发挥了重要作用。但是，

作为中国最为复杂、最难治理的河流，黄河的问题还远远没有得到解决。20世纪90年代以来，随着流域人口的增加和经济社会的快速发展，黄河水资源供需矛盾日益尖锐，水土流失严重、水污染问题尚未得到有效控制，流域生态环境出现了恶化的趋势，下游河床萎缩加剧，洪水威胁依然是心腹之患，严重制约着流域经济社会的可持续发展。

进入21世纪，中国政府针对黄河出现的新情况、新问题，按照人与自然和谐的

治水理念，围绕黄河"堤防不决口、河道不断流、污染不超标、河床不抬高"的目标，建设标准化堤防，完善防洪工程体系，确保防洪安全；强化流域水资源统一管理和水量统一调度，连年实现黄河不断流；以淤地坝建设为重点，开展水土保持生态治理，减少入河泥沙；实施调水调沙，冲刷淤积严重的河道，增加河槽过流能力，进行了大量新的实践和探索。

河流生存危机问题在世界其他江河中也普遍存在，水资源短缺、洪涝灾害频繁、水污染突出、水土流失严重等问题，成为许多国家经济社会可持续发展的严重制约因素。这就要求当代人必须重新审视人与河流的关系，高度重视河流生态系统的良性维持。研究寻求保障河流水资源可持续利用的相关对策，推进河流的合理利用、科学管理和有效保护。

论坛组委会会前向国内外有关单位发出的邀请函中称："黄河流域是资源性缺

2005年10月18日，第二届黄河国际论坛在郑州召开

水的流域，随着经济社会的迅速发展，黄河水资源供需矛盾日益尖锐，以黄河断流为标志，黄河维持健康生命的水量被挤占，超量的灌溉引水，忽略了生态用水，导致了黄河下游和渭河下游河道泥沙淤积，河道萎缩，'二级悬河'形势越来越严峻。目前确保黄河不断流的基础还很脆弱，所有这些说明维持黄河健康生命的使命已迫切地摆在黄河管理者的面前。黄委已把研究维持河流健康生命的必需措施和有效手段作为当前黄河治理的当务之急。这是黄河的大事，也是当今世界水利界的大事。希望通过第二届黄河国际论坛的召开，集思广益，为维持黄河和世界河流的健康生命问题提供建议和良策。"

以"维持河流健康生命"为主题的第二届黄河国际论坛，正是在这样的背景下举行的。

与2003年首届黄河国际论坛相比，此届论坛参加代表增至800多位，大会收到的论文翻了一番，达到 400 余篇。论坛的协办单位，包括全球水伙伴、世界银行、国际气候及水联合组织、联合国教科文组织国际水管理学院、粮食和水挑战计划、世界水理事会、世界气象组织、亚洲开发银行、欧盟驻中国代表处、荷兰驻华大使馆、美国农业部、澳大利亚 GHD 公司、中国国家自然科学基金委员会、中国国际经济技术交流中心、清华大学、中国水利水电科学研究院、南京水利科学研究院、小浪底水利枢纽建设管理局等，多达 17 家。

论坛开幕式上，参加会议的代表达 2500 多人，河南人民会堂主会场座无虚席，气氛高涨。黄河国际论坛组委会名誉主席、水利部部长汪恕诚，荷兰王储威廉·亚历山大（现为荷兰国王），黄河防汛总指挥、河南省省长李成玉，黄河国际论坛组委会主席、黄委主任李国英先后发表热情洋溢的致辞。

汪恕诚在致辞中全面介绍了中国政府这一时期对水利工作和黄河治理开发做出的一系列重大决策及措施，他说，中国政府正在制定"十一五"规划。做好 2006～2010 年的水利工作，解决好黄河重大问题，要进一步牢固树立和落实科学发展观，按照构建和谐社会的要求，坚定不移地推进可持续发展水利，全面规划、统筹兼顾、标本兼治、综合治理，努力解决面临的水资源问题，保障国家的粮食安全、供水安全、防洪安全和生态安全，以水资源的可持续利用保障经济社会的可持续发展。

荷兰王储威廉·亚历山大在致辞中深情地说道："昨天我第一次亲眼看见了黄河，波澜不惊的宽阔河面，令人感叹。黄河是举世瞩目的焦点，黄河这条奔腾不息的著名河流吸引我来到了这里。不仅是我本人，参加本次论坛的近千名水利专家中，有一半人是外国人，是黄河的独特魅力吸引了我们。"

亚历山大王储说，当时联合国的千年生态评估报告对生物多样性和自然资源不可逆转的损失提出了警告，报告明确地强调了经济、环境和社会间平衡的极端重要性。在这样的背景下，第二届黄河国际论坛的召开为世界带来了希望的信息。中国的历史就是河流的历史，黄河是中华文明的摇篮，数千年来，黄河流域的居民世世代代经历着干旱和洪水。他们筑起了堤坝，修建了复杂的灌溉系统，耕作、捕鱼。多少年来，人们珍惜着人和河流之间的平衡。但在过去一百年间，人口急剧增长和经济发展打破了这种平衡。河流通常是人类的益友，而这种平衡一旦被打破，就会变成可怕的事情。20 世纪 90 年代黄河下游河道经常断流。随着水利工程的修建，加强水资源管理，确保了黄河全年奔流不息，这是一个奇迹，"我对中国政府所做的人与黄河恢复平衡的努力给予高度评价"。

亚历山大王储指出，未来我们无论从哪个角度着手解决水事问题，所采取的措施务必不增加子孙后代的负担。这一点在 2002 年约翰内斯

原荷兰王储威廉·亚历山大（现荷兰国王）在第二届黄河国际论坛开幕式上致辞

堡的全球可持续发展峰会上已做出了明确的承诺。水资源统一管理是维持安全、人类用水和生态环境之间健康平衡的理想途径。统一管理基于这样一个古老的法则：人们应该遵守河流的规律，停止对河流的束缚，给河流留出更多的空间。每条河流都是独特的，不同的河流要求不同的治理方法。譬如黄河，人们在逐水而居的同时，也必须适应它的多沙性。他表示，荷中两国尽管在国土和人口上有较大差异，但是两国有一个共同点，即"傍水而居"是共同的历史。中荷两国连续几年在黄河治理方面进行了许多卓有成效的合作，如洪水预警、坝岸管理、水质控制和水浪的测量技术等。他希望在此届黄河国际论坛期间，两国能达成更多新的合作项目。

李成玉在致辞中说，黄河，横穿中原大地，是流经河南境内最重要的一条河流。它既哺育了两岸人民，历史上也曾带来严重的水患困扰。中华人民共和国成立以来，中国共产党领导人民治理黄河，黄河洪水得到了初步控制，创造了黄河岁岁安澜的历史奇迹。河南是黄河流经的一个重要省份，黄河对河南的影响涉及经济、文化、历史等社会生活的方方面面。黄河河南段悬河特点突出、防汛任务繁重，河南省历来对黄河治理开发十分重视，每年投入大量的人力、物力支持黄河防汛和堤防建设。黄河给沿黄两岸灌区带来了丰厚效益，给河南经济发展注入了巨大活力。中原儿女蒙黄河之利，对黄河怀有很深厚的感情。"维持黄河健康生命"不仅是水利部门的工作目标，也同样是河南人民义不容辞的责任和义务。

李国英发表了题为《维持河流健康——以黄河为例》的主旨演讲。他说，古今的历史经验告诉我们，人与河流相互依存，一荣俱荣，一损俱损。人与河流的关系应该是和谐相处。为了实现这一目标，就应将河流视为生命体，承认河流的自身价值与权利。唯有如此，才能唤醒人类对河流的尊重意识，为盲目扩张的人类活动限定一条不可逾越的"底线"。正是基于这样的思考，我们提出了"维持河流的健康生命"的理念。这是一个重大的命题，需要国内外专家、学者们的积极参与，需要国际上广泛的交流与合作。我们举办黄河国际论坛的目的，就是为有关决策者以及专家、学者之间构筑一个良好的对话平台。

接着，大会播放了《维持黄河健康生命》电视专题片，该片以形象生动的视觉语言、丰富多彩的事例，介绍了黄委维持黄河健康生命的新实践、新探索，提出人类对河流的伦理义务，博得了与会者的热烈掌声。

论坛进入大会学术报告阶段，刘晓燕教授级高工做了题为《维持黄河健康生命治河理论体系》的学术报告，通过分析黄河自身、人类和河流生态系统的生存需求，提出用低限流量、平滩流量、湿地面积等9个表达健康黄河指示性因子的具体标志，并给出了未来不同阶段的量化指标、实现条件及相应的流域管理对策。

李景宗教授级高工在《维持黄河健康生命生产实践体系》的学术报告中，介绍了黄河治理开发规划的总体布局、"上拦下排、两岸分滞"下游防洪工程体系与非工程措施、黄河水沙调控体系构建以及当前进行的"三条黄河"建设情况。

黄委侯全亮研究员向大会做了题为《河流空前危机与河流伦理构建》的学术报告，介绍了河流的自然生命和文化生命，论述了人类与河流关系的发展演变、河流的本体价值与权利，主张给予河流道德关怀，提出关爱河流，归根结底就是关爱人类自己。

第二届黄河国际论坛，从会议规模、总体构成，到学术类别、研究领域，都有了新的拓展。

会议期间，在大会主会场和66个分会场，与会代表充分展示了各自的科研成果，从多维视角透析了河流治理及流域管理的经验模式，把各自的最新研究成果带进了黄河国际论坛。

莱茵河保护国际委员会秘书长 Henk Sterk 发表了《维持莱茵河健康生命的实践》报告，多瑙河、尼罗河、湄公河、墨累－达令河等国际著名河流管理机构的代表在

时任水利部部长汪恕诚（左7）与卡尔松夫人（左6）等外宾合影

论坛上交流了经验。澳大利亚、瑞士、孟加拉国、苏丹等国的专家从生态系统、水资源保护的角度阐发了对维护该国河流健康生命的认知与探索，对维持河流健康生命及流域管理将起到积极的推动作用。

许多与会专家在论坛上都达成了这样的共识："维持河流的健康生命"从全球视角来看是一个非常新颖的河流治理理念，是一个鲜明而深刻的主题。

此届论坛专题会议的总体构架及设置，把世界各国同行共同关心和研究的问题有机地结合在一起，促进了先进经验的互相吸收和借鉴。中国与加拿大科技合作项目成果交流会，展示了卫星遥感技术的最新成果；中美项目合作专题研讨会，把经济技术模型直接引入流域和水资源管理；中欧项目合作专题会、中荷合作河源区项目专题会、中澳合作项目专题会、粮食和水挑战计划专题会、国际气候与水联合组织专题会、全球水伙伴专题会、水和粮食挑战计划（CPWF）专题会、世界气象组织专题会、CIDA成果交流会、世界水理事会（WWC）区域会议、联合国教科文组织、荷兰国际教育学院专题会等，国内外专家进行了广泛的交流与对话，发表了许多具有创新价值的学术观点和先进经验。技术合作交流方面，流域水资源一体化管理及现代技术应用、河流工程与非工程技术、跨流域调水技术及水资源配置、水环境与

握手世界

水生态保护监测技术、水权交易及水市场政策研究等，展现了现代流域管理、治水学术研究和水利管理政策的最新动向。呈现出形式多样，内容丰富的特色。

论坛期间，黄河流域全球水伙伴正式成立成为一大亮点。

全球水伙伴（Global Water Partnership, GWP）1996年8月在瑞典斯德哥尔摩成立，是一个为应对缺水和水污染对人类的挑战，促进水资源统一管理的国际组织。其地区委员会或水伙伴已建立13个，中国地区委员会于2000年11月成立。2003年2月，在江苏召开的全球水伙伴高级圆桌会议期间，黄委主任李国英与全球水伙伴有关负责人商谈达成成立黄河流域全球水伙伴的意向。2004年水土保持可持续发展高级圆桌会议期间，黄委副主任黄自强与全球水伙伴及其中国组织负责人就有关问题进行了讨论，商定黄河流域全球水伙伴在第二届黄河国际论坛期间成立。其机构属性是，由黄河流域及沿黄各省（区）水行政主管部门参加，同时吸纳环保、农业、社会、经济管理单位（部门），科研院所，相关团体等涉水单位（部门）和广大水用户参加的协商组织，旨在搭建一个共同参与、平等协商的交流平台，为政府相关部门提供决策参考意见，促进流域水资源统一管理和可持续利用。

黄河流域全球水伙伴成立仪式

　　成立仪式上，全球水伙伴主席卡尔松夫人表示："黄河流域全球水伙伴的成立，不仅对中国、对黄河，而且对国际的水事合作都是一件值得欣慰的事。这个平台在广度上需要综合各个层面的因素，如工业层面、农业层面、环境层面等；在深度上也应有高层的、中层的、低层的，需要把所有的层次和层面综合在一起考虑，建立起一个立体交叉的平台。"

　　参加论坛的荷兰王储威廉·亚历山大对黄河流域全球水伙伴的成立，表示祝贺和赞赏，他说："作为全球水伙伴的资助者，我感谢中国全球水伙伴所发挥的咨询作用。黄河流域全球水伙伴，作为世界上第一个流域水伙伴，将为促进黄河流域互相协作起到独特的作用。对这样的成就，我为之感到自豪，希望成为世界其他地区仿效的典范。"

　　黄委主任李国英向各方面为成立黄河流域全球水伙伴所做的努力工作，表示表心感谢，他说，当前黄河在水资源供需矛盾、洪水威胁、水污染等方面存在的问题和规律，都需要去探索、去解决，既需要黄河全流域合作，也需要广泛的国际合作。黄河流域全球水伙伴的成立，为有关各方提供了交流合作协商的平台，对于黄河问题的科学决策、民主决策，促进黄河治理开发，维持黄河健康生命，促进黄河流域经济社会可持续发展具有重要意义。

六、聚焦维持河流健康生命

　　大会期间，在黄河国际论坛各专题会场和分会场，与会专家、学者紧紧围绕维持河流健康生命这一主题，从不同角度阐述了对河流健康生命实质、内涵的理解和认识，提出了维护河流健康的方略、途径与措施。

　　来自瑞士的一位专家认为，河流有许多不同的功能，如对陆地的侵蚀和输送水沙以及提供风景。河流像人的动脉一样维持着自然和生态的平衡，它还能够补充地下水，最重要的是河流是有生命、有活力的。虽然有时它们会冲出河道，漫过堤坝，但进入工业社会以来，在大多数情况下，它们要承受人类的压迫。河道是野生动植物和人类重要的生存资源，其自身的功能都需要长期保护，我们需要将未来的河流治理成为一条更具自然形态特征的河流。具体的实现目标是：适宜的空间，适宜的流量，适宜的水质。因此，河流管理部门要统筹考虑社会、资源生态和经济活动对河流的需求。

中国科学院陆地水循环及地表过程重点实验室夏军研究员（现为中国科学院院士）对维持黄河健康生命提出了一些自己的见解，他认为，维持黄河健康生命理论体系与实践方法，应该包括"河流生命"的理解、河流的变化与人类活动影响、黄河健康与评估、黄河流域水资源使用权初始分配与管理等关键问题，需要在实践中进一步探讨，丰富完善。

孟加拉国达卡国际水稻研究机构的代表介绍了孟加拉国通过提高管理水平保持阿德赖河和巴拉河流域河流全年不断流，提高农作物和渔业产量的方法途径。通过水资源保护和管理，特别是雨季的后期，保持河流不断流，增加河道水量，保证地下水得到补充，进而促进灌溉面积的扩大，减少地下水污染。通过提高旱季的可用水量，增加了植被面积，改善了生态环境。

"河流健康需要全民意识，这不光是水利工作者的事情，也是该流域每个人的意识。我们要高唱《保卫黄河》，要把维持黄河健康生命意识植根于每一个黄河流域人的头脑之中。"中国工程院院士陈吉余铿锵有力的发言，洋溢着对黄河健康生命的殷殷关切之情。陈吉余院士是中国河口海岸理论应用于工程实践的开拓者和权威专家，早在20世纪50年代他就很关注黄河河口治理。他说，河口是一条河流的重要组成部分，河口是汇，河流是源，二者息息相关，密不可分。河口是流域的脉搏，河流入海的水的质量是整条河流流域状况的具体反映。河流健康，河口就健康，反之亦然。黄河河口和其他河口海岸一样，存在河流入海泥沙量急剧减少、入海污染物显著增加、河口与滨海湿地丧失、海平面上升等的威胁。目前开展的调水调沙、水土保持对河口三角洲的生态恢复具有重要意义。

陈吉余院士说，黄河在历史上就是河患不绝，治理中的问题不断出现。黄河流域在中国中西部，是否能够合理开发利用直接关系到中西部的发展。黄河治理如何变被动为主动、从工程水利转变到生态水利，是每一个有志之士应该思考的问题。黄委提出维持河流健康生命新理念，赋予河流以生命，用科学发展观去治理黄河，这是中国治河思想的飞跃和升华。

　　中国科学院院士刘昌明说，维持河流健康生命，其实就是正确对待人水关系，坚持人与自然和谐相处的范畴。很多西方国家经济发展到一定水平，出现了严重的生态环境问题，回过头来再治理，花费了很大代价。中国正处在经济调整发展时期，现在提倡保护河流，搞好人水关系，就是要避免走西方国家走过的老路。现在全球关于水的问题有三个：一个是水的可再生性，一个是生物多样性，一个是人的健康。水资源能够可持续利用，但是水却不能再生，越用越少，恶性循环，生态退化，导致部分物种的消失，水生态系统将崩溃。河流健康生命是一个宏观目标，应分解成工程、非工程、政策、技术等不同的措施，统筹结合起来，形成维持河流健康生命的方略，统筹加以解决。这样对世界河流的治理与发展都具有积极的意义。

　　欧盟水利处处长 Patrik Murphy 先生说，整个欧盟 27 个成员国，气候、流域及地理条件差异很大，河流污染情况也大不一样。欧洲面临的水问题主要是富营养化问题，同时面临着气候变化引起的洪水问题。我们正在努力寻求解决这些问题的措施。对于气候的变化，我们是不能阻止的，只能从政策方面加强管理，做好预案，

刘昌明院士在技术研讨会现场发言

加强预测，尽量减轻气候变化造成的影响和损失。关于面源污染，这涉及制度问题，机构制度很复杂，目前还没有形成理想的水污染控制机制。正在建立废水处理厂，监控入河污染。在饮水蓄水方面实现平衡，实现清洁用水，这是我们水资源管理者的责任。

印度农业研究委员会东部研究联合体主任阿洛克·斯卡博士说："阿姆河是中亚最大的河流，也是咸海的主要水源。由于上中游地区的灌区开发，大量河水在流入咸海之前被引走，致使20世纪80年代末以来阿姆河发生断流。由于缺乏河水注入，咸海面积缩小42.5%，干涸的湖底面积达2.7万平方千米，大风每年从湖底吹起盐类达4万吨，造成了巨大的生态灾难。严重的现实警告我们，要保持河流的水质，必须留下一定的河流流量，要维持河流的可持续发展，首先必须要求河流是健康的。"

全球水伙伴中国地区主席董哲仁博士长期从事水利结构分析研究，在倡导生态水工学和河流生态恢复方面做了大量工作。他说，过去把河流的保护理解为技术问题、工程问题，现在国际上在资源环境领域里，已经认识到河流的保护涉及社会问题。要解决这个问题，应通过立法管理，建立起一种河流保护的良好机制，譬如现在强调的流域一体化管理，通过这些综合手段达到保护河流、保护生态的目的。

谈到国际上的"反大坝论"，董哲仁认为，从20世纪70年代起，国外就有一股反对建大坝浪潮，有的甚至提出要拆除现有大坝，恢复自然的河流。这个提法是极端的，但也透射出以往水利工程的弊端。我们建设的大坝、涵闸、堤防工程，如果规划布局不科学、工程质量有问题，就会给河流造成一种伤害和胁迫。应该客观地分析，到底建大坝和其他水利工程对河流的生态系统有哪些负面影响，权衡利弊，趋利避害，在满足人类社会经济需求和兼顾河流生态系统健康二者之间寻找适当的平衡点。

南京水利科学研究院刘恒副院长在专题会议的学术报告中，通过莱茵河行动计划对于恢复莱茵河流域生态和防洪功能的成效及其国际合作机制、量化考核措施等，介绍了针对问题，综合治理，目标明确，措施灵活，有效合作，信息共享，监测到位，体系完整，综合管理，公众参与，超越国界等一整套成功的经验。

各位代表的发言，虽然领域有别，角度不同，学科各异，但是通过多纬度的融

合与交流，大家都强烈地感受到，面对全球范围内众多河流存在的生命危机，转变传统观念，树立"维持河流健康生命"的理念，并为之不懈奋斗，已经是经济社会可持续发展的迫切要求和必然选择。

七、热情洋溢的"荷兰之夜"

2005年10月17日晚，郑州市中州宾馆。在《茉莉花》的悠扬乐曲声中，荷兰驻华使馆举办的"荷兰之夜"招待会温馨亮相。这场晚会，是本届黄河国际论坛期间继中荷黄河河口研究项目启动仪式之后，又一个"荷兰专场"，它承载着中荷两国水利技术合作的累累硕果，彰显了多年来两国友好往来的深厚情谊。

出席晚会的荷兰王储威廉·亚历山大、水利部副部长索丽生、河南省副省长王明义、黄委副主任苏茂林，参加黄河论坛的有关专家以及中荷两国留学生代表，每

个人的脸上无不洋溢着浓郁的友谊之情，欢声笑语荡漾在整个大厅。

改革开放以来，中荷两国在水流域的技术合作与交流日益密切。1999年荷兰女王陛下和王储来华访问，受到中国水利部的热烈欢迎，签订了水利合作谅解备忘录，开启了中荷水利合作的新篇章。此后，两国在科研合作、挖泥船制造、堤防加固、人才培训、流域综合管理等方面的合作取得了丰硕成果，荷兰已成为中国水利对外合作最重要的伙伴。

2003年4月，黄委立项开展黄河河口淡水湿地生态环境需水量研究。黄河口天然淡水湿地是黄河三角洲最重要和核心的湿地生态类型，也是保障河口湿地生态系统实现稳定平衡的最重要的基础。当时，黄河口淡水湿地生态系统出现了严重失衡的状况。黄河水资源短缺及下游频繁出现断流，是造成黄河口三角洲淡水湿地萎缩和功能破坏的主要原因。因此，尽快开展黄河口生态保护的需水研究，并据此提出满足河口湿地生态基本用水需求和黄河水量的补给要求，对促进河口湿地生态的修复，优化黄河水资源的合理配置与调度具有重大意义。

荷兰有关科研机构高度关注这项研究工作，表示希望中荷双方合作共同开展研究。2003年10月，包括水利、信息等有关领域专家的荷兰部长代表团来华访问黄委，

中荷黄河河口生态环境需水量研究项目签字仪式

考察了黄河口湿地保护和水资源利用情况，探讨了新一代信息技术在黄河流域综合水资源管理中的集成应用。2004年12月，荷兰专家代表团与黄委代表再次进行会谈，深入研究基于荷兰新一代信息服务平台应用于黄河水资源综合管理的计划草案。在两年的友好合作洽谈中，中荷双方共同起草了合作研究的项目建议书。论坛期间，中荷黄河河口生态环境需水量研究项目正式启动。

该项目的研究内容主要包括，项目组织与协调、数据模型系统、生态系统、土地和水利用系统、GIS和数据库开发、综合和评价、培训等。项目将从生态学角度入手，借助生态观测和遥感、地理信息系统等技术手段，通过资料收集和现场查勘，掌握三角洲天然淡水湿地生态系统发育现状、群落构成，研究优势种群和重点保护种群的需水机制、需水过程及需水规律，并对其生态需水量进行计算；研究和揭示黄河水资源配置与河口区生态系统演变过程的关系，开展黄河水资源对河口生态系统影响效应研究，提出促进三角洲主要生态系统恢复和平衡的水量条件及黄河水资源配置要求，以建立黄河水量影响下淡水湿地生态结构改变及其生态价值的测量方法，提出能满足生态环境保护和水资源的需水量，维持河口三角洲生态环境的良性循环。

在充满友谊和欢乐的气氛中，荷兰驻华大使闻岱博、中国水利部副部长索丽生、荷兰王储威廉·亚历山大先后致辞。

闻岱博大使说，中荷两国都有着悠久的与水对抗的历史，尽管遇到的挑战完全不一样，但成为两国水利合作的根源和因素。两国通过水增进了相互了解，建立了深厚的友谊。他希望中国到荷兰学习水利的留学生，在荷兰度过愉快的时光，学到的知识在中国水利建设中发挥作用，他们永远是荷兰的朋友。

水利部副部长索丽生说，威廉·亚历山大王储阁下6年后再次访华，出席第二届黄河国际论坛并赴黄土高原考察，充分体现了对中荷水利合作发展的高度重视。荷兰水利建设历史悠久，成就举世瞩目，尤其是在不利自然条件下探索出独特的圩垾农业模式，其智慧、勇气和成就令人钦佩。进入21世纪，中国正在经历着治水理念的重大变革，节约水、保护水、利用水，支持经济社会可持续发展成为全社会的共识。2004年，两国水利部续签了水利合作谅解备忘录，今天又举行了中荷黄河河口生态环境需水量研究项目启动仪式，这标志着两国水利合作已进入一个新的发展时期。祝愿两国水利同行共同努力，把双方的合作持续推向前进！

荷兰王储威廉·亚历山大在致辞中说，6年前他作为全球水伙伴的形象大使访问中国时，中荷双方的合作刚刚开始。几年间，拥有七大江河的中国及其水利发展取得的辉煌成就，还有正在运行的可持续用水制度，给他留下了十分深刻的印象，令人惊叹。希望今后两国有更多更好的合作。最后，他提议，站在有五千年文明的华夏母亲河黄河之滨，为中荷水利未来的五千年干杯！

美丽的"荷兰之夜"，以黄河为纽带，凝结着中荷两国水利人的深厚友谊，昭示了双方深入开展技术合作的广阔前景。它像夜空中璀璨的银河星辰，永恒闪烁，又如那首经久不衰的歌曲《难忘今宵》，沁人心脾，萦回飘荡。

八、庄重的宣言　共同的使命

第二届黄河国际论坛是一次学科荟萃、增进交流的学术盛会，也是一个特性鲜明、丰富多彩的河流节日，思想的融会，观点的交流，构成了多层面的学术价值和文化内涵。

这届黄河国际论坛设立维持河流健康生命，流域水资源一体化管理及现代技术应用，河流工程与非工程措施，水环境与生态保护，跨流域调水及水资源配置，水权、水价及水市场政策等六个专题，举行了66个分会。在这些专题会议上，各位专家进行了广泛的交流与对话，发表了许多具有创新价值的学术观点，介绍了各自研究领域的先进经验。

论坛期间，国内外30家新闻媒体对大会及时进行了报道，人民网、黄河网为这届黄河国际论坛专门开辟了网页，开通了网上视频直播，以现代化传播手段在第一时间迅速报道论坛的进展盛况，使维持河流健康生命成为社会公众关注的焦点，显示了黄河国际论坛的强大吸引力和广泛影响力。

通过广泛深入交流，与会代表一致认为，河流滋润了人类文明，哺育了流域人民，如何保护河流，遏制过度开发利用河流，避免给河流造成巨大伤害，是人类共同面临的挑战和责任。

在凝聚广泛共识的基础上，此届论坛形成了《黄河宣言——维持河流健康生命》。

宣言以应对河流危机为己任，从河流代言人的角度发出了尊重河流、善待河流、保护河流的时代强音。

水是万种生物之本源。河流是母亲，是哺育人类文明和繁茂生灵万物的天然母体。当今人类经济社会发展已进入一个全新的历史时期，而河流与水却面临着前所未有的危机挑战。

我们有责任有义务行动起来，以理智、果敢和坚韧的信心，来维持母亲河的健康生命。

河流是地球上最为古老、最为生动、最富有创造力的生命纽带。她越高原、辟峡谷、造平川，自远古一路走来，不仅形成流域两岸丰富多彩的地形地貌和生物种群，而且哺育、滋养了我们人类以及人类伟大的文明。

河流是有生命的。在这个川流不息、循环往复的生命系统中，通过蒸发、降水、输送、下渗、径流等环节，水能进行多次交换、转移和更新，构建或孕育出更多的形态、更多的物种，形成瑰丽壮观、无与伦比的地球景观。有了河流的生命及其丰富多彩，才有了人类生命的衍生和繁茂。

人与河流唇齿相依，休戚与共。然而，由于人类活动等因素的巨大影响，在当今全世界范围内许多河流都正面临空前的危机：河源衰退、尾闾消失、河槽淤塞、河床萎缩、河道断流、水体污染等，由此致使依赖河流动力的周边生态系统产生紊乱乃至崩溃，全球各民族的文明延续亦面临严峻的挑战！

面对上述严峻的现实，人们不禁忧心忡忡，难道当今人类不仅在享用祖先的遗产，而且还要透支后代的财富吗？

维持河流健康生命，是人类在自然界中的警醒和回归，更是人类社会可持续发展的必然要求。

基于这种认识，我们有责任与义务：倡导和谐社会的理念，推动人与自然和谐相处的进程，维护河流应有的尊严与权利，保持河流自身的完整性、多样性和清洁性，使其在地球上健康流淌。

我们有责任与义务：动员社会各界力量，研究河流健康生命的理论，探讨人水和谐关系，建立人与自然的伦理观念，通过立法和广泛宣传，使人们像珍惜自身生命一样珍惜河流生命，自觉保护河流健康。

我们有责任与义务：作为河流的代言人，正视以往对河流的伤害，以科学发展观统领全局，系统编制流域经济社会发展综合规划，压缩超出水资源承载能力的发展指标，强力推动调整产业结构，加快建立节水型社会的步伐。

我们有责任与义务：为河流提供充足条件，提高河流自我调节和自我修复能力，达到与自然协调一致的目的。

我们有责任与义务：树立新型治河观念，强化对河流本体的维护和引导，在探索与实践中，以科技为先导，逐步恢复河流的健康面貌，使人、河流、生态达到协调一致的理想境界。

我们有责任与义务：尊重河流、善待河流、保护河流。更加珍视河流对人类文明的贡献，光大河流对人类文明的创造力，重塑流域内居民的相互认同，强化公众参与，推动社会文明的永续发展。

愿与有志于维持河流健康生命的世界各国政府、组织、企业、社会各阶层积极行动起来，有力出力，有智献智，共同推动我们的事业。

这是一份庄重的宣言，更是人们共同的使命。

此届黄河国际论坛形式多样，内容丰富，色彩纷呈，展现了现代流域管理、学术研究和管理政策的最新动向。众多国际组织机构、外国来宾、国内外有关机构代表和科研院所专家学者的踊跃参与，积极响应，进一步凸显出黄河这条举世闻名的大河的感召力，与黄河国际论坛这一国际交流合作平台的广泛影响力。根据与会代表的建议，论坛大会组委会研究确定，第三届黄河国际论坛于 2007 年 10 月在黄河入海口的东营市举办，主题为"流域水资源可持续利用与河流三角洲生态系统的良性维持"。为此，黄委决定专门设立黄河国际论坛秘书处，作为常设机构处理黄河国际论坛日常事务。黄委热切希望进一步加强国际交流与合作，携手并进，为河流之水生生不息、万古奔流，做出积极的贡献，并诚恳期待两年后黄河河口再相会。

2005 年 10 月 21 日，第二届黄河国际论坛胜利闭幕。怀揣着黄河宣言，肩负着神圣使命，与会代表作别黄河国际论坛，踏上了新的征程。

第七章

河口赴约

一、精卫填海的河流生命宣示

金秋十月，黄河入海口。秋高气爽，云淡风轻，万里跋涉的黄河水仿佛忘却一路行程劳顿，纵身汇入浩瀚的渤海。黄蓝交融，深情相拥，一派天然和谐景象。

2007年10月15日，是个具有重大意义的日子。这天，中国共产党第十七次全国代表大会在北京隆重开幕。次日，第三届黄河国际论坛在黄河入海口山东省东营市如约举行。对于此届黄河国际论坛的组织者来说，此次论坛的记忆尤为深刻而久远。

握手世界

出席此届黄河国际论坛的有，联合国教科文组织、欧盟、罗纳河流域管理委员会、莱茵河管理委员会、世界银行、亚洲开发银行、世界自然基金会、全球水伙伴、世界水理事会、流域组织国际网络、国际水管理研究所、世界自然保护联盟、世界水周组织、荷兰德尔伏特水力所、澳大利亚水管理中心以及世界知名大学、公司等国际机构及组织，西班牙环境大臣、欧盟驻华大使、匈牙利环境水利部长、荷兰交通公共工程与水管理部总司长、罗纳河流域管理委员会主席、世界水理事会主席、世界自然基金会副总干事、全球水伙伴秘书长、巴基斯坦水利部前部长、全球水伙伴高级顾问、世界水周组委会秘书长等国外嘉宾。来自64个国家和地区的近千名代表中，有流域管理决策者、水利工程专家、生态学家，也有经济学家、社会学家、科学家，学科荟萃，宾朋满座。

此届论坛举办地选在黄河河口，论坛主题确定为"流域水资源可持续利用与河流三角洲生态系统的良性维持"。让河口复苏见证正在走向健康的黄河生命形态，在东营这块年轻的土地上，融会世界河流治理，管理的新实践、新成效。选择东营市作为论坛举办地有着特殊的寓意，它象征着河流生命的一种文化宣示和精神弘扬。

> 截至2020年8月，黄河连续21年不断流，水量统一调度恢复黄河湿地生机

中国有个古老的神话"精卫填海"。传说太阳神炎帝的小女儿在东海被海浪吞没，死后化为名叫"精卫"的神鸟，每天从西山衔来木石，填海造陆，飞翔往复，永无止息。

千百年来，黄河以其泥沙众多的自然特性，奔腾不息的坚强毅力，以"精卫填海"的方式不断向前推进，年复一年，不舍昼夜，南北游弋，拓疆扩土，塑造了广袤的华北大平原。1855年黄河在铜瓦厢决口改道后，改走现行河道，在山东垦利县境内入海。100多年来，伴随着黄河不停地填海造陆，在黄河河口地区这块年轻而神奇的土地上，开发出了能源富集的胜利油田，崛起了生机勃勃的现代城市——东营市。

2005年第二届黄河国际论坛召开以后，黄河上发生了两件具有重要意义的大事。

一是2006年隆重纪念人民治理黄河60年。岁月悠悠，青史浩然。从1946年到2006年，中国共产党领导的人民治理黄河事业，经甲子春秋，波澜壮阔，黄河发生了沧桑巨变。在党和国家的高度重视和坚强领导下，下游先后进行了四次大修堤，修建了干支流水库，开辟了分滞洪区，初步建成"上拦下排、两岸分滞"的下游防洪工程体系，彻底扭转了历史上"三年两决口，百年一改道"的险恶局面，创造了黄河岁岁安澜的奇迹；黄河水资源得到大规模的开发利用，为流域及其相关地区的经济社会发展提供了宝贵的水源；持续开展黄土高原水土流失治理，改善了当地的生态环境和生产条件，有效地减少了入黄泥沙。进入21世纪，面对黄河存在的突出问题，在科学发展观指引下，实施全河水资源统一管理和调度、调水调沙、标准化堤防建设等一系列重大实践，将人民治理黄河事业推向了新的阶段。纪念大会前夕，胡锦涛总书记、温家宝总理分别对人民治理黄河60年作出重要批示，为新时期黄河治理开发指明了方向，提出了明确要求。国务院副总理回良玉代表党中央、国务院参加纪念大会，充分体现了对黄河问题的高度重视。

二是2006年7月24日国务院颁布《黄河水量调度条例》，自8月1日起实施，从国家层面出台了第一部河流水量调度行政法规。该条例明确了适应新形势需要的水量调度原则，建立了完整的水量调度管理体系，明晰了实施水量调度的各责任主体，

| 《黄河水量调度条例》

健全了黄河水量分配制度，进一步完善了水量调度方式，规范了水量调度计划的制订程序和原则，建立了完备的应急调度体系，强化了监督检查和违法行为的责任追究。该条例的颁布实施，为建立黄河水量调度的长效机制，促进黄河水资源优化配置，确保黄河不断流，维持黄河健康生命，铸造了一把刚性之剑，提供了有力的法治保障。

2006年，黄委首次对渭河、沁河等9条重要支流实施水量调度，有效地保证了支流入黄水量。同时，圆满完成"引黄济青"任务，缓解了海滨之城青岛的燃眉之急，实施"引黄济淀"生态补水，使"华北明珠"重现昔日风采。

黄河水量统一调度以来，通过优化配置、科学调度，有力地支持了流域及相关地区经济社会的持续发展，确保了黄河连年不断流，河口地区淡水资源得到持续补给。河口三角洲的华丽转身，见证了黄河水量统一调度的坚实足迹，昭示着维持黄河健康生命的光明前景。

2007年10月党的十七大胜利召开，生态文明建设首次被写入大会报告，报告明确提出要把建设资源节约型、环境友好型社会放在工业化、现代化发展战略的突出位置，在全社会牢固树立科学发展、和谐发展的理念。

在此形势下，第三届黄河国际论坛在黄河河口地区隆重开幕，顺应了党的十七大关于建设生态文明的新要求，充分体现了人与河流和谐发展的新理念，可谓天时、地利、人和。

此届论坛共征集论文500余篇，论坛设立26个专题会议，共80个分会。会议围绕流域水资源可持续利用及流域良性生态构建、河流三角洲生态系统保护及良性维持、河流三角洲生态系统及三角洲开发模式、现代流域水资源一体化管理模式及发展趋势、维持河流健康生命战略及科学实践、河流工程及河流生态、流域水环境保护及河流多功能协调、区域水资源配置及跨流域调水、水权水市场及节水型社会、现代流域管理高科技技术应用及发展趋势等全球水利界关注的热点议题，引导与会专家、学者发表高论，相互借鉴，为黄河及世界河流的治理提供建议和良策。

会议还安排了中荷水管理联合指导委员会第八次会议、中欧合作流域管理项目专题会、世界自然基金流域综合管理专题论坛、全球水伙伴河口三角洲水生态保护与良性维持高级论坛等相关专题论坛，举行了中外合作项目启动以及形式多样的产品、成果展览等。

为加快推进东营旅游文化产业发展，论坛期间，东营市举办首届黄河口旅游文化博览会，推动沿黄城市文化交流与经济合作。

论坛开幕式上，水利部副部长矫勇、山东省副省长贾万志、西班牙环境大臣克里斯蒂娜·纳沃纳女士、世界水理事会主席罗伊克·富臣、黄委副主任徐乘先后发表致辞。他们都表达了一个共同心声，那就是，祝愿大家在神奇的黄河口，在黄河国际论坛这个河流盛会上，畅所欲言，加强交流，推进合作，共同开创美好的未来！

开幕式上，水利部副部长胡四一做了题为《中国水资源发展战略》的大会报告。报告指出，水资源的可持续利用是支撑中国经济社会发展的战略问题，而保障防洪安全、解决水资源短缺、改善水环境将成为中国长期而艰巨的重要任务。当前中国正面临着洪涝灾害、水资源短缺、水环境恶化、水土流失严重四大水问题。中国自然地理特点和水资源条件、水资源开发利用状况、经济社会发展和环境保护的要求，决定了我们必须坚持人与自然和谐相处，走可持续发展水利之路。破解中国水问题，实施水资源可持续利用战略，必须顺应天时，遵循自然规律；顺应时代，遵循科学规律；顺应市场，遵循经济规律。

大会开幕式播放了电视专题片《河流生命的伟大复兴》："人与河在这里对峙着，也对话着。千里长堤，不仅仅是水上长城，更是一个建设性的绿色平台。更少的成见，更多的善意、理解与互动，人与河在这里亲密接触，交换着古老而又全新的语言。

河流创造了平原，哺育着人类。文明从这里起步，民族在这里成长，全世界炎黄子孙在这里寻梦家园。理性与情感，历史与现实，在这里积淀着、波动着、交融着走向未来……"富有哲理的配音解说，形象直观的视频画面，鲜活生动的人文故事，使与会代表深受感染。

二、共话河流生态良性维持

进入专题和分会研讨阶段，与会专家、学者围绕"流域水资源可持续利用与河流三角洲生态系统的良性维持"的主题，开始发表学术报告，进行多维度的深入交流。

在流域水资源可持续利用及流域良性生态构建专题会上，与会代表就流域一体化管理，流域良性生态构建及可持续发展，流域地表水与地下水，降雨与径流等水资源调控技术方面，提出许多富有价值的观点。

日本水危机及风险管理国际中心主任、日本山梨大学教授竹内邦良发言时认为，黄河是备受世界关注的一条河流，日本有许多人在研究黄河。在人口如此之多、经济发展如此迅速、气候变化加剧的情况下，黄河面临着越来越多的问题。黄河下游最小预警流量为 50 立方米每秒，必须确保这一流量，否则，黄河将与过去一样发生断流。

在环境保护方面，日本有许多经验教训可以为中国借鉴和汲取，要进一步加强两国水领域的合作研究。中文有一个名词叫"知足"，对于黄河，我们要知足，不能向黄河索取太多，不要过度加重黄河的负担。人与河流和谐相处最好的方式是热爱自然，享受自然的恩赐。

世界自然基金会中国淡水项目主任李利锋认为，谈黄河问题，只是说水多、水少、水脏、水浑四大水问题。这还不够，应该加上水生态破坏和水文化丧失这两大问题。通过开展的黄河分水方案，确保黄河不断流，体现了在水资源利用过程中开始考虑人与自然和谐相处的问题。但是，仅仅做到河流不断流还很不够。新一轮流域综合规划编制，是否界定了应该给环境留出基本水量；在初始水权界定时，通过政策、法规、管理等层面，是否能够确保环境和生态的初始水权；在管理上，如何落实生态需水目标；在用水过程中，如何节水，减少水量的消耗，保证生态需水。只有全面地认识和解决好这些问题，才能实现流域水资源可持续利用的目标。

李利锋认为，水质与水量密不可分。在水资源的使用过程中，用水效率低下，就需要用更多的水；用水方式粗放、技术含量低，就导致了严重的水污染；用过的水没有经过很好地处理，就谈不上再利用和循环利用。所以，要实现流域水资源的可持续利用，从水质的角度来讲，必须提高用水的技术手段，确保在用水的过程中减少污染物的排放。欧洲从莱茵河所取的水通过 6 次循环利用才回到河流里去，中国还远远没有达到这个水平。如果在水量调度方面，在用水和水质管理方面，能够达到上述的这些要求，我们就可以留出足够清洁的水来满足生态的需求，来满足我们对于水文化的需求。

关于如何构建良性的流域生态系统，李利锋说，黄河流域是中华民族的发源地，历史悠久，人口压力大，开发强度大，人类活动对河流的影响，无论从广度还是深度来讲都很大。所以，必须找到一种人与自然和谐、减轻人对环境压力的发展模式。这个模式在不同的生态系统类型上，有着不同的体现，而核心的问题就是要考虑为环境留出足够的、清洁的水。河流是一个复杂的生态系统，有着完整性和连续性的特点。一个生态系统良好的流域，应该是从源头到河口，各种生态系统如草原、森林、湖泊、河流、湿地等都保持良好的健康状态。这就意味着在流域水资源的管理中，必须在水资源开发利用与生态系统健康之间找到一种平衡，从而实现流域生态系统的健康。

在河流三角洲生态系统保护及良性维持专题会场，各位专家学者对河流三角洲的湿地与生物多样性保护，河流三角洲生态系统保护相关法规及应用实践，河流三角洲生态系统良性维持管理及实现途径，河流三角洲演变机制、规律与整治，河流三角洲的生态保护和开发模式等，提出了各种观点和建议。

中国科学院院士刘昌明对于保障黄河流域水资源可持续利用、维护黄河三角洲的生态系统，提出四点建议：第一，要保障黄河流域水资源可持续利用，维护黄河水资源的可再生性。降雨不断产生径流，产生对地下水的补充。水是从降雨中来的，浅层地下水都是可再生的，尽量通过节水和高效利用，减少对水系统的干扰，减少对水资源的消耗，当然这需要进行产业结构调整。不要违反水循环的规律，维持水的良性循环，保障水的可再生性。第二，要考虑五个水力联系：一是保护源头和河口湿地，保护与河流系统相连的所有水体；二是兼顾河道内外的生态需水；三是兼顾左右岸的水资源利用；四是协调上下游的生态关系，上游如果用水多了，下游用水就紧张，就把生态用水挤占了；五是考虑联合利用地表水和地下水。第三，要做到节水优先，治污为本，多渠道开源。从长远看，人口要增长，经济要发展，资源要开发，都对水资源提出了新的要求，需要在节水和高效用水的基础上，考虑区域协调的需求，实施南水北调西线调水工程。第四，要加强科学研究。黄河流域气候在变，人口在增加，城市与工业化进程在加快，而且这些变化有一定的不确定性，其对黄河的影响，还需要认真研究，对黄河水资源利用技术和规划也需要做进一步研究。

国际泥沙中心副主任、中国水利学会泥沙专业委员会秘书长、中国水利水电科学研究院泥沙研究所所长胡春宏发表了题为《寻求河口三角洲保护与开发的平衡点》的演讲。

他认为：河口是一条河流的重要组成部分，河口是汇，河流是源，两者息息相关，密不可分。河口既是河流的归宿，又是海洋的开始。作为人类居住最稠密的地带之一，这里的经济活动十分旺盛。世界上许多大城市均建立在河口或海湾地区，水利、航道与港口工程

参加研讨会的中外专家

的建设、城市规划、环境保护、休闲设施等都与河口的形态、特征及演变有密切的关系。

河口是具有重大资源潜力和环境效益的生态系统，在维持区域生态平衡、保持生物多样性和珍稀物种资源以及涵养水源、蓄水防旱、降解污染物和提供旅游资源等方面均起到重要作用。河口生态健康影响河流和海洋的生态，河口的治理对于河流的安全和健康具有重要意义，可把河口比作河流健康的脉搏，河口来水来沙、入

海流路、生态与环境、对下游河道的反馈影响等诸多方面，都是影响河流长治久安、健康发展的重要指标。

保护好一个生态系统优良的河口三角洲需要考虑多方面因素：正确处理河口治理与三角洲地区经济、社会发展的关系，实现人与自然的和谐相处，在河口三角洲治理规划中强调治河与经济、社会、生态、环境的统筹考虑；水利、海洋、环境、油田等各部门共同出谋划策，实行黄河河口治理的统一管理；深入研究黄河水沙变化及水沙调控对河口及三角洲的影响，为黄河三角洲生态系统提供必要的水量、沙量及流路条件；研究水—沙—污染物—生物之间的关系，科学分析和论证生态修复措施，构建黄河健康必需的底栖动物群落，维持黄河完整的水生态系统。

总结中国河口三角洲经济开发的模式与经验，他认为，必须在河口三角洲的开发与保护中寻求一个平衡点。以科学发展观为指导，按照新时期治水新思路的要求，遵循全面协调可持续发展和人与自然和谐相处的原则，将区域经济、社会、生态发展新要求与河口三角洲的实际结合起来，确立新的治河理念，以此来指导新时期河口治理与河口三角洲保护的实践。河流、河口和三角洲开发与保护之间的平衡点也是人与自然的和谐点。

对于黄河三角洲来说，这一平衡点就是要针对河口生态系统的需求、湿地保护、两岸工农业需水等综合目标，提出维持河口生态系统的良性循环、防止海水倒灌、满足生物种群新陈代谢对淡水的补给生态用水需求，以及维持一定湿地面积的河口开发模式。例如，黄河口来水流量不能低于50立方米每秒，年来沙量不能少于3亿吨，以维持湿地面积等，达到黄河三角洲经济、社会、生态与环境的协调发展。

荷兰水利公共事业交通部道路与水利工程研究院教授德尔伏特（W.J.M. Snijders）在《三角洲地区的土地利用管理》的报告指出，自从人类在三角洲定居下来，便开始管理和控制农田和建设区的水位，同时河流的流量、泥沙及水质在一定程度上受上游人类活动的影响。在沿海区域，海岸侵蚀和泥沙沉积基本处于平衡状态：在遭遇风暴潮时海岸的侵蚀会加剧，而在任何水流变缓的区域泥沙沉积都在发生。随着沿海港口和海堤等结构工程的建设，这种平衡被打破，并限制了其系统自身的恢复能力。

三角洲土地利用控制中，有五个因素发挥着关键的作用，洪水风险管理是其中的主要问题。为了免受洪涝灾害，应该采用创新的技术、制定新的法规、加强机构和参与者之间的相互合作。通过改善不同参与伙伴之间的合作，维护拥有的共同利益。在管理过程当中，应该根据目标和资源将公共、私人及其他利益相关团体统一在一起，通过创新和认识，使决策过程更加高效。

黄河流域水资源保护局总工程师连煜作了《基于生态水文学的黄河口湿地环境需水及评价研究》的报告。他认为，自 20 世纪后期以来，因黄河进入河口地区的水沙资源量急剧减少，以及河口堤防建设造成的河流渠化问题，阻断了河口湿地的水量补给来源，加之河口三角洲农业开发和城市化等影响因素，黄河口出现了黄河河道断流、淡水湿地萎缩、植被生态功能退化、物种多样性衰减等生态失衡问题，对黄河三角洲生态系统的稳定和经济社会可持续发展产生了威胁。因此，研究黄河口环境需水及其过程，进一步优化黄河水资源的配置与调度，实现并维持三角洲生态系统的良性发展，已成为维持黄河健康生命亟待解决的关键问题之一，也是黄河口地区社会、经济和生态环境协调发展的必然要求。

研究结果表明，在统筹黄河水资源条件、水资源配置工程措施和湿地生态系统综合保护需求后，黄河三角洲湿地恢复和保护适宜的环境需水量为 3.5 亿立方米，在保障此来水量条件下，作为珍稀鸟类重要栖息地芦苇湿地面积从现状的 100 平方千米增加至 220 平方千米，翅碱蓬滩涂生境从现状的 45 平方千米增加至 70 平方千米，指示性物种丹顶鹤、白鹳、黑嘴鸥适宜生境面积增加明显，生态承载力大幅提高，自然保护区湿地生态系统完整性及稳定性得到加强，有利于区域生态系统的良性维持。

在维持河流健康生命战略及科学实践专题分会场，专家、学者们围绕河流工程、河流生态、区域水资源配置、跨流域调水、水权水市场交易等问题，展开了热烈讨论。

清华大学水利水电工程系教授马吉明认为，保护河流生态很重要的一点，就是要用湿地生态的眼光来看待河流，给河流留出一定的自由度，譬如河道内的滩地，是从水域到陆地的过渡带，这里生物多样性很丰富，也可看成是河流的领地。如果河流没有滩地，对保护河流生态极为不利。影响湿地生态的最重要的要素是水文，河流本身应有涨有落，水涨水落也是自然河流生命力的体现。为保护河流生态，人类也应考虑对大自然的反哺。现在的经济社会发展迅速，人类高强度向大自然索取。

在这个过程中，河流生态所受到的扰动和侵害很大，人类应该利用多种手段主动考虑大自然的休养生息问题。中国有句俗话，叫作"鸦有反哺之义，羊有跪乳之恩"，我们为什么不可以将这看作大自然对人类的启示呢？人类既然脱胎于大自然，反哺于大自然的母体也是应该的。

| 会间交流

大连理工大学土木水利学院许士国教授在发言中提出，要充分考虑河流的生态、环境、人文、历史、社会、经济等综合因素，研究相应技术措施，使河流健康的标准更高，生命力更强。他认为，河流健康生命，虽然是拟人化的描述，但从哲学观点上，河流的确是有其生命状态和过程的。而一条河流是否健康，则要从河流的功能来评判。比如上游河源地区，就应该主要从保护而不能是开发的角度考虑；一些城市河段，在考虑生态保护的基础上，需要考虑河流与经济社会发展需求之间的关系；各河段主要功能的设定，要考虑是否使整条河流构成和谐的有机整体。只有从功能的角度去考虑，维持河流健康生命才有实践的基础。

中国的河流，特别是北方河流，流域内人口比较集中，经济发达，水资源短缺，保护和利用之间的矛盾突出。在这种情况下，需要我们尊崇自然的规律，兼顾河流的自然功能、生态功能和社会功能，根据不同河流的特点和需求，因地制宜，提出相应的目标和保护方式，维持河流健康生命。健康河流的意义，不仅是一川绿水，它还是沿河地区人群与生物集结的场所和人文历史发展的载体，影响着整个区域的经济社会发展，在发挥社会效益方面起着重要的作用。因此，在维持河流健康生命的过程中，必须尊重自然所具有的本来属性，保障和创造出符合自然条件的良好水环境，使河流与周围生态系统形成一个有机的网络，维持整个生态体系的健康持续发展。

同时，中华民族有着悠久的历史，在探讨维持河流健康的时候，还应该重视其人文历史的属性。河流两岸丰富文化的遗产是我们文化的根基，拥有不可复制性、延续性和很强的凝聚力。如何将这些人文历史因素与维持河流健康生命的措施有机结合起来，发展和创造特色河流文化，在观念和实践层面，都还有大量工作要做。

总之，他认为，只有综合考虑河流的自然生态属性和人文历史属性，遵循河流的自然规律，能动地利用河流的自然修复力，努力使河流形成一个自然和谐的系统，设计规划出来的东西才有生命力。

三、中国–西班牙水论坛升级版

此届黄河国际论坛期间，中国水利部和西班牙环境部共同举办的中国–西班牙水论坛，将两国水利行业双边交流上升到了政府间的国际合作。

该论坛共设四个议题，分别为"水资源管理""流域管理""农村供水与节水灌溉"和"水务管理"。水利部副部长矫勇，西班牙环境大臣克里斯蒂娜·纳沃纳女士，黄委副主任徐乘、苏茂林，以及来自中西两国政府部门、流域机构、科研院所、水务企业等单位的160多名代表出席了论坛。

随着两国水资源与环境领域的交流合作日益增多，西班牙在环境、水资源管理等方面的宝贵经验，为中国水利改革发展和治水实践提供了有益的启示。为进一步加强两国水利管理、科研、教育与企业之间的交流与合作，2007年中国水利部与西班牙环境部签署了关于水资源管理合作的谅解备忘录附件。

这是56岁的纳沃纳女士第一次访华。她1951年7月生于马德里，在罗马大学获得经济学博士学位，出任环境大臣之前，曾先后担任过环境和住房国务秘书、众议院环境委员会西班牙社会主义工人党发言人等职务。2004年4月，在西班牙新内阁中出任环境大臣。

和中国一样，长期以来，西班牙也深受水资源分布不均的困扰，北部湿润，南部相对干旱。因此，西班牙上一届政府提出了实施依博罗（Ebro）调水工程的计划，规划从北部的依博罗河流域调出10亿立方米水到南部干旱地区。纳沃纳女士所在的西班牙新内阁上台不久，就宣布中止了这项投资巨大的调水工程。之所以叫停这

中国-西班牙水论坛主席台

项工程，一是因为调水工程投资巨大，原计划从欧盟获得贷款未能实现；二是因为调水工程将对物种繁多的水源地自然保护区造成严重环境影响。其实不仅是这座调水工程，这一时期，西班牙水资源管理的整体思路都发生了很大变化。西班牙拥有1000多座大坝，是欧洲拥有大坝数量最多的国家，当时该国已转向少修大坝，用他们的话说，"让河流成为活的河流"。终止依博罗调水工程之后，西班牙环境部提出新的水资源计划（AGUA计划），主要包括建立现代化灌溉设施、减少农业用水、改善治污管理、增加水资源循环利用、利用地下水、改善现有水库管理和提高使用效率等措施。该项计划约有一半新增水量来自海水淡化，凸显出节约淡水资源的新理念。由于新计划在保护环境、开源节水等方面都明显优于依博罗调水工程，因此顺利获得欧盟贷款资金支持。

西班牙采取综合措施应对水危机的经验，引起了中国的重视和借鉴。中国已经开始引入西班牙的海水淡化技术，西班牙贝菲萨公司与青岛市合作建设的中国最大规模的海水淡化工厂，建成后可每天从20万吨海水中提取约10万吨淡水。

中国-西班牙水论坛开幕式上，中国水利部副部长矫勇、西班牙环境大臣纳沃纳女士、黄委副主任徐乘先后发表致辞。

矫勇回顾了两国水利行业的合作交流成果，高度评价了西班牙在流域综合管理、节水灌溉、水处理和海水淡化技术等方面取得的成就和丰富经验。希望以此次水论坛为契机，进一步加强两国在水资源管理与保护、流域管理、节水灌溉等领域以及科研、教育与企业之间的交流与合作，推动两国水利行业之间的政策对话、技术交流与合作，把中西水利合作提升到更深更广的层次。

纳沃纳女士说，西班牙与中国相隔万里，虽然两国间的境况千差万别，但却有许多相同之处与共同面对的问题，那就是，随着人口增长，环境污染以及气候的变化，水资源正在不断减少，因此水资源的合理利用和重复利用，已成为经济和环境可持续发展的必由之路。而真正的解决方案在于重新审视水对人类的价值。她说："来参加第三届黄河国际论坛之前，我在北京已与中国科技部商谈了应对全球气候变化的合作，与中国国家环保总局座谈了有关环境保护方面的总体框架协议。当前西班牙对中国的贸易只占到全球第 30 位，这与西班牙的实际能力以及两国之间的合作基础很不相符。西班牙与中国应该在水利、环保、可再生能源领域，包括农业节水灌溉、污水处理再利用、河流水质水量实时处理系统及海水淡化技术等方面，寻求更广泛的合作。"

徐乘介绍了黄河流域的基本情况、黄河治理开发与管理的新实践新探索，表示希望进一步加强黄委与西班牙有关方面在河流治理开发与管理中的技术合作。

苏茂林做了题为《黄河流域管理探索与实践》的报告，介绍了黄河流域的管理体制、黄河治理开发与管理目标、总体布局和相关措施。

与会代表围绕水资源管理、改善水质、提高水的循环利用率、生态环境等，纷纷发表学术观点和技术方案。有的西班牙代表还建议黄河流域机构与西班牙流域机构结为友好流域机构，以便开展解决水问题的深层次交流。水论坛会上，西班牙政府还专门组织 20 多个涉水公司和机构举办了西班牙水利技术及设备展览。

两国水论坛结束后，纳沃纳女士接受了《黄河报》记者的专访。她说："近年来，我们冲破传统治水观念的局限，已从修建水库高坝转向强调对水利工程的管理，重视水利新技术的开发，提高水资源的使用率。强调对水资源进行更为科学地控制，这种控制包括对地下水、地表水水量的控制，也包括对水质的控制。

"今年我们对西班牙四个流域制订了水管理计划并已付诸实施，这些计划对环保和水资源提出了更高的要求，其主要精神就是要恢复整个河流的生态，使这些流域重新成为有活力的系统。同时，还要求协调好城市发展与水资源的承受能力，并服从于河流防洪规划。在这方面，西班牙也有深刻的教训，胡卡河流域发生大洪水，由于洪水淹没区的各种建筑物影响防洪，造成了很大的损失。近十年来，我们在清理河道方面的投资增长了 10 倍，但这仍然还不够，如果发生更大的洪水将难以应对。因此政府及各部门之间应进一步加强合作，应对全球气候变化带来的新问题，运用更好的技术解决本地区的水安全问题。

"我认为，黄河国际论坛的主题非常符合当前全球的形势，河流健康生命的理念已被世界更多的人认可，这为更加广泛深入的协作提供了基础，西班牙愿与中国在可再生能源方面合作，通过推广相关技术开发与应用，为人类提供更清洁、更低廉的能源。"

最后，纳沃纳女士以一种富有文学意象的畅想结束了此次采访，她说："这次黄河国际论坛给我留下了深刻的印象，这种印象来自对河流生命的畅想：一条河流，各种各样的鱼在河水里自由地游动，然而，由于人类社会的原因，河流萎缩了，鱼儿消失了。后来，人们反思并经过实际的努力，又可以在河畔钓鱼了，河边的森林也恢复了蓬勃的生命力，防止水土流失，阻止泥沙进入河道，河流生命回归了，人类变聪明了。"

四、各具特色的专题论坛

第三届黄河国际论坛期间，黄委与有关国家政府部门、国际知名机构等方面联合主办了全球水伙伴（GWP）河口三角洲水生态保护与良性维持高级论坛、流域组织国际网络（INBO）流域水资源一体化管理、中澳科技交流、人才培养及合作、英国发展部黄河上中游水土保持项目、全球水系统（GWSP）全球气候变化与黄河流域水资源风险管理、水和粮食挑战计划（CPWF）、中国水资源配置、流域水利工程建设与管理、供水管理与安全等 18 个相关论坛与专题会议。这些论坛与专题会议，

参加第三届黄河国际论坛的中外学者

主题鲜明，重点突出，亮点纷呈，互补性强，取得了多方面的实质性成效。

10月17～18日，黄委与世界自然基金会共同举办的流域综合管理专题论坛，围绕流域综合管理与可持续发展、流域管理法律与体制、流域综合规划、流域综合管理手段等议题展开研讨，碰撞出许多智慧的火花，促进了双方的技术合作。

世界自然基金会是一个享有全球盛誉的非政府环境保护组织，总部位于瑞士格朗。自1961年成立以来，一直致力于保护世界生物多样性及生物的生存环境，项目网络拥有100多个国家。该组织十分重视流域综合管理对于河流保护的重要性；1980年在中国开展大熊猫及其栖息地保护；1999年来中国推进长江流域综合管理示范与推广；20世纪90年代在莱茵河、密西西比河等河流，开展以河流生态系统恢复与保护的流域综合管理项目，都取得了显著成效，并积累了丰富的经验。世界自然基金会此次来中国参加黄河国际论坛，主旨在于对以往的示范经验进行认真总结，为黄河流域管理提供借鉴。

论坛开幕前一天，黄委与世界自然基金会签署了《2007～2011年五年合作框架》。据此，双方将就保护黄河流域的生物多样性、《黄河流域综合规划》修编，黄河流域水安全、生态安全、防洪安全措施与政策保障、水源地保护、社区用水管理等方面广泛深入开展合作。共同推动黄河流域综合管理，维持黄河健康生命，实现人水和谐与流域经济社会的可持续发展。

专题论坛上，世界自然基金会中国首席代表欧达梦发表了主题演讲，他说："黄河是中华民族的母亲河，也是中国国宝级的河流，近年来中国的流域管理工作进展很快，黄河国际论坛的举办，为利益相关方聚集在一起，共同探讨流域管理问题，搭建了一个很好的平台。世界自然基金会首次参加黄河国际论坛，与黄河牵手合作，并协办本届黄河国际论坛，感到非常荣幸，我们愿意为此做出自己的贡献！"

欧达梦指出，流域综合管理是在流域尺度上，通过跨部门、跨行政区管理，综合开发利用和保护流域水土、生物等资源，最大限度地适应自然规律，充分利用生态系统功能，实现流域经济社会和环境福利的最大化和流域的可持续发展。任何一条河流的流域管理都是复杂的，因为牵涉不同诉求的多元利益群体。黄河也面临许多挑战：如何确保适当的环境流量来满足生物多样性、生态系统健康用水需求，怎样让流域内居民有足够的洁净的饮用水，等等。随着经济社会的快速发展和城市化进程的加快，用水的需求量快速增加，加上气候变化等诸多因素，水的流域性资源紧缺已成为制约发展的瓶颈。要解决这些问题，政府之间、利益相关方之间必须结成很好的合作伙伴，达成共识，积极而富有创造性地参与。维持黄河健康，要进一步加强水量调度管理，不仅注重冲沙，还要加强水质和水量的联合调度，确保环境流量，满足生态需求，让黄河为两岸经济社会可持续发展提供更多更好的水资源。

该专题论坛期间，举行了世界自然基金会组织相关专家共同完成的《中国流域综合管理战略研究》首发式。该书对中国近年的流域管理工作进行了集中梳理和盘点，在黄河流域立法、资源管理政策、经济手段运用、利益各方参与、各省区的协调等方面，提出了许多富有价值的建议和措施，受到了与会代表的关注和青睐。

中意环保合作项目论坛，是此届黄河国际论坛的又一大亮点。

21世纪以来，中意两国的技术交流与合作迅速发展。2000年，中国国家环境保护总局与意大利环境领土部联合发起中意环保合作计划，双方商定在国际环境协议与可持续发展21世纪议程框架下，在交通、农业、可再生能源等领域进行广泛合作。

在此届黄河国际论坛的中意环保合作项目论坛会议上，项目办专家宣讲了中意

环保合作计划的进展情况。中方专家介绍了南水北调东线、中线工程及受水区水资源管理研究成果，意方专家介绍了控制水污染、节约用水的主要措施。富有前瞻性的研究成果、项目实施的卓越成效、两国专家野外奔波的辛勤工作场面，使与会代表深受启发和感染。

"我愿意成为黄河与挪威沟通合作的纽带！"10月17日，中挪水资源可持续管理专题会议一开场，主持会议的挪威生命科技大学教授聂林梅，就掩饰不住炽热情怀，给会场营造了浓郁的亲切气氛。她表示，黄河是中华民族的母亲河，也是世界上最复杂难治的河流。挪威水利界对这条伟大的河流产生了浓厚的兴趣，对黄河先进的治河理念和技术非常赞赏。我们愿通过交流沟通，寻找契合点，进一步拓宽中挪双方合作的空间。挪威生命科技大学也将在人员培训、交流互访、学术双边研究等方面，与黄委开展密切的合作，为黄河治理开发尽力，推动共同进步，共同发展。希望黄河成为世界生命之河的典范，祝愿中华民族的母亲河生生不息，万古奔流！

黄委与世界自然基金会签署合作框架

《中国流域综合管理战略研究》首发式

黄河流域水和食物挑战计划专题会议会场

专题会议上，挪威水资源与能源管理局高级顾问西蒙、挪威气象研究所研究员艾瑞克、挪威农业与环境研究院首席研究员莉莲等挪威代表团成员，分别就各自在水资源管理、气候变化对北欧水系影响评估等领域的最新研究成果作了主题报告和演讲。双方专家交流探讨了气候变化下的水资源管理、水土流失治理等方面的经验。黄委与挪威有关方面就水资源管理、水的循环利用等相关内容签署了合作协议。

另一场水和粮食挑战计划（CPWF）专题会议，以主要研究农业节约用水，提高土地和水的利用率，降低农业对环境的负面影响，消除贫困为主题。此次专题会议主要对正在开展的黄河流域保护性农业、地下水管理、干旱地区水稻种植等有关问题，展开交流讨论。

主持黄河流域水和食物挑战计划专题会议的伊丽莎白·汉弗莱斯（Elizabeth Humphreys）女士，是一位澳大利亚农学家。她介绍说，挑战计划在全球选择了9个典型流域开展项目合作，在美国、加拿大、澳大利亚等发达国家使用后，实践证明是行之有效的，并开始在发展中国家推广。在中国，黄河流域是唯一被选中的项目。该项目包括许多子项目，目前选择3个子项目，在黄河流域的宁夏、内蒙古、山西、河南、山东开展，以后会逐步增加。近期所做的工作，一是旱地水稻种植，总的理念是用较少的水种植更多的庄稼，选用耐旱的改良品种发展旱地种植，改大水漫灌为节水灌溉，与传统灌溉方法相比，用水量可节省一半，而产量却要高出不少，节省出来的水可以分配给其他急需用水的部门；二是保护性农业，通过改进耕作措施，把雨水留在土地里，保持水土，对环境改善有所帮助。

专题会议上，来自国际水管理中心、国际水稻研究中心和大专院校、科研院所的专家，就保护性耕地研究、保护性农业的战略挑战、稻麦两熟制的直接钻孔和秸秆覆盖、旱作小农户可选用的保护性农业设备、中国地下水市场等专业问题进行了研讨，并对黄委如何成功实施和推广挑战计划项目提出了许多很好的建议。

此届黄河国际论坛，还特别安排第十届海峡两岸水利工程管理研讨会作为一个专题分会场。

海峡两岸水利工程管理研讨会由中国黄河文化经济发展研究会和中国台湾交通大学等单位于1998年发起创立，每年一届，两岸轮流主办。几年间，随着交流合作领域日渐丰富，这个水利管理与技术交流平台已成为一块两岸水利人加深友谊、共图发展的学术高地。

田巧玲女士一行 22 位台湾地区水利界代表参加了此次在祖国大陆举行的研讨会。台湾地区代表中，有不少都是黄委的老朋友。在亲切热烈的氛围中，两岸水利同行以"水生态建设和水资源管理"为主题，围绕河口演变及治理、水土保持生态建设、气候变化影响与应对、水资源高效可持续利用、水利工程建设与管理等专题进行了广泛交流，并对"洪水预报及灾害防护""防洪抢险的新技术和新设备""河道疏浚及泥沙处理""河川整治与管理"等专项技术，分享最新研究成果，气氛十分热烈，显示了海峡两岸水利技术合作的广阔前景。

"小时候，乡愁是一枚小小的邮票，我在这头，母亲在那头……而现在，乡愁是一湾浅浅的海峡，我在这头，大陆在那头。"

著名诗人余光中这首《乡愁》，深情表达了台湾人民对祖国大陆的眷眷向往之情。令人欣慰的是，随着祖国大陆经济社会突飞猛进的发展和海峡两岸日益频繁的交流往来，《乡愁》诗中抒发的那种郁郁愁肠，正在演替为"血浓于水"的融融亲情，为祖国统一注入着强劲的动力与信心。

五、中欧流域管理合作项目启动

第三届黄河国际论坛期间，一项国家层面的重要技术合作项目——中国与欧盟流域管理合作项目正式启动。

中欧流域管理合作项目是 2005 年中国政府与欧盟在北京签署的中欧合作协议中的一项重点内容。由中国和欧盟共同出资，欧盟提供 2500 万欧元赠款，支持中国水利部、环境保护部改进流域综合管理。项目选择黄河、长江两条大河作为流域一体化管理试点。在北京签订协议时，国务院总理温家宝，欧盟轮值主席、英国首相布莱尔，欧盟委员会主席巴罗佐共同出席了签字仪式。

该项目为期 5 年，2007 年专家进场筹备。项目启动仪式安排在此届黄河国际论坛期间举行。

启动仪式上，欧盟驻华代表，中国水利部、国家环保总局、商务部的有关负责人先后发表致辞。欧盟驻华代表介绍说，中欧流域管理项目由政策对话与研究、黄河中游水污染治理和长江中上游水土保持三部分构成，这三部分密切相关。项目在中欧之间建立服务于各国河流、国际河流等不同层次流域和水资

中欧流域管理项目正式启动

源管理的政策和对话平台，通过协助有关部门为黄河中游和长江中上游分别编制生态保护和水污染综合控制规划、行动计划，把与对话平台相关的流域管理政策、策略和措施付诸实施。

他指出，中国目前在发展过程中遇到了与欧盟国家类似的问题，尤其是水资源综合管理和合理利用更是关乎发展的可持续性。解决黄河水资源的污染问题，要统筹考虑干流和支流的综合治理。首先要确定污染源，优先采取相应的防污措施，包括在工业上引进污水清洁技术，制定排污指数，进行污水处理和水的循环利用等。通过这个合作项目，借鉴欧盟水资源管理的经验，包括提供专业技术、对话交流、论坛会议、研讨研究和出版相关出版物等，协助中国政府完善水资源管理的政策法规和实施方法。项目实施的目标是，引进欧盟国家流域一体化管理理念和先进经验，制订黄河中游龙门至三门峡区间的水资源保护和水质控制规划与实施方案，并建立多方协商对话和信息共享机制。此次首先选择黄河最需要治理的河段为试点，根据项目实施效果，考虑今后把这种合作持续开展下去，把欧盟的流域管理经验推广到整个黄河流域，并希望这个项目成为中国其他流域治理的榜样。

项目启动仪式结束后，进行了首次中欧流域综合管理高层对话会。

"这次启动的中欧流域综合管理合作项目，到 2012 年才会完成，这期间需要奔波来往很多次，用中国时下的流行语，那就叫，累并快乐着！"欧盟项目专家巴特·施尔茨颇具风趣的话语，引起了会场上一阵笑声。

握手世界

　　巴特·施尔茨是联合国教科文组织国际水教育学院的教授，荷兰交通与水利部的高级顾问，也是欧盟委员会的成员。他早在1981年就曾来过中国，此后多次到黄河流域宁夏、内蒙古灌区考察节水灌溉情况。1997年黄河流域大旱，2002年实施黄河水量统一调度期间，专程来华参与节水灌溉模型建设，寻求解决黄河水资源短缺的对策。通过20多年的交道，对黄河这条世界著名大河产生了深厚的感情。

　　得知内蒙古、宁夏回族自治区正在进行黄河水权转换试点工作，巴特·施尔茨高兴地说，这是一个很有前景的新尝试，除了节水工程改造，采取管理措施节约用水也有很大潜力。黄河通过水量统一调度，已经成功解决了黄河断流的问题。黄河灌区已建成众多灌溉设施，灌区的农业节水潜力很大，农业需水量应该予以保证，因为进入田间的水有10%要用于冲刷土中的盐分，否则就会造成土地盐碱化。为此，必须研究农田灌溉需水量指标，为取水量控制管理提供依据。

　　谈到防洪问题，巴特·施尔茨认为，荷兰与中国在洪水防御方面有很多相似的地方。荷兰的人口稠密，大陆比海平面低了近3米，2/3的土地面临洪水淹没的威胁，荷兰正在寻求进一步提高防洪标准的措施。黄河下游是"地

与会来宾参观考察黄河

上悬河"，洪水安全问题很严峻，黄委通过修建标准化堤防和水库建设等措施，提高了黄河防洪标准，这种做法很合理。洪水来临时，要尽最大可能规避风险。在这方面中国具有很强的组织力，可以迅速把人员转移到安全地带，为江河防洪做出了典范。

　　黄河中游水资源保护和水污染治理，是中欧流域管理合作项目的内容之一。对

此，他说，黄河的水污染防治涉及流域内的几个省和不同部门，协调难度比较大。在这方面，欧洲有成功之处，也走过弯路。20世纪70年代莱茵河水污染特别严重，但经过认真反思、下决心治理，现在水清了，水质好了，虽然在水污染控制上花了钱，但节省了污水净化费用，保障了居民用水安全，总体上还是成功的。

"如果把中国欧盟项目比作一个襁褓中的孩子，那么我要看着这个孩子不断长大。"中欧流域管理项目高级顾问理查德·哈德曼博士用流利的汉语开始了他的讲话。

中欧流域管理项目一开始筹备，哈德曼就参与了这项工作，对此情况非常熟悉。他说，中欧流域管理项目黄河部分，主要目的是要通过引进欧盟流域一体化管理理念和先进经验，促进黄河水资源保护和水污染防治。欧洲的水污染防治是从政策、管理、技术三方面入手的，各方面都付出了很大努力，其中最为关键的环节是制定了《欧盟水框架指令》，为水资源综合管理提供了基本的方法、目标、原则、措施，其核心是流域综合管理计划。关于污染控制，《欧盟水框架指令》规定，欧盟成员国均应采用统一的排放标准，并采用最新的环保技术与实践，减少有害物质的排放，尤其要避免剧毒物质的排放。《欧盟水框架指令》还包含一些经济措施，规定到2010年，家庭、农业和工业都要承担水资源管理的成本，而且还将采用水价政策鼓励高效用水。在《欧盟水框架指令》中，实现协调管理是重要的水资源管理方式，它既体现在欧盟成员国与欧盟之间、欧盟各成员国之间，也体现在协调目标和协调措施上。

几十年前，欧洲也曾存在人、工业、农业、动植物等争水，污染物肆意排放的现象。在意大利建立水污染预警机制之前，曾发生了多次严重水污染事件，鱼死了，水无法饮用了，这让人们意识到防治水污染的重要性。2006年，英国发生一起十年来最大的水污染事件，由于欧洲已经建立起一套完善的防控措施，经过紧急防治，把这起严重污染损失降到了最低限度，人们没有惶恐骚乱，如往常一样平静地生活。

黄河流经9个省（区），如同欧洲的大多数河流要穿过多个国家一样。哈德曼说，他曾到黄河中游的龙门至三门峡区间考察，发现黄河干支流水质都比较差，甚至还看见一条黑色的河流，这使他感到很震惊。

"虽然目前黄河的水质状况不容乐观,但我对未来5年的中欧合作充满了信心,"哈德曼表示,"希望通过友好的合作,努力地工作,使未来的黄河,鱼儿在金黄的水中自由游动,鸟儿在宽阔的水面自由飞翔。"他说,"中国政府对水污染防治的决心很大,相信这个美好的愿望,不远的将来一定能够实现。"

应邀出席对话会的中国政府部门、欧盟相关机构的官员和专家,分别从欧洲水资源管理的成功经验、中国水资源管理现状、黄河流域管理体制特点等不同角度,提出了意见和建议。大家纷纷表示,希望以此项目启动和对话为起点,搭建起中欧流域管理的交流平台,互通信息,为下一步中国流域综合规划编制、制定政策、完善措施发挥积极作用。

六、春华秋实　硕果累累

此届黄河国际论坛期间,水利部、黄委与有关国家及国际组织,通过诚挚深入的交流,务实高效的洽谈,达成了多项合作意向。

10月17日,水利部和荷兰公共工程与水管理司共同主持举行了中荷水资源管理联合指导委员会第八次会议,双方签署了《基于遥感的中国干旱监测与预报项目合作备忘录》,对合作内容、执行方式达成一致意见,决定尽快开展该项目的合作。中荷水资源管理联合指导委员会是1999年签订中荷谅解备忘录建立的双边固定交流合作机制。每年召开一次会议,在中荷两国之间交替举行。此次会议对联合指导委员会第七次会议以来双方10个水利合作项目的进展、运行情况及效果进行了总结,其中有4个项目涉及黄河流域,分别是《基于卫星的黄河流域水监测与河流预报系统》《堤防检测》《河道整治》《黄河三角洲环境需水量研究》。会议认为,在中荷水资源管理联合指导委员会指导下,双方通过人才培养、项目合作、研讨交流等方式,在洪水管理、堤防安全、流域水资源综合管理、河流生态保护、水污染防治等方面,开展了一系列卓有成效的合作,荷兰已成为中国水利对外交往中最重要的合作伙伴之一。

合作备忘录签署之后,荷兰公共工程与水管理司总司长波特·凯茨接受了《黄

水利部和荷兰公共工程与水管理司在中荷水资源管理联合指导委员会第八次会议上签署《基于遥感的中国旱情监测与预报项目合作备忘录》

河报》记者的专访。

波特·凯茨说，用"广泛、深入"这样的词语来评价中荷双方的水利合作最恰当不过了。中荷建立固定交流合作机制以来，双方互访频次增加，合作领域拓宽，他本人在过去的 5 年中，每年都要来中国一两次。在中荷两国水利合作项目中，荷兰与黄委共同开展的堤防监测、基于卫星的黄河流域水监测与河流预报系统研究项目，给他留下了深刻印象。中方在堤防监测技术方面很先进，有很多经验可以在荷兰推广。波特·凯茨说，黄河是一条极其复杂难治理的河流，黄河治理开发积累了很多成功经验，应该把这些成果向世界展示。世界需要黄河，需要学习黄河经验，借鉴黄河模式。他连续参加了两届黄河国际论坛，看到吸引如此众多的各国水利官员、机构组织和专家、学者参会，深感这是国际水利界一个很好的交流纽带和对话平台，是一个河流的盛会，希望能够持续开展下去。

波特·凯茨对水利部副部长胡四一在论坛大会的报告《中国水资源发展战略》十分赞赏，尤其对报告中提出"要完善水利工程生态与环境影响评价体系"的观点，深表认同。他说，对于黄河流域的管理与规划而言，一是要做好经济发展与生态环境保护关系的评估工作，两者是对立统一的，因此，加强经济发展与生态环境保护评价系统建设至关重要；二是公众参与对水资源管理不可缺少，只有让黄河流域的各个方面有意识地参与到保护生态的行动中，才能确保生态和经济的协调可持续发展。他希望荷兰水利与黄河携起手来，共享生态系统评估的新经验，开创流域综合管理新局面。

同日，在另一场专题会议——中澳科技交流合作专题会议上，黄委与澳大利亚水利培训机构国际水资源管理中心、国际水利中心成功签署了《中澳人才培养及科技合作备忘录》。黄河与澳大利亚墨累 – 达令河，两条河流有不少相通之处：流域面积相当，在本国国民经济中都占有极其重要的战略地位。两大流域在水资源管理等方面积累了各具特色的丰富经验，在全球气候变化条件下也都面临着干旱和洪涝灾害等问题，两条河流的管理合作具有广阔的前景。特别是墨累 – 达令河流域经过多年探索，以水权交易解决流域干旱缺水问题上的有效举措和成功经验，对黄河水资源管理与优化配置很有借鉴意义。

中澳人才培养及科技合作意向的签署，旨在加强黄河国际合作与外事管理，吸收国外水资源管理经验，拓展治黄科技人员的国际视野，提高业务能力和水平，培训中高层人才，更好地服务黄河治理开发与管理。合作内容主要包括流域综合管理、水资源规划、模型工具与决策支持、河流健康评估、节水与中水利用、水污染防治与水土流失治理、气候变化与流域开发、水政策与公众参与等，为双方在人才培养、科技交流、能力建设等方面开展合作，奠定了良好基础。

此届黄河国际论坛结出的另一个果实，凸现了信息社会的时代特点。论坛期间，亚洲开发银行代表正式发出邀请，决定依托黄委成立亚太地区水利知识中心黄河水信息知识中心。

亚太地区水利知识中心由亚洲开发银行、联合国教科文组织水教育学院、新加坡公用事业局等共同发起，为应对全球水资源危机，针对亚太地区不同水专业领域的需求而建立的国际知识组织。中国的国际泥沙研究培训中心，即为其分支机构之一。

成立黄河水信息知识中心的主要任务是依托亚洲开发银行开展的有关项目，为亚太地区有关国家或地区的政府、水利机构、社团和组织提供科研合作、工程咨询、

时任黄委副主任徐乘（左3）参加中澳科技交流合作专题会

人员培训、国际会议等多种形式的技术服务，并与亚太地区水利知识中心其他分支机构相互补充和交流。

亚洲开发银行代表表示，在此次黄河国际论坛充分商谈等工作的基础上，预定于2008年10月在郑州召开黄河水信息知识中心第一届年会，正式举行揭牌仪式。届时，将有亚洲开发银行、联合国教科文组织等国际组织和亚太地区20多个国家和地区的代表出席。会议将围绕亚太地区水资源开发利用及流域生态保护，包括黄河水信息知识中心在内的亚太地区水利知识中心业务发展计划、工作运转模式、服务领域等，展开广泛交流与讨论。

10月18日，一项重大研究成果《河流伦理丛书》，在第三届黄河国际论坛上首次发行。

2004年，黄委倡导创立河流伦理体系以来，得到了国内外相关学界的广泛认同和积极响应。在当前全球范围内河流生命面临空前危机的严峻形势下，维持河流健康生命，实现人与河流和谐相处的理念，正在被越来越多的人所接受。其后几年，

握手世界

黄委组织北京大学、清华大学、复旦大学、武汉大学、哈尔滨工业大学、南开大学等著名高校的专家教授，以科学发展观为指导，以探索解决当代河流的生存危机为出发点，从多维视角论证河流的自然生命、河流的文化生命、河流的自身价值与权利

时任黄委总工程师薛松贵（现黄委副主任）与《河流伦理丛书》主编、研究员侯全亮在首发式上

等重大课题。经过联合攻关，编写完成了这套《河流伦理丛书》。

该丛书包括《河流生命论》《黄河与河流文明的历史观察》《河流伦理的自然观基础》《河流的价值与伦理》《河流的文化生命》《河流伦理与河流立法》《论河流的健康生命》7部专著，总计200余万字。丛书首次提出了建立在河流生命意义上的河流伦理观，把传统伦理学的道德关系扩大到河流生命体，确立了新的河流价值尺度；旗帜鲜明地提出人类在开发利用河流时应遵循的基本原则，从生态哲学的层面阐释了河流健康生命的内涵；通过分析人类与自然界作用与反作用的发展规律，揭示了人与河流和谐相处的历史必然性。这套丛书的推出，标志着河流伦理研究取得了重要进展，河流伦理体系的构建，为人类活动提供了新的伦理道德规范，推动了人们关爱河流、尊重河流、保护河流的自觉行动，为走可持续发展之路提供了一种理论支持。对于促进人们科学认识河流、节制人们对河流的超量索取、培育河流生命理念等方面都会产生积极影响。

中国伦理学会会长、中国社会科学院研究员陈瑛，黄委副主任苏茂林，黄委总工程师薛松贵，《河流伦理丛书》主编、研究员侯全亮，有关高等院校、科研机构的专家学者与多家新闻媒体记者200多人出席了首发式。"尊重自然规律，善待养育我们的母亲河，让她健康地生活下去，这是我们神圣的义务和义不容辞的责任。"丛书首发式上，许多代表深有感慨地说。

七、开创人类共同的未来

连日来，一篇篇诠释河流生态良性维持的学术报告，一场场主题鲜明、各具特色的专题论坛，一项项富有成效的技术合作，不断把第三届黄河国际论坛推向高潮。

此届论坛，规模宏大，特色鲜明，形式多样，代表广泛。出席论坛的代表，有从事水资源和流域管理的水利官员，也有国际知名专家；有初出茅庐的青年学者，也有享有声望的技术权威；有发达国家的代表，也有发展中国家的代表，具有广泛的代表性。论坛在总体构成、学术类别、研究领域方面有了新的拓展。论坛期间，来自60多个国家和地区及国际组织、科研机构、高等院校、企业单位的近千名代表，从流域管理、水资源、生态工程、社会经济、生态环境、人文科学等领域，进行了深入交流和热烈探讨，理念有了新的升华。与会代表认为，随着全球气候变化、人口增长、工业化和城镇化进程加快，水资源供需矛盾日益加剧，河流保护面临更加严峻的挑战，必须高度重视河口生态系统的良性维持，实行流域一体化管理，坚持走人水和谐发展之路，才能最终实现河流的生命健康，以水资源的可持续利用促进经济社会的更好发展。

此届论坛设置的专题会议，指向明确，组织有序。黄委与世界自然基金会共同举办的流域综合管理专题论坛，流域组织国际网络专题会交流的《欧洲水框架指令》执行情况，中荷科技合作项目专题会展示的"基于卫星的黄河源区水监测与河流预报""黄河三角洲淡水湿地生态需水量研究"项目成果，中挪水资源可持续管理研讨会关于应对气候变化影响的经验交流与合作意向，中意环保合作项目论坛的南水北调与水资源可持续综合管理研究成果，英国发展部关于黄河上中游水土保持项目专题会、中澳流域能力建设研讨会、水和粮食挑战计划专题会等，各具特色，收效显著。论坛期间，东营市举办首届黄河口旅游文化博览会，发起成立了38个沿黄城市组成的沿黄城市旅游促进会，推动沿黄城市文化交流与经济合作。论坛上举行了《中国流域综合管理战略研究》《河流伦理丛书》首发式，传播了有关领域的时代理念和最新研究成果。论坛设置了大型展区，国内外几十家水利部门、科研机构及相关企业亮出了自己的特技和"法宝"，充分展示各自的最新科研成果，从多维视角透析流域综合管理及水资源可持续利用的经验模式与技术措施。可谓百花齐放，春华秋实，硕果满园。

论坛期间，数十家国内外新闻媒体进行实时报道，开辟专版专栏、设置专门频道，在第一时间及时传播大会盛况、详细介绍河口生态系统的良性维持成效，深入贯彻科学发展观，热情宣传人水和谐理念，大力弘扬生态文明思想，充分展现了黄河国际论坛的强大吸引力和广泛影响力。

与会代表在达成广泛共识的基础上，共同发表了《黄河行动纲领——第三届黄河国际论坛宣言》，宣言指出：

"面对当今世界众多河流出现的单项或多项并发症等严重危机，我们深刻认识到：河流也是有生命的，河流是连续的、完整的、清洁的生命系统，在这个川流不息、循环往复的生命系统中，形成了流域丰富多彩、瑰丽壮观的自然景观，滋养着包括人类在内的河流生命共同体中的所有成员。人类没有任何理由和权力断送河流的生命。

"河流哺育了人类伟大的文明。文明从河流身旁起步，民族在河流岸边成长，文化与情感，历史与现实，在这里积淀、波动、交融。人类与河流相互依存，一荣俱荣，一损俱损。人类与河流的关系应该从对立走向和谐。为此必须将河流视为生命体，唤醒人类对河流的尊重意识，为盲目扩张的人类活动限定一条不可逾越的底线。

"河流要为庞大的生态系统和经济社会提供支撑，河流自身必须是一条健康的躯体。树立河流的生命价值观念，尊重河流连续性、完整性、清洁性等权力，维持河流健康生命，是当代人义不容辞的重要使命。

"现在是开始行动的时候了，人们的责任和义务是：深刻认识、热情宣传河流对人类繁衍生息的重大意义，像珍惜人类自身生命一样珍惜河流生命，自觉投入保护河流生命的伟大行动，促进河流健康生命的良性维持；当好河流代言人，科学进行河流治理、开发与管理，优化配置水资源，统筹流域经济、生态环境协调发展，正确处理各相关方面的利害关系，促进社会进步；共同搭建河流管理的国际交流平台，广泛开展流域管理经验及技术的交流、推广与合作，奖励贡献显著者，以有效的机制推动维持河流健康生命的深入进行；呼吁各国政府、国际社会与各界人士，齐心协力，携手共进，积极行动，为保护河流，推动人类文明摇篮的伟大复兴而奋斗。"

"愿地球家园的自然之河、人类社会的生命之河，生生不息，万古奔流！"

2007年10月18日，第三届黄河国际论坛圆满完成各项议程，胜利闭幕。

论坛结束后，黄河国际论坛大会秘书处举行新闻发布会。会上，大会秘书长尚宏琦总结回顾说：此届黄河国际论坛，从治水理念升华到中外合作项目，都取得了新的丰硕成果。与会专家从社会、环境、经济、历史、科学、伦理等层面，进行了广泛交流，达成了共识，共同发表了《黄河行动纲领》，这标志着维持河流健康生命，以水资源可持续利用支撑经济社会发展，已从认识走向果敢行动。

尚宏琦说，创办黄河国际论坛并成功举办三届论坛的实践证明，作为一个新的大型国际学术交流平台，黄河国际论坛为促进世界各国和地区水利界的学术交流，推进政府和机构间的技术合作，推出许多新思路、新技术、新方法和先进管理模型，这些创新成果不仅对黄河、

也对共同应对全球范围内水资源紧缺、河流生态系统恶化的挑战，都具有重大而深远的意义。

"当然，作为流域机构，创办这样一个大型国际论坛，首创先例，白手起家，确实面临许多实际困难。从总体方案编制、会前联络函商、国外贵宾邀请、代表行程安排，到大会议程拟订、分会议题设置、论坛经费筹措，工作千头万绪，环节互相交织，而且还随时可能出现突然变化，可以说，从前期筹备到正式开会，如同一道难解的高元多次方程。令人欣慰的是，在各方面的踊跃参与和大力支持下，黄河国际论坛获得了很大的成功，这里面彰显了黄河的巨大影响力和感召力，饱含着水利部领导及有关部门的高度重视和精心指导，凝聚着世界各国流域管理者、国际组织官员、水利科学家和全体与会代表的智慧和心血，也浸透着新闻界朋友为宣传报道黄河国际论坛而付出的辛勤劳动。对此，我们表示衷心的感谢和诚挚的敬意！"

尚宏琦表示，当今世界，加强合作，融合交流，共同发展，已成为大势所趋。让世界了解黄河，让黄河走向世界，这是国家对外开放的战略要求，也是这个时代发展的必然。我们愿与国内外水利人一道，在维持河流健康生命的道路上，携手奋进，不懈努力，共同开创美好的未来！

第八章

生态使命

一、岁岁金秋　今又金秋

2009 年 10 月，商城郑州。河南省人民会堂广场上，一辆"花开盛世"的巨型彩车引来人们关注的目光。整个彩车宛如巨大的摇篮，正中摆放着祥云环绕的古典宝鼎，金色的麦穗构成摇篮边沿，底部镶嵌着翻腾的黄河浪花，给人以奔腾向前的力量。

这辆花车刚刚参加完首都庆祝中华人民共和国成立 60 周年庆典赶回郑州，旋即投入了另一场盛会的"服役"。

　　10月20日上午，碧空如洗，阳光灿烂，河南人民会堂主会场座无虚席，一幅"践行可持续发展水利治水思路，积极推动民生水利建设，实现人与自然和谐相处"的巨大横额赫然入目。在经典名曲《友谊地久天长》优美深情的旋律中，第四届黄河国际论坛隆重开幕。

　　来自美国、英国、墨西哥、澳大利亚、埃及、印度、日本以及欧盟成员国等61个国家和地区从事水资源、流域管理及有关社会科学、人文学科等领域的1500多位专家代表参加此届论坛。

　　中国水利部部长陈雷，河南省省长郭庚茂，水利部副部长胡四一，水利部原部长杨振怀，水利部原部长、全球水伙伴中国委员会主席汪恕诚，黄委主任李国英，匈牙利环境水利部国务秘书、流域组织国际网络主席拉斯罗·考希，新加坡环境与水源部常任秘书陈荣顺，澳大利亚驻华大使馆大使芮捷锐，欧盟委员会驻中国和蒙

2009年10月20日，第四届黄河国际论坛在河南郑州开幕

古国代表团副大使迈克尔·普尔希，联合国教科文组织国际水教育学院院长纳吉，世界自然基金会全球副总干事格奥尔格，全球水伙伴秘书长安妮女士，荷兰交通、公共工程和水资源管理部水务司长温思克·彼得女士，澳大利亚墨累－达令河流域管理委员会主席迈克尔·泰勒，保护莱茵河国际委员会主席雅克·谢尔曼，保护多瑙河国际委员会秘书长菲利普·韦勒，法国罗纳河流域管理委员会主席费恩·劳伦等中外来宾出席此届论坛。

古老的黄河再次张开热情的臂膀，迎接来自世界五大洲的宾朋参加这次大型国际研讨会。全世界河流的旧友新知，在这里热情握手拥抱，每个人的脸上都挂着灿烂的笑容。

此次论坛的主题为：生态文明与河流伦理。设有：全球气候变化对人类生存环境的影响，流域生态修复的案例与实践，生态文明科学内涵、河流生态修复技术途径及关键技术，生态文明及现代流域管理、流域生态建设，河流伦理及河流健康生命，现代水管理经验及新技术在水管理中的应用，多沙河流泥沙处理及水库泥沙处理重大技术，水权转换、饮水安全、水环境、水市场、节水等经验技术及装备等分会场。同时，论坛还与一些国家政府和国际机构共同主办15个专题会议，分别是：世界自然基金会（WWF）流域综合规划与管理专题会议、流域管理高峰论坛、中欧流域管理专题会议、中澳项目合作会议、中匈水资源研讨会、流域组织国际网络（INBO）专题会、第24届中日水资源交流会、联合国教科文组织（UNESCO）专题会议、全球水伙伴（GWP）黄河流域水资源配置与调控工程专题研讨会、气候变化对地下水的影响专题会议、环保部对外合作中心水污染防治领域国际合作项目专题会议、海峡两岸多砂河川整治研讨会议、深水泥沙处理技术专题会议、美国自然遗产研究所（NHI）专题会议等。

这是一次凝聚智慧、付诸行动的河流盛会。本届论坛的举行，得到了河南省人民政府、山东省东营市人民政府、中欧合作流域管理项目、WWF（世界自然基金会）、澳大利亚国际发展署（AusAID）、流域组织国际网络（INBO）、全球水伙伴（GWP）、亚洲开发银行（ADB）、水利部国际经济技术合作交流中心（IETCEC，MWR）、黄河研究会（YRRA）、全球水伙伴中国委员会、清华大学（TU）、华北水利水电学院（NCWU）、中国水利水电科学研究院（IWHR）、南京水利科学研究院（NHRI）、亚太地区水信息与流域管理知识中心（CHIRB）等国内外政府机构和组织的协助和支持。

论坛开幕式上，中国水利部部长陈雷、河南省省长郭庚茂、黄委主任李国英先后致辞。

陈雷指出，当前和今后一个时期，中国正在致力于全面建设小康社会，加快推进现代化进程，进一步提高水利基础设施保障能力，实行最严格的三条"红线"水资源管理制度，确保水资源永续利用。黄河是中华民族的母亲河，她哺育了中华民族的成长，孕育和传承了光辉灿烂的华夏文明，在国民经济发展中具有十分重要的战略地位。一代又一代水利工作者为黄河治理开发和保护进行了艰辛探索和不懈努力，取得了巨大成就，积累了宝贵经验。黄委在黄河水资源统一管理与调度、调水调沙、下游标准化堤防建设、生态文明建设与河流伦理等方面进行了新的探索和实

时任黄委主任李国英在第四届黄河国际论坛开幕式上致辞

践。黄河流域是中国水资源最为紧缺、供水矛盾最为突出、生态环境最为脆弱的地区，
是中国乃至世界上最为复杂难治的河流。当前和今后一个时期，必须把生态文明建
设与黄河治理开发保护结合起来，把阶段性治理目标与黄河长治久安统一起来，把
工程措施与非工程措施统筹起来，针对黄河水少、沙多、水沙关系不协调的突出症结，
加快构建和完善水沙调控体系、防洪减淤体系、水资源统一管理和综合调度体系、
水质监测保护体系、水土保持拦沙体系，确保黄河安澜无恙、奔流不息，让黄河更
好地造福中华民族。

郭庚茂在致辞中代表中共河南省委、河南省政府，向来自世界各国的与会代表
表示热烈欢迎。他指出，河南是中国人口最多的省份，地处华夏腹地、是黄河流经
的一个重要省份。黄河对河南在经济社会、历史文化等方面都具有重大影响。黄河
河南段悬河特点突出、防汛任务繁重。作为河南主要的水源，给沿黄两岸灌区带来
了丰厚效益，给河南经济发展注入了巨大活力。中原儿女蒙黄河之利，中原文化视
黄河为源头，对黄河怀有很深厚的感情。维持河流健康，构建生态文明不仅是水利
部门的工作目标，也是河南人民义不容辞的责任和义务。当今的河南是一个开放的
河南，我们愿意与国际组织、专门机构等加强在经济贸易、河流治理等方面的交流

与合作。

李国英代表黄委在致辞中对于国内外各位专家、来宾莅临此届论坛表示热烈欢迎和感谢。他说，河流是人类及众多生物赖以生存的基础，是人类文明的摇篮。面对当今全球范围内众多河流空前的生存危机，人类社会应当深刻反思自身与河流的关系，克制对河流的过度开发与索取，维持河流生态系统的良性运行。在人与河流关系方面，要尊重河流自身的权利，给河流以道德关怀，建立人类社会面向生态文明的河流伦理，并将其渗透到河流治理开发与保护的过程中。

匈牙利环境水利部国务秘书、流域组织国际网络主席拉斯罗·考希在致辞中说，人类社会在快速发展的同时，不可忘记对大自然的责任和义务，在开发利用河流的同时也要珍惜关爱河流，保护流域生态环境，使水资源得以可持续利用，这也是当今世界各国的共同任务。希望通过参加这次论坛，能对黄河有更多了解，同与会代表互相学习，并寻求在多领域的交流和合作。

接着，世界自然基金会副总干事、墨累－达令河流域管理委员会主席、欧盟高级专家、荷兰交通公共工程及水管理部官员等先后做大会主题报告。报告呼吁，人类有责任从自然科学、人文科学、社会科学的多角度，重新审视河流生命的内涵、

中国保护黄河基金会在第四届黄河国际论坛上成立，水利部陈雷部长致辞

权利、价值，呼吁人们关爱河流、尊重河流、保护河流，以水资源的可持续利用支持流域经济社会的可持续发展，让人类与河流相依相伴到永远！

第四届黄河国际论坛开幕之际，中国第一个以保护河流为宗旨的高层次基金会——中国保护黄河基金会宣告成立。该基金会由黄委提议发起，2009年9月经水利部报请国务院批准，民政部履行相关程序正式批复设立。作为一个全国性公募基金组织，其主旨在于动员社会力量，唤起海内外炎黄子孙及国际社会各界，关爱中华民族的母亲河，参与维持黄河健康生命，促进保护黄河行动。

与会代表对于中国保护黄河基金会的成立纷纷表示热烈祝贺，认为该基金会的成立，为集中各方面的力量，治理黄河，保护黄河，提供了一个合法捐赠渠道和平台，对于弘扬人与河流和谐相处的观念，进一步促进黄河流域生态环境建设，具有重要的引领意义。一些单位和机构表示愿意积极参与这项公益事业，为保护黄河做出贡献。

二、共同应对气候变化的挑战

10月21日上午，来自荷兰、法国、英国、澳大利亚、马来西亚、俄罗斯、奥地利、匈牙利等国家和地区的专家学者，鱼贯而入，来到黄委机关大院。

黄委办公大楼上方，一幅蓝底白字的"第四届黄河国际论坛"横额鲜艳夺目，楼下"几"字形黄河造型的宽阔草坪前，与会国家和地区的旗帜一字排开，色彩斑斓，迎风招展，形成一道亮丽的风景线。

第四届黄河国际论坛专题分会——全球气候变化对水资源的影响技术研讨会在这里举行。

多年来，全球气候变化对地球生态系统、农业、水资源以及人类健康和生活环境等产生了广泛、深远和复杂的影响，成为当今人类社会亟待解决的重大问题。

1992年6月，在巴西里约热内卢召开的世界各国政府首脑参加的联合国环境与发展会议上，签署了《联合国气候变化框架公约》。同年11月7日，中国经全国人大批准，成为该公约的缔约国。1994年3月21日《联合国气候变化框架公约》生效后，

握手世界

缔约方每年召开会议，以评估应对气候变化的进展。1997 年 12 月在日本京都举行的《联合国气候变化框架公约》缔约方第三次大会上，通过了旨在限制发达国家温室气体排放量以抑制全球变暖的《京都议定书》，首次为发达国家设立强制减排目标，成为人类历史上首个具有法律约束力的减排文件。2007 年 12 月，在印度尼西亚巴厘岛举行的联合国气候变化大会通过了"巴厘路线图"，为应对气候变化谈判的关键议题确立了明确议程。按照"巴厘路线图"规定，2009 年 12 月在丹麦哥本哈根召开的缔约方第十五次会议上诞生了《哥本哈根议定书》，以取代将于 2012 年到期的《京都议定书》。

装饰一新的黄委办公大楼前与会国家和地区的旗帜形成一道亮丽的风景线

正处于重要战略发展时期的中国，对于历次气候变化公约，都做出庄重承诺，贯彻节约资源和保护环境的基本国策，发展循环经济，保护生态环境，加快建设资源节约型、环境友好型社会，积极履行公约相应的国际义务，努力控制温室气体排放，增强适应气候变化的能力，促进经济发展与人口、资源、环境协调发展。

2007 年 6 月，国务院批准发布了《中国应对气候变化国家方案》，要求全国各地区、各部门充分认识应对气候变化的重要性和紧迫性，强调从全面落实科学发展观、构建社会主义和谐社会和实现可持续发展的高度，采取积极措施，主动迎接挑战。《中国应对气候变化国家方案》特别提出了中国水资源开发和保护领域适应气候变化的目标：一是促进中国水资源持续开发与利用，二是增强适应能力以减少水资源系统对气候变化的脆弱性。加强水资源管理，优化水资源配置；加强水利基础设施建设，确保大江大河、重要城市和重点地区防洪安全；全面推进节水型社会建设，保障人民群众的生活用水，确保经济社会的正常运行；发挥好河流功能的同时，切实保护好河流生态系统。

为此，此届黄河国际论坛专门设置了"应对全球气候变化对水资源的影响"专题论坛。与会代表针对气候变化对流域水资源影响、水资源供需矛盾、水资源配置方案、区域调水与水资源管理，以及气候变化模型的研究应用等问题进行了热烈的讨论和交流，并提出了相应的应对气候变化的对策和措施。

会议报告中，匈牙利专家 Laszlo Kothay 先生讲述了欧洲的气候变化、极端事件和政策措施。他说，2002 年以来，欧洲大陆地表平均温度比工业革命前升高 1.3 摄氏度，高于全球平均值。极端天气事件频繁发生，造成了重大的经济损失、公共健康问题和死亡。一些山区、人口稠密的洪泛平原、沿海地区尤其面临更大的风险。1997 年出现了 20 世纪最强的厄尔尼诺事件，全球气候出现异常变化。当年夏季，欧洲中部出现特大暴雨，发生世纪性洪水，波兰、捷克等国爆发了 20 世纪最严重的洪水，波兰上千个城镇、村庄和 50 多万公顷土地被淹，14 万人被迫撤离家园，56 人丧生；捷克全国 1/3 土地被淹，1600 户住房被冲毁，1 万多幢房屋被损坏。此外，欧洲 3/4 人口居住在城市，而城市通常都对适应气候变化准备不足，容易受到热浪、洪水和海平面上升的影响。

Laszlo Kothay 先生指出，气候变化对欧盟的影响取决于气候、地理和社会经济条件。欧盟的所有成员国都将受到气候变化的影响，生态系统、能源与淡水供应等许多领域正面临着气候变化的影响，如不采取行动将会对欧盟的凝聚力产生影响。他说，欧盟应对气候变化的适应措施，采取分阶段推进方式。第一阶段（2005～2008年）为准备阶段，2007年6月发布了《欧洲适应气候变化绿皮书：欧盟行动选择》明确了欧盟适应行动的框架；第二阶段（2009～2012年）为基础性工作阶段，2009年4月发布《适应气候变化白皮书：面向一个欧洲的行动框架》，聚焦四大支柱行动，提高欧盟应对气候变化影响的应变能力；第三阶段，从2013年开始，为实施全面的适应战略阶段，提高欧盟成员国、地区和地方不同层级应对气候变化的能力。据估算，应对气候变化的最低成本预计在2020年和2050年将分别达1000亿欧元和2500亿欧元，应对气候变化的社会成本将十分巨大。

| 嘉宾合影

英国专家 Ben Piper 先生介绍了英国根据《联合国气候变化框架公约》，运用"碳排放权交易"立法实现温室气体减排强制性目标的实践经验，从水资源规划、环境政策、供水、水文模型角度分析了气候变化对英国水资源的影响及相应对策措施。

澳大利亚的 Guobin Fu 先生结合自己多年来在澳大利亚联邦科学与工业研究组织（CSIRO）工作期间发表的有关黄河流域水文气候变化的文章，与大家共同分析探讨了气候变化对黄河径流的影响。

中国南科院鲍振鑫博士的报告，介绍了应用全球气候模式和流域水文模型的耦合方式，研究温度、降水量和蒸发能力彼此之间的关系以及对水文水资源的影响，揭示了水文循环过程对气候变化的响应，提出了气候模式的遴选标准和情景修订方法，以及气候变化和人类活动共同作用下的水资源情势评估方法，并对未来气候变化对中国水资源的可能影响进行了分析。

来自南非的全球水伙伴秘书长 Ania Grobicki 女士"全球一体，协同合作，谋求共赢"的提议受到了与会代表的广泛认同。她曾担任世界卫生组织论坛秘书长、国际农业研究院水和粮食挑战计划协调员等职务，在水的再利用、水质和健康、废水处理技术、流域整治等方面具有丰富的工作经验。她说："全球水伙伴作为非政府组织，从成立伊始就意在将全球所有关注水、研究水、管理水的有志之士聚集在一起，使利益相关方在这个平台上充分表达观点和意愿，加强交流合作。干旱、雨涝等灾害与气候变化关系重大，在今后的工作中，更需要加强交流合作，共同研究应对和缓解气候变化带来的影响。"她最后表示："中国在这方面取得了丰富的经验和新鲜成果，期待中国发出更大的声音，推动改善水资源管理，共同应对气候变化带来的挑战。"

三、探寻现代流域管理之路

此届黄河论坛为流域管理相关议题共设置了四场活动。分别是：国内外流域机构高层官员和专家举行的"河流历史启迪流域管理高峰论坛""生态文明及现代流域管理、流域生态建设分会""现代水资源管理经验及新技术在水管理中的应用专题会议"，以及《国外流域综合规划技术》新书首发式。

出席河流历史启迪流域管理高峰论坛的主要对话人，包括世界十余个流域机构的高层管理人员、相关领域的院士及著名专家。高峰论坛由联合国教科文组织国际水教育学院院长纳吉先生，黄河国际论坛秘书长、黄委国际合作与科技局局长尚宏琦共同主持。

"在过去的数十年至一百年时间，你的组织在流域管理方面最大的失误是什么？"论坛一开始，纳吉先生就以尖锐犀利的发问，把会议气氛推向了高潮。

保护多瑙河国际委员会秘书长迈克尔·韦勒回答说："冷战时期，欧洲分成了东西两个阵营，政治上的分歧使欧洲河流的流域管理受到很大掣肘。但即使在那样的状态下，多瑙河流经国家的人们也没有放弃对河流的关注和保护。人们私下通过秘密渠道交流和收集着这条河流的资料"。说到这里，韦勒的眼睛湿润了，他动情地说："河流不仅是提供生存的必须要素，也是联系人类交流的重要纽带，它能够超越政治，也能够超越隔阂。基于对河流和家园的共同关注，多瑙河沿岸的人们在那些阴影重重的年代里也不曾中断对河流的保护。"

保护莱茵河国际委员会主席雅克·谢尔曼表示了相同的感受，他说："莱茵河安静清澈地流淌过欧洲9个国家，如同黄河一样，这也是一条世界上著名的河流，但随着工业社会的不断发展和人类对自然索取的不断加剧，河流的负载日益加重，人类曾经赖以生存的莱茵河沦落为'下水道'和'臭水沟'。严峻的形势逼迫人们在发展过程中重新审视人与河流的关系。通过深刻反思，莱茵河流域各国对待河流的管理理念发生了重大转变，主张给河流以充分的空间。为此，1950年7月位于莱茵河最下游的荷兰提议，联合沿岸瑞士、法国、卢森堡和德国等国家在瑞士巴塞尔成立了旨在全面处理莱茵河流域保护问题并寻求解决方案的'保护莱茵河国际委员会'。委员会下设许多技术和专业协调工作组，常设机构秘书处设在德国科布伦茨

流域管理高峰论坛会场

市，负责日常工作。此外，还有由河流委员会、航运委员会等政府间组织，自然保护和环境保护组织，饮用水公司、化学企业、食品企业等非政府间组织组成观察组，监督各国工作计划的实施。"

雅克·谢尔曼继续说："在河流自然化恢复理念指导下，通过流域各国政府、国际组织、民间团体和利益相关方等多种力量的共同努力，莱茵河自身的调节功能逐步得到了恢复。我们这个机构的职责主要是发挥协调作用，将莱茵河流域9个国家的人们召集到一起制订计划和对策。通过良好的沟通协作和大量高效负责的保护工作，譬如帮助一些在河岸地区耕作的农民迁出，重新将耕地还原成滩涂和湿地，还河流以自在空间，帮助河流恢复自身的生命调节系统。如今，曾被称为'下水道'的莱茵河获得新生，又成为沿岸人民的生命之河。"

出席高峰论坛的流域机构领导者，来自不同的国家和地区，拥有不同的文化背景。在他们的对话中，除共同对全球气候持续变化下的河流前景表示高度关注外，也有各自不同的关注点。

欧洲和澳大利亚的流域管理者着重考虑河流生态层面的问题，他们更多地关注河流内某种水生物的消失。

而在中国，由于主要矛盾突出体现在水资源总量不足，时空分配不均，供需矛盾尖锐方面，因此流域管理者的关注点则更多在遏制污染恶化、探索水权分配等问题上。

黄委副主任苏茂林介绍了中华人民共和国成立以来黄河治理开发方略，从"蓄水拦沙""上拦下排"，到"拦、排、放、调、挖，综合处理泥沙"以及"构建黄河水沙调控体系"的发展历程。他说，作为一条世界上最难治理的河流，黄河特殊的泥沙问题复杂多变，在治理道路上充满了很多未知数。正因如此，一代又一代黄河流域管理者，坚持不懈，矢志不渝，为研究探索黄河长治久安的方法而努力奋斗。黄河国际论坛这条联结世界的纽带，把远隔万里、不同国度、不同流域的人员汇集于此，交流、沟通、共享，我们共同努力奋斗的美丽目标，就是要进一步提升流域管理能力，科学管理、优化配置水资源，让河流生命健康，流域充满生机，更好地为人民造福。

保护河流是全人类的共同责任，合作才有出路。"还河流以自然魅力、还河流以尊严"已经成为各方的共识。

越来越多的与会者认识到，一种行为是否正确，取决于它是否体现了尊重河流生命和河流生态过程这一道德态度，尊重自然是现代环境伦理的基本规范，是科学理性的升华，是人类道德进步的表现，是人类文明发展的必然要求。河流伦理作为一种责任伦理，需要我们在开发、利用河流的同时投入更多的人文关爱，把河流从过去单纯的开发"客体"看作有生命、有价值、有权利的"主体"。大家认为，在过去的一个多世纪，由于社会工业化进程的急速推进，世界经济发

生态文明及现代流域管理、流域生态建设研讨会会场

展对生态环境过度攫取，污染问题严重，河流上密集的工程建筑不但阻碍鱼类的迁徙游动，也在很大程度上改变了河流的自然形态。

在 10 月 22 日举行的"生态文明及现代流域管理、流域生态建设"分会上，37 位与会专家针对世界各国流域管理所共同面对的热点、难点问题，围绕流域综合管理方略、流域生态建设技术等进行了广泛交流。

中国工程院院士、中国水利水电科学研究院水资源研究所所长王浩就黄河治理开发的方略思考及研究作了大会报告。从黄河的形成和演变规律、经济社会发展与生态保护需求、治黄基本方略、治黄重大科学问题等方面阐述了黄河治理的观点。他认为，黄河"善淤、善决、善徙"的本性没有改变，现阶段中国人多地少、粮食安全压力大的基本国情决定了在黄河下游地区"与河争地"的局面难以在 100 年之内改变。因此现阶段治河的基本方略就是固守现有河道 100 年不变，同时考虑经济社会发展与生态保护的需求，实施减沙增水和节水减污战略。为确保今后 100 年经济社会的可持续发展和维持黄河健康生命，需要开展流域二元水循环及其演变机制、人类活动影响下的水沙耦合模拟、水资源合理配置与水沙联合调控、气候变化影响

下的流域综合管理这四大问题研究。

清华大学王光谦教授为论坛大会带来了黄河流域土壤侵蚀模拟技术的研究新成果。重力侵蚀是黄土高原地区土壤侵蚀的主要形式之一，对黄土高原土壤侵蚀总量、高含沙水流特性和水沙过程现象具有重要影响作用。但由于重力侵蚀机制复杂、发生随机性强以及缺乏直接观测资料，对重力侵蚀过程的模拟研究一直是该领域的薄弱环节。王光谦报告的土壤侵蚀模拟技术，将基于土体失稳的沟坡重力侵蚀理论模型，在数学流域模型框架下与坡面降雨径流和土壤侵蚀模型、沟道不平衡输沙模型耦合集成，解决了重力侵蚀模型在流域治理中的一些应用问题。能够根据沟坡的几何形态、黄土的力学特性、降雨导致的土体含水量及力学性质变化等物理因素的影响，合理模拟流域中的重力侵蚀过程。该模型系统应用于岔巴沟流域和无定河流域，得到了重力侵蚀的分布及其占总侵蚀量的比例，该项研究成果为黄土高原水土流失治理方略的制定，提供了新的技术支撑。

由于历史的复杂原因，黄河下游河道滩区内住着180万群众，长期以来，如何保护滩区群众的生命财产安全，一直是流域管理的重大研究课题。此次会议上，黄委原副总工程师胡一三教授等专家，就黄河下游滩区安全建设问题，提出了工程措施及补偿政策建议。

在另一场"现代水资源管理经验及新技术在水管理中的应用"专题会上，来自荷兰、法国、加拿大、英国、澳大利亚、俄罗斯、新加坡、斯洛伐克、克罗地亚、奥地利、匈牙利、埃及等国家和地区的36位专家学者，针对水资源区域一体化管理、水生态保护、水资源模拟、信息化技术、遥感技术在河流治理上的应用等内容，进行了热烈讨论和成果交流。

联合国教科文组织国际水教育学院院长纳吉博士认为，水是万物之源，也是自然和社会的能量源，水危机不仅是自然问题，还是重要的社会问题。政府决策者应明确水在政治议程中的地位，因为这是人类面临的一个挑战。他说，中国政府在联合国千年发展目标中取得了显著成就，尤其是农村洁净水饮用等方面的显著进步，使得世界水资源供给程度显著提高，中国政府的表现令人称道，水资源管理的成功经验被国际社会认可和接受。

谈及现代水资源管理及技术的应用，荷兰水质监测系统公司主管 Joep Appels

黄土高原上深厚的黄土层和其明显的垂直节理性，
重力侵蚀异常活跃（图为发生重力侵蚀后的地貌）

先生介绍了自动在线水质监测平台，提出结合毒性影响监测，提高监测敏感度，将早期预警传感器平台转化成河流水质监测系统。

来自法国的两位专家介绍了各自领域的最新研究成果。总结了水资源管理一体化执行标准在非洲的试点经验，提出开发以主要性能指标为基础的提高流域组织能力的管理方法；阐述了开发流域综合信息化系统，实现流域决策及可持续管理的必要性。

现代水资源管理经验及新技术在水管理中的应用研讨会会场

斯洛伐克专家 Norbert Halmo 根据保护多瑙河国际委员会的经验，介绍了早期预警系统及污染防治对大型河流水资源综合管理的重要意义。基于国际警报中心（PIAC）而搭建的多瑙河流域监测预警系统，是一个开放共享的信息处理系统，主要作用是处理保护多瑙河国际委员会各部门间以及流域内国家间的信息交换。监测站点已覆盖多瑙河干流及支流的重要控制断面，可以实时监控多瑙河全流域的地表水水质和部分跨国界的地下水水质。

论坛期间，由中国水利水电规划设计总院与世界自然基金会合作编译的《国外流域综合规划技术》一书，举行了首发式。

该书主要反映了流域尺度水资源综合规划的总体目标和布局、基本原则和战略政策、规划方法和主要技术、工程与非工程措施、近期与远期、局部与整体关系等，介绍了国外流域规划与管理的先进方法及经验教训。同时，对目前中国流域综合规划和管理，诸如资源开发、经济发展、人类活动需要和环境生态需求的利益格局匹配等问题，给予了特别关注。书中提供的经验与启示、先进理念与技术方法，对于流域综合规划水平提升具有借鉴意义。

中国水利水电规划设计总院与世界自然基金会联合举办流域综合规划与管理分论坛会场

首发式上，世界自然基金会全球副总干事 Georg Schwede 表示，流域的综合规划是开展流域建设活动的基本依据，流域开发治理的关键问题是统筹管理，需要平衡经济发展和环境要求，将资源利用、环境保护和经济发展、人类需求做出合理的格局匹配。中国已经具有了高度发展的流域管理理念，力求人与河流建立健康、长期发展的关系，希望《国外流域综合规划技术》一书，能为中国流域管理所借鉴，在促进可持续发展水利思路的新实践中发挥积极作用。

四、河流生态修复的理念与实践

2009 年 10 月 21 日，在"河流生态修复技术途径及关键技术"分会上，国内外专家学者发表了大量具有创新意义及实用价值的理念观点、技术方法和管理经验，受到人们的高度关注。

河流生态系统修复和保护是新时期治水思路的重要组成部分，维系良好的生态环境也是水资源管理中一项极其重要的目标。所谓河流生态修复，是指利用生态系统原理，采取各种方法修复受损水体生态系统的生物群体及结构，重建健康的水体生态系统，修复和强化水体生态系统的主要功能，并能使生态系统实现整体协调、自我维持、自我演替的良性循环。

河流生态修复技术途径及关键技术研讨会分会场

面对河流生态环境产生的诸多问题，欧洲、美国和日本等发达国家自 20 世纪 60 年代开始生态修复的相关研究，并用于工程实践。美国佛罗里达州基西米河 1962～1971 年的河道渠化工程，将本来蜿蜒的天然河流变成了近似直线的人工运河，虽然提高了河道排洪能力，但同时也对河流生态环境造成了严重的负面影响。为了恢复河流原有的生态面貌，后来进行了一系列生态修复试验，包括改变上游水库的运用方式，塑造具有季节性变化的来流条件，修建拦河坝抬高水位以恢复两岸的湿地，恢复河流自然蜿蜒状态等措施。大量此类经验教训表明，人们在开发利用河流的同时，不可忽视对生态的影响，而通过恢复河道的自然水文水力条件，重建其生态环境是有效措施。

在欧洲，自 20 世纪 80 年代开始，面对河流治理中对生态系统的负面影响问题，欧洲工程界对水利工程的规划设计理念进行了深刻的反思，认识到河流治理不但要符合工程设计原理，也要符合自然原理。特别随着现代生态学的发展，进一步认识到河流治理要把河流湖泊当作一个生态系统对待，而不能把河流系统从自然生态系统中割裂开来进行人工化设计。在欧洲陆续有一批河流生态治理工程获得成功，相应出现了一些河流治理生态工程理论和技术。著名的"莱茵河行动计划"就是一个典型范例。

河流生态修复技术途径及关键技术分会，由保护莱茵河国际委员会原秘书长亨克·斯德科（Henk Stek）先生主持，参加分会的 70 多名国内外专家就改善湖泊水质的生物、防洪工程风险分析、三角洲湿地生态资料提取、水污染的生态学监测评价、水库生态调度方案、水质保护及污染负荷管理、河口地区生态环境用水改善措施等课题，进行了多学科交叉、各专业互动的深层次交流。

中欧流域管理项目专家、阿特金斯建筑设计公司技术总监司马博以中国－欧盟流域管理项目为例，介绍了在黄河水质管理和流域管理方面所应用的欧盟先进经验与做法，如水质监测技术、生态生物监测技术、纳污负荷管理、预警与应急系统开发等。重点介绍了协助开发的黄河流域污染物总量控制和分配方案，该方案综合考虑水功能区划、水质目标、排污许可、面源污染、流域综合规划等多种因素，详细说明了方案的技术思路和结构框图，并演示了方案在项目区的使用情况。

新加坡公用事业局首席水质专家林文富博士以新加坡、荷兰、美国公共饮水安全的实际案例，介绍了如何建立综合水质管理体系，确保水资源从源头收集至输送到用户过程中始终保持水质及标准，以及发生水质危机事件后，如何采取应急处理措施，尽快恢复社会公众的信心。

中国在河流生态修复方面的研究起步较晚，河流生态修复的研究和应用，推广到应用生态工程学理论，探讨河道生态恢复机制，并提出保证河流生态需水量是缺水地区恢复河流生态的关键，明确了首要任务是遏制水污染导致的河流生态系统退化。对此，国内与会专家从不同角度分享了各自的河流修复实践研究成果。

北京大学、河海大学、华北水利水电学院等高校的代表就数学模型建立和研究方向相互切磋。与会代表兴致浓厚，交流与讨论气氛热烈。在交流和碰撞中，进一步深化了对河流生态修复理念的认识，互相借鉴了实践经验。特别是国内学术界代表认为，河流生态修复作为一种新技术，在中国仍处在起步阶段。在今后的研究中，需要强化水利工程规划、建设、运行和生态学相结合，掌握相关的生态因子变换规律，形成完整的生态修复指标体系，推动河流生态修复工作发展。对于黄河而言，面对流域现状生物多样性程度低、三角洲湿地退化、生态监测项目短缺，水体污染严重等问题，尤其需要借鉴吸收国外研究成果，研究河流生态修复技术途径、关键技术和措施，切实保护黄河流域的水环境与水生态。

五、合作的结晶　友谊的见证

连续几天，一场场亲切友好气氛中的商谈，一项项中外技术合作意向的签署，充分展现了黄河国际论坛的实效结晶与水利国际技术合作的广阔前景。

主题为"中澳水资源伙伴"的中澳项目合作分会，是此届黄河国际论坛的一个重头戏。该分会由澳大利亚国际发展署主办，中国黄委、澳大利亚贸易委员会和

中澳水资源伙伴关系研讨会

澳大利亚卓越水资源管理国际中心协办。分会包括"澳大利亚与中国在水资源方面的合作项目""教育和培训在流域综合管理中的作用""中澳贸易与投资"三个议题。澳大利亚驻华大使芮捷锐博士、澳大利亚墨累－达令河流域管理局主席迈克尔·泰勒、黄委主任李国英等出席会议，参会的澳大利亚代表团成员达 35 人。

会上，项目专家介绍了中澳环境发展伙伴项目的执行情况。该项目由澳大利亚国际发展署出资 2500 万澳元，帮助中国加强可持续水资源管理。自 2007 年 7 月开始，为期 5 年，项目预期成果是：提供政策层面支持，发展和维系中国与澳大利亚双方机构在政策领域的伙伴关系，加强技术和管理方面的能力建设。项目以综合水资源管理为战略核心，已经开发出 10 个大型"核心子项目"、11 个中型"伙伴关系子项目"、2 个小型"培训子项目"。项目涉及的中澳两国 12 个部委，共同组成了中澳环境发展伙伴项目管理委员会，亦称中澳高层圆桌会议。其中的跨行政区水污染管理子项目已经结束。分会上，专家组展示了项目取得的成果与经验，并同与会者互动交流。

会议期间，另一个中澳合作子项目"加强灌区管理与水权交易"正式启动。通过该项目的实施，双方将在水资源政策制定、水资源分配与交易、灌溉供水、水资源管理研究等方面建立伙伴关系。

分会上，黄河流域与墨累－达令河流域签署了合作备忘录，双方确定建立姊妹流域关系，在流域规划、水资源管理、河流生态修复、水贸易、教育培训以及机构能力建设等方面，强化合作机制，实现资源共享，进一步加强交流与合作，共同促

进可持续流域管理。

芮捷锐大使表示，此次迈克尔·泰勒主席带领 42 位水利官员和专家前来参加黄河国际论坛，充分表明澳大利亚政府对中澳双方合作的积极态度。他说，黄河由于水流的高含沙量十分复杂难治，但中国政府有着非凡的管理能力，黄河治理成绩卓著，举世公认。黄河有深厚的文化底蕴，是中国的粮食主产区，黄河治理对中国经济社会发展至关重要。黄委提出维持黄河健康生命的治河目标，以及举办的黄河国际论坛，具有很强的号召力和凝聚力，全世界的河流管理者和专家学者在这里进行技术交流，互相学习，就共同面对的问题寻求良策和出路，有着十分积极的意义。希望今后一个时期，中澳双方在共同应对气候变化、保护河流湿地、水权交易管理方面进一步加强合作，并吸引更多的公众参与，为实现河流健康、促进社会可持续发展而努力。

迈克尔·泰勒说，墨累－达令河实施的是在可持续发展理念指导下，流域整体综合开发和协调管理的模式。墨累－达令河流域在发展中出现的水问题，主要体现在上下游以及不同用水之间的冲突、旱地盐碱化、水田盐渍化、水体富营养化与湿地退化等方面。这些问题迫使政府寻求新的对策和出路，启动了"自然资源管理战略"。在此战略方针指导下，墨累－达令河流域委员会和社区之间双向沟通，确保社区和特殊利益群体有效参与，开放水权市场，促进用水结构调整，实现水的低价值利用向高价值利用转移；实施土地关爱计划，让社区参与流域管理，提高公众对流域生态恢复的意识，这种做法取得了很好的收效。黄河是一条举世闻名的伟大河流，黄河多沙的特性，世界上独树一帜。在中国政府领导下，黄委在黄河治理开发与管理的各个方面，取得了举世瞩目的成就，积累了丰富的经验。希望通过这次双方确定建立姊妹流域关系的有利时机，在流域规划、水资源管理、河流生态修复、教育培训以及流域机构能力建设等方面，进一步加强互相学习、交流与合作，共同促进可持续流域管理。

黄委主任李国英表示，河流治理的推进，不断有新的问题出现，不断积累新的经验。黄河是一条极其复杂难治的河流，流域水资源管理是一项十分复杂、庞大的系统工程，这就更需要加强交流合作，实现共赢，向着水资源可持续利用、人与自然和谐共生的境界努力奋斗。在流域管理、用水结构调整等方面，黄河需要更多地吸取墨累－达令河的成功经验，相信今后两个姊妹流域管理机构之间一定有更高层次、更加深入的合作与交流。

与此同时，论坛的另一场重要活动——《欧盟地下水指令手册》中文版发布仪式，也正在热烈友好的气氛中进行。

《欧盟地下水指令手册》中文版是中国－欧盟流域管理项目的一项重要成果。该书作者是丹麦的本德·威卢姆森，中文版由中欧流域管理项目出资，中国水利部国际合作与科技司、国际经济技术合作交流中心组织翻译和出版。书中介绍了欧盟在地下水管理方面的主要经验，包括三个部分：①欧盟地下水管理的关键原则；②欧盟地下水指令，即关于保护地下水免受污染和防止状况恶化的指令；③《欧盟水框架指令》中有关地下水管理的战略指导文件摘选，包括地下水体特征鉴定、地下水监测指南、饮用水保护区内的地下水指南、在地下水指令背景下防止或限制污染物的指南、关于地下水状况和趋势评价的指南等。

对地下水进行立法是欧盟实现地下水一体化保护的关键。但由于受欧盟成员国主权和经济利益的限制，欧盟地下水立法面临着相关立法的大量协调问题。为此，欧盟在尊重成员国现有法律制度的前提下，通过实行地下水立法的协同决策机制，

水利部副部长胡四一（左3）、黄委副主任苏茂林（右2）在发布仪式上

注重管理的一体化和综合性，强调公众参与立法等方式，有效地解决了欧盟与其成员国的地下水保护立法协调问题，《欧盟地下水指令手册》的出版发行，就是欧盟地下水一体化保护立法的重要成果。该书中文版的面世，为中国借鉴欧盟在资源保护整体性原则下，进行地下水保护的立法实践，提供了有益的启示。

水利部副部长胡四一、水利部国际合作与科技司司长高波、欧盟驻华使团副大使迈克尔·普尔希、黄委副主任苏茂林以及中欧流域管理项目专家等与会代表出席发布仪式，对《欧盟地下水指令手册》中文版的出版发行表示热烈祝贺。

胡四一在讲话中指出，地下水管理是一个十分复杂的问题，中国由于水资源总量短缺、空间分配不均，水资源供需矛盾尖锐的形势十分严峻。在一些地区，因地下水超采引发的地表沉降等生态环境问题，比较突出。欧洲在地下水管理和保护等方面开展了大量卓有成效的工作，积累了丰富的经验，对中国加强包括地下水管理在内的水资源管理工作，具有重要的借鉴意义。希望通过中欧流域管理项目，以及《欧盟地下水指令手册》中文版的出版发行，借鉴欧盟经验，进一步深化技术合作与交流，共同促进水利事业发展。

迈克尔·普尔希说，欧洲在20世纪工业化进程中曾经面临和中国同样的水问题，莱茵河和多瑙河等国际性河流，在经济快速发展的压力下，经历了水资源污染、水资源短缺、生态环境破坏等严重问题。越来越多的河流失去生机活力，引起了大家深刻反思。于是，人们改变了从前的习惯和观念，开始注重精心呵护河流。从1975年第一个指令《饮用水指令》开始，欧盟开展了30多年的治理工作，直到《欧盟水框架指令》达成，为各个国家提供了一个通过有效合作达到共同目的的框架。经过多年的努力，欧洲河流的治理取得了较为明显的成效。20世纪50年代莱茵河完全消失的三文鱼，到2008年，5000多条的三文鱼群重新返回莱茵河产卵繁殖。

对于正在开展的中欧合作项目黄河部分，迈克尔·普尔希表示满怀信心。他说，"这个合作项目，包括黄河流域综合管理行动框架、黄河流域气候变化政策和策略、加强水污染控制机制建设、综合管理水污染防治规划、水污染预警应急系统、促进清洁技术投资、水质监测管理等多项内容。通过不断推进，结合中国特色以及欧洲流域综合管理的经验，我们对黄河治理的未来前景充满信心。"

六、面向生态文明的河流伦理

此届论坛设置了"生态文明与河流伦理"专题会议，会议上共有358人次就构建河流伦理进行发言和论文交流，与会代表通过深入交流与探讨，对于构建河流伦理，给河流以道德关怀的理念，进一步升华了认识，达成了更为广泛的共识。"为河流腾出空间""建立河流绿色走廊"等许多治水新理念、新观点、新实践，在这里分享汇聚。

河流伦理及河流健康生命研讨会会场

大家一致认为，进入工业文明社会以来，人类向大自然索取的欲望不断增强，致使当今世界出现了种种严重的生态问题。其中，全球范围的河流生命危机，成为生态问题的重灾户。由于人类无节制地开发，致使河流本体受到了严重的伤害，河流的自然规律受到了严重干扰，而这种伤害和干扰又强烈地反作用于人类。严峻的现实，引起了人们的深刻反思和警醒：要维持人类社会的可持续发展，必须从文明形态的层面，对河流的价值进行再认识，寻求维持河流健康生命的途径，实现人与河流和谐相处。当前全世界范围许多河流面临河道断流、河床萎缩和水质污染等生存危机，要改变这一状况，首先是要转变传统用水观念，树立河流伦理意识，对河流承担起道德责任。

世界自然基金会全球副总干事格奥尔格先生在《基于生态系统推动流域综合管理 促进流域可持续发展》的大会报告中指出，全球正面临着缺水、人口增加、经济增长、气候变化、能源和粮食供应等方面的危机和挑战。应对这一挑战的策略，一是必须寻找到平衡人与自然需求的办法，将生态环境保护纳入政策和法令之中；二是加强水管理，提高农业灌溉用水效率，使宝贵的水资源得到有效利用；三是坚决与污染做斗争；四是基于生态系统考虑，以流域综合管理手段指导流域规划。

握手世界

中国人民大学哲学院欧阳志远教授在发言中提出，生态文明的建设需要交往文明、政治文明和精神文明建设的密切配合，通过调节利益关系和提升人的素质来调节人与自然的关系。反过来，由于善待自然和善待他人有内在联系，生态文明的建设又可以促进人的素质提升和灵魂净化，从而有利于和谐社会的全面发展。

中国社会科学院哲学所余谋昌研究员长期从事环境哲学、生态哲学、生态伦理学研究，他在发言中，系统论述了生态文明时代水利生态工程伦理应遵循的公平原则、责任承担原则、安全保证与避免风险原则和利益补偿原则，赞同把生态文明观念提到伦理道德的高度，以科学与道德统一、科学精神与人文精神统一的思想，提高水利工作的道德水平和道德素质。

哈尔滨工业大学人文社会科学学院副院长叶平教授认为，黄委的专家提出的河流生命概念及河流伦理研究，反映了中国河流管理决策者在思想理论上，已从单纯的水利资源利用向水资源利用与生态保护协同发展的观念转变，从单纯的"自然工程"为特征的工程管理向人文与社会建构为特征的科学综合管理转变。这一新领域的研究，顺应了社会发展的时代主题，是人们对河流认识的一次革命。叶平指出，探索研究河流自然生命的宏观特征和整体演变过程，能够反映对象的本质及其存在方式，这种新的方法论既不是人类中心也不是非人类中心，而是人与自然协同进化论。

长期从事科学哲学与深层生态学研究的清华大学人文学院雷毅教授在发言中，从河流政策中的价值观与伦理观、水资源一体化管理，到河流评价机制中的伦理尺度、河流管理实践中的生态意识，论证了人们关怀河流、尊重河流的必然趋势。他认为，河流伦理是直接面向河流管理实践的伦理，要将河流生命理念运用于河流管理实践之中，首先要确定河流伦理原则，包括约束性原则、补偿性原则和评价性原则。

武汉大学蔡守秋教授认为，工业革命以来，在"主体客体二分法"指导下的人类实践活动，不仅导致了生态系统的破坏，而且在法学领域也引发了很多难题。生态文明的提出，是中国生态环境保护事业的重要进步，其突出的作用在于，明确了在生态环境中不仅人是主体，自然也可以成为主体，从而打破了过去僵化的"主体客体二分法"的理论，树立了主客一体化的观念。蔡教授强调，主张"主客一体化"，并非否定主体、客体之分，而是反对绝对的、僵化的"二分法"；不是否定人的主动性，而是要恢复主体、客体的本来面貌，倡导培养公民的生态保护意识，尊重包括河流在内的自然界的尊严与权利。

中国伦理学会环境伦理分会副会长杨通进研究员认为，尊重自然是现代环境伦理的基本规范，尊重自然是科学理性的升华，是人类道德进步的表现，是人类文明发展的必然要求。要发挥河流伦理的实践作用，最重要的是，实现从工业文明到生态文明的转型，实现科技的生态转向，把尊重自然、公平正义、不伤害、民主参与、预防原则等伦理规范纳入河流管理的决策之中。

全球水伙伴中国委员会常务副主席董哲仁主要研究中国河流生态修复的发展，他在发言中，从国家政策和行业规定、河流生态保护与修复理论技术方面论述了河流生态修复的重要性和迫切性，提出在中国急需建立水生态监测网络，以获得水生态基础数据，并加强多学科的合作，制定技术标准和规范，以完善中国的河流生态修复工作。

此届黄河国际论坛期间，"十一五"国家重点图书出版规划项目《生态文明与河流伦理》公开发行。

首发式上，该书主编、黄委研究员侯全亮介绍，我们在"维持黄河健康生命"的治河新理念框架下，创建并开展了河流伦理的研究，

《生态文明与河流伦理》首发式

形成了一批研究成果。党的十七大提出建设生态文明，为河流伦理的深入研究指明了方向，第四届黄河国际论坛"生态文明与河流伦理"大会主题的确定，对我们提出了新的要求。根据黄委的部署，在河流伦理研究的基础上，我们进一步开展了生态文明与河流伦理的研究，经过编写人员近两年的共同努力，完成了《生态文明与河流伦理》的研究与编写。该书从经济社会可持续发展的高度，从研究构建人与河流的新型关系出发，论述了河流的自身价值与权利、生态文明与河流伦理的关系等，

揭示了人与河流和谐相处的历史必然性。旨在提高人们对于生态文明的认识，规范人类自身的社会行为，唤起人们尊重自然意识的回归。

最后，侯全亮深有感触地说，人类与河流的相处，从相互依存到相互博弈，经历了漫长曲折、反复演替的发展历程。人们对河流的认知，也在不断地发生变革和转折。在人类社会高度发达的今天，应该怎样重新审视人与河流的关系，对待河流我们应该做出怎样的选择？这个问题，河流已经从它自身的盛衰演变做出了回答，现在是人们对此做出回答的时候了。

七、永不落幕的河流盛会

2009年10月23日，为期4天的第四届黄河国际论坛胜利落下帷幕。

此届黄河国际论坛是一次凝聚智慧、分享经验、交流合作的河流盛会，是一次担当时代使命，共同面对挑战的出征誓师，也是贯彻生态文明建设理念，推进经济社会可持续发展的一次实践行动。

此届论坛设置了25个分论坛，共收到650余篇学术论文，这些平台与成果，主题鲜明、领域广泛、内容丰富、观点新颖，展现了国内外水利界在治河理念、流域管理、治理技术、能力建设等方面的成果结晶。论坛期间，展示了中澳环境发展伙伴项目等中外水利技术合

作的最新进程，见证了黄河与墨累－达令河缔结姊妹流域的盛况。来自全球各地的与会代表和专家发表了大量具有创新意义与实用价值的理念观点、技术方法和管理经验，大家通过相互分享，交流探讨，建立和巩固了长期合作机制，取得了多方面的成效。

论坛期间，250多家新闻媒体对黄河国际论坛进行了报道或转载。其中有，中央电视台、中央人民广播电台、新华社、《人民日报》《经济日报》《光明日报》《中国日报》《工人日报》、中国新闻社、《法制日报》《财经杂志》等中央新闻媒体及其网站；有《中国水利报》《黄河报》《黄河 黄土 黄种人》等行业报刊；有水利部等中央政府部门门户网站，有关省市政府门户网站，有搜狐、新浪、网易、雅虎、

TOM 等著名门户网站；有《香港文汇报》《大公报》、凤凰网等港台媒体；《联合早报》《荷兰金融时报》等国外报纸，湿地国际、联合国教科文组织水信息港、湄公河委员会网站、保护多瑙河国际委员会网站、国际水资源协会网站等境外媒体与网站。

作为黄委的门户网站，黄河网开辟了"第四届黄河国际论坛"专题，设有直通论坛、观点集纳、高端访问、图说论坛、媒体声音、视讯网络和网上展览等专题栏目，多维度、全方位地对此届论坛进行了报道。

国内外媒体的广泛传播与及时报道，宣传了中国水利建设成就、各国流域管理先进理念与经验，进一步彰显了黄河的强大魅力和广泛影响力。

全体与会代表通过探讨河流开发与保护、流域生态系统良性维持、维持河流健康生命、水资源可持续利用等一系列重大问题，发表了《第四届黄河国际论坛宣言——构建河流伦理》。

宣言指出：人类择水而居，傍水而存，依水而发展，沿河流而繁衍，薪火相传，人与河和谐共存，创造了光辉灿烂的人类文明。然而，工业文明以来，人类在加强自身创造力、追逐最大利益的同时，使自然环境生态系统遭到重创，世界范围内的河流面临生存危机。

我们来自 60 多个国家和地区的代表，于 2009 年 10 月 20～22 日聚首中国郑州，参加主题为"生态文明与河流伦理"的第四届黄河国际论坛，通过分析形势，交流思想，对加强生态文明建设，实现人类与河流和谐相处的紧迫性，有了更加深刻的认识。

我们认为：河流哺育了人类，孕育了社会文明，河流拥有自己的内在价值和生命，河流的生存权应该得到充分尊重。面对当前全世界范围许多河流出现断流、萎缩和水质污染等生存危机，河流已在用自己的兴衰历程呼唤着人类的警醒。对于人类而言，要深刻认识应该对河流承担的道德责任，规范人类的自身行为，弘扬生态文明思想，培育河流生命理念，促进人与河流和谐相处。

我们有责任和义务：动员社会各界力量，从自然科学、人文科学、社会科学的多维视角，研究河流生命的内涵、权利、价值、河流伦理原则、河流立法、维持河流健康生命指标体系，为实现人与河流和谐相处提供理论支撑。

作为河流的代言人，我们呼吁世界各国政府、国际组织、企业、社会各阶层积极行动起来，关爱河流，尊重河流，保护河流，给予河流道德关怀，维持河流健康生命，以水资源的可持续利用支持流域经济社会的可持续发展，让人类与河流相依相伴到永远！

"黄河宣言——构建河流伦理"发出的时代强音，使人们眼前重新浮现出几天前论坛开幕时播放的电视专题片《河之变》。这部电视专题片采用空中拍摄、定格动画、历史镜头对比等多种手法，讲述了黄河从生命危机到生机勃发的嬗变故事：

水，是生命之源，当它开始在地球上流动的时候，就形成了奔流不息的生命，它流淌到哪里，哪里就是人们万古常新的家园。

中国第一部诗歌总集《诗经》中这样记载："关关雎鸠，在河之洲；窈窕淑女，君子好逑。"生命与生命以河为伴，相亲相悦，那是一种多么令人神往的意境啊！

水创造并哺育了所有物种的生长和繁衍，结束了地质时期的单调和死寂，宣告了物种进化时代的到来，大千世界充满生机。

然而，随着工业文明的日新月异，人类更坚信自己是号令河流的主人，开始自我陶醉，试图通过工业文明的法力驯服河流。

在人类假借科技之力，加速对河流的征服、控制之时，古老的河流被无情地虐杀，几近走上人类追逐财富的不归之路。

养育和激活生命的河流变了。世界文明发源地的诸多河流断流了，中国的黄河也断流了。断流给河流带来了致命威胁：河床龟裂萎缩、水质污染超标、湿地退化消失、生物种链断裂等。

我们难以想象，假如没有了奔流的大河，人类赖以生存的地球还会是蔚蓝色吗？在狂热追求财富无限增长的幻觉中，人类的智者透过繁荣看到了危机。环境学家预言：这场环境革命的意义就像1万年以前的农业革命和18世纪的工业革命一样重大。人类将重新审视自己的行为，摒弃以牺牲环境为代价的黑色文明。建立一个人与大自然和谐相处的生态文明，就这样悄然拉开了序幕。

黄河、黄土、黄种人，就这样相濡以沫，重新开始追逐和寻觅着，共同演绎着创造生命和文化的伟大历程。从此，一条大河的命运开始改变。

当"维持河流健康生命"以及河流伦理新理念诞生之时，河流从实用主义哲学回归温情的人文关怀和尊重。

开创世界大江大河实施全流域水资源统一管理与调度先河的黄河，创造着河流生命的奇迹。这条赋予一个伟大民族生命华章的大河从频繁断流到波澜再生，连年畅流入海，严重受损的河流生态系统显著改善。

复活的黄河穿越蜿蜒，一路欢歌。中国12%的人口、15%的耕地和50多座大中城市找回了与河共舞的流金岁月，感知着永恒的跳动脉搏。

壮美的大河恢复了奔腾跳跃的活力，重复着日夜不息的脉动和输移，为生命的进化成长提供了辽阔的空间。

致力于自然环境修复的生态调水，是人类给予河口生态系统万物生灵应有的理解和尊重，同时也为黄河水资源统一管理与水量调度实现功能性不断流提供了试验场。

源源不断的黄河水为河口地区的生物提供了最基本的养分，由此构建了一个生机勃勃的食物链，使得中国的"生态要冲"重新成为整个东北亚内陆及环太平洋迁徙鸟类重要的越冬、中转和繁殖的"鸟类国际机场"和野生物种的生命乐园。

握手世界

人类从与水抗争，到主动给洪水让路；从消除洪水、泥沙的围追堵截，到利用洪水、塑造洪水，构造协调的水沙关系，是河流管理理念的升华。

人类自身的主动性与河流自然的规律性巧妙耦合，使黄河实现了惊鸿一跃。

"三年两决口、百年一改道"的大河历史，总在张扬自然的力量，也在考量人类的思想。历史上，黄河频繁决口改道，其下游如肆虐的巨龙在南北徘徊。生灵涂炭、饿殍载道、瘟疫滋生、生态恶化是其深重灾难的真实写照。黄河疯狂泛滥的时代已成为过去，而其终结者则是经过几代人奋斗形成的"上拦下排、两岸分滞"的防洪工程体系和日益完善的非工程体系。

黄河下游，依然以"悬河"的姿态傲视两岸。一道道控导工程，顽强地改变着黄河游荡性摆动的性格；绵延不断的长堤，既是坚固的"水上长城"，又被不断注入生态、文化等新的元素。利用黄河泥沙建设的"标准化堤防"以防洪保障线、抢险交通线、生态景观线三位一体的容颜，成为华夏大地上又一新的地标。黄河两岸，城市林立，稻菽千重，百姓祥和，鸟语花香。

黄河，举世闻名的伟大河流，它是中国的，也是世界的。2003年以来，开放的黄河昂首勃勃走向世界。全世界的河流跨过五洲四海，在这里握手。世界倾听着黄河的声音，黄河分享着世界的滋养。黄河正在以它持久的感召力，高擎河流伦理的大旗，阔步前行。

通过河流生态由盛而衰、由衰复活的演变，使人们深切感受到了河流生命的普世价值。从生命危机到生态复苏，直至走向生态文明之旅，奔腾的大河在生命嬗变中开始了温馨浪漫的新乐章……

当河流生命被生动鲜活的电视画面所阐发，当人们心灵深处被浓郁深沉的解说所触动，当生态文明与河流伦理的主题被现实与哲理所揭示时，黄河国际论坛仿佛已成为永不落幕的世界河流盛会。

黄河日出

第九章

维权河流

一、嘉宾云集　共襄盛举

当历史的车轮走过 21 世纪第一个十年，面对一个新阶段的到来，下一步中国水利事业应当怎样发展，黄河治理开发的重点任务是什么，如何破解水资源供需的尖锐矛盾，一系列战略发展问题摆在人们面前。

春风化雨，战鼓催征。在新时期治黄改革发展阔步前进的征途中，人们热切期盼的又一次河流盛会，翩翩来临。2012 年 9 月 25 日，中原大地，秋风送爽，丹桂飘香，第五届黄河国际论坛在河南郑州国际会展中心隆重开幕。

握手世界

当今世界，受全球气候变化及人类活动交互影响，水灾害、水资源、水环境问题日益突出，世界各国共同面临水危机的严峻挑战。中国是世界上人口最多的发展中国家，也是水资源相对短缺的国家。人多水少，水资源时空分布不均，与生产力布局不相匹配，已成为中国经济社会可持续发展的突出瓶颈。中国政府高度重视解决水问题，把节约资源、保护环境作为基本国策，坚持以人为本，坚持人与自然和谐，对水资源进行合理开发、高效利用、综合治理、优化配置、全面节约、有效保护和科学管理。中国以占全球 6% 的淡水资源、9% 的耕地保障了全球 21% 人口的吃饭问题，以世界平均水平 60% 的人均综合用水量保障了国民经济 3 倍于世界经济平均增长率的高速增长，这是中国对世界发展与繁荣做出的重大贡献。

此届论坛正是在这一背景下举行的。论坛主题为"流域可持续发展及河流用水权保障"，旨在通过国际水利界广泛深入的交流和讨论，增强人类绿色发展、和谐发展和可持续发展意识，进一步规范和约束人类不合理的行为，携手应对全球水危机，更好地发挥河流的自然功能和社会功能，切实保障河流自身的用水权利，让河流更好地为人民造福，共同开创人类文明发展的美好未来。

第五届黄河国际论坛开幕式

来自欧盟、美国、丹麦、奥地利、澳大利亚、法国、荷兰、葡萄牙、巴西、津巴布韦等 60 多个国家和地区的政府官员、国际组织、流域机构的官员，国内外科研单位、高等院校的专家学者及企业单位代表共 1000 余人参加了这一国际水利盛会。

中国水利部部长陈雷，水利部副部长胡四一、李国英，黄委主任陈小江，河南省副省长刘满仓，丹麦环境大臣奥肯，美国陆军工程师兵团副司令沃什，澳大利亚可持续发展、环境、水与人口社区部部长伯克，津巴布韦水资源开发与管理部部长恩科莫，世界水理事会主席福勋，世界自然基金会副总干事施维德，瑞士联邦环境署副署长高兹，匈牙利地方发展部水利国务秘书彼得·科瓦奇，葡萄牙农业、海洋、环境与土地管理部国务秘书佩德罗·阿方索·保罗，联合国教科文组织水教育学院院长纳吉，联合国秘书长水与卫生顾问委员会委员、保加利亚环保部前副部长乌朱诺夫，巴西国家水利署署长安德鲁等嘉宾出席论坛。

陈小江在致辞中说，黄河是中华民族的母亲河，在中国经济社会发展中具有十分重要的战略地位。中华人民共和国成立以来，中国政府领导人民对黄河治理开发和保护进行了艰辛探索和不懈努力。但由于黄河流域是中国水资源最为紧缺、供需矛盾最为

时任黄委主任陈小江在第五届黄河国际论坛开幕式上致辞

突出、生态环境最为脆弱的地区，黄河水情极其复杂、治理任务艰巨、管理保护难度大，确保黄河长治久安和水资源永续利用，依然任重道远。黄委以科学发展观为指导，积极践行可持续发展治水思路和民生水利新要求，提出了维持黄河健康生命的治河理念，持续开展了全河水资源统一管理和水量调度、调水调沙、标准化堤防建设等一系列探索与实践。2011 年中央召开了最高规格的水利工作会议，出台了关于加快水利改革发展的决定。面对新的历史机遇，我们更加注重顶层设计、科学管理、能力建设和基层基础工作，不断丰富完善治河思路和理念，各项工作有了新的进展。

陈小江指出，当前需要人们高度关注的是，在工业化快速推进的进程中，河流自身的用水权力被忽视，从而衍生了环境污染、生态破坏等诸多问题。为此，本届论坛以"流域可持续发展及河流用水权保障"为主题，并有针对性地设立五个分论坛，旨在通过与会代表广泛深入的交流和讨论，不断增强人类绿色发展、和谐发展和可持续发展意识，进一步规范和约束人类不合理的活动，切实保障河流自身的用水权，更好地发挥河流的自然功能和社会功能，让河流更好地造福全人类。流域可持续发展与河流用水权保障，如车之两轮、舟之双桨，只有均衡驱动，才能实现持续发展。黄委愿与各国水利同行携手共进，加强合作与交流，为河流安澜无恙、永葆生机，促进经济社会永续发展，做出不懈的努力。

丹麦环境大臣奥肯在致辞中表示，非常荣幸能够参加第五届黄河国际论坛。她说，此届论坛的主题全面综合地考量了水资源的重要性，体现了水是社会、环境和经济发展不可或缺的组成要素，视角非常智慧。我们高兴地看到，中欧水资源交流联合声明签署后短短六个月，双方交流合作已取得了明显成效。丹麦作为欧盟轮值主席国、中欧水资源交流平台的欧方牵头国，为此而感到自豪。丹麦正在尽最大努力，争取让更多的欧盟国家和商业部门参与到中欧水资源合作之中。希望未来进一步扩大平台的影响力，通过中欧水资源领域的合作，更好地维护中国和欧盟国家人民的福祉，并期待中丹两国开展更加富有成效的合作。

美国陆军工程师兵团副司令沃什在致辞中表示，美国正在致力于推进水资源规划方面的改革，希望与中国在水资源管理、水技术等方面开展更多的高层交流和项目合作。通过举办研讨会等方式加强专家和技术人员的交流，学习借鉴中国经验，推进合作谅解备忘录早日签署。

澳大利亚可持续发展、环境、水与人口社区部部长伯克说，2012年是中澳两国建交40周年，40年来中澳水利合作取得了重大进展，正向着全方位、多层次、宽领域方向发展，双方见证了中澳之间互惠互利的过程，也见证了两国人民之间的友谊。澳大利亚是世界上最干旱的大陆之一，水资源管理对澳大利亚来说至关重要。为此，澳大利亚在流域管理、防洪管理、水资源合理开发利用、水权制度、水市场培育、水污染防治、河流保护等方面，开展了一系列工作。希望与中国在流域管理方面加强信息共享，开展互惠合作，共同应对全球气候变化挑战，促进人类可持续发展。

津巴布韦水资源开发与管理部部长恩科莫在致辞中，首先感谢中国水利部的盛情邀请，他说，长期以来，中国在津巴布韦应对水挑战和水问题中给予了大力支持和帮助。2012 年 5 月就签署双方合作谅解备忘录达成共识，将为两国水利管理和技术长期交流确立框架，我们对未来中津两国进一步加强交流与合作，共同推动两国水利事业的发展充满信心。

世界自然基金会全球项目副总干事施维德在致辞中说，世界自然基金会是第一家应中国政府邀请来华参加自然保护工作的非政府组织，中国水利部与世界自然基金会开展了良好的合作。2008 年、2009 年先后签订了农村饮水安全问题及水源地保护、流域综合规划及水量分配两个 5 年合作框架协议，合作已取得初步成果，我们为此感到非常高兴。现在世界水利面临很多矛盾和问题，此次黄河国际论坛的主题"流域可持续发展及河流用水权保障"，与世界自然基金会的理念相互契合。希望以此为契机，进一步推动双方在河流健康恢复、饮水安全、流域水生态保护等方面更加务实的合作。

世界水理事会主席福勋在致辞中说，十分荣幸能够再次来参加黄河国际论坛。黄河国际论坛在世界范围内享有盛名，吸引了众多国家和地区的高层代表，衷心预祝此次论坛取得圆满成功。他说，各国对世界水理事会的重要作用，给予了越来越高的认可。中国是人口大国，也是水利大国，作为世界水理事会的重要成员和合作伙伴，中国在世界水理事会中发挥着越来越重要的作用。世界水理事会期待将各种水问题纳入"水安全"主题，这与中国政府 2011 年一号文件的理念非常契合，期待世界水理事会与中国水利进一步深化交流合作。

开幕式结束后，水利部副部长李国英、黄委主任陈小江、联合国教科文组织水教育学院院长纳吉、荷兰基础设施与环境部司长德博尔，先后作了《中国水利发展中的防洪与灌溉问题》《联合国世界水发展报告》《可持续的黄河水资源管理》《给河流以空间——欧洲莱茵河洪水管理经验》的论坛主旨报告。

嘉宾云集，共襄盛举。千余名代表汇聚一堂，热情握手，友好致意，亲切交谈。激越的心情，活跃的思维，以中文、英文、西班牙文……不同的语言，在这里融汇着，交流着，共同表达着对此届黄河国际论坛的祝愿之情！

二、中国欧盟水资源高层对话

第五届黄河国际论坛期间，为进一步推动中欧水资源交流平台建设，抓紧开展富有成效的项目合作，举办了中欧水资源交流平台高层对话会。

随着国际合作的不断开展，中欧水资源领域合作进入鼎盛时期。中国水利部与18个欧盟国家水资源主管部门签署了双边合作协议或备忘录。2012年3月，在法国马赛举行的第六届世界水论坛上，中国水利部与欧盟共同主办了中欧水资源管理对话会，双方签署了《关于建立中欧水资源交流平台的联合声明》。根据联合声明，建立了中欧水资源交流平台，双方分别成立了秘书处，并就联合指导委员会组成、近期工作计划等事项进行了多次磋商。此次对话会，标志着中欧水资源领域合作的又一重大进展。

中国水利部部长陈雷、副部长李国英，丹麦环境部大臣奥肯，欧盟驻华大使艾德和，黄委主任陈小江，葡萄牙农业、海洋、环境与土地管理部国务秘书佩德罗·阿方索·保罗，匈牙利地方发展部水利国务秘书彼得·科瓦奇等出席会议开幕式。来自丹麦、英国、匈牙利、奥地利、法国、荷兰、德国、西班牙等欧盟国家的政府官员、

中欧水资源交流平台高层对话会现场

驻华使节、企业界代表，中国水利部、外交部、商务部以及部分省（自治区、直辖市）水利厅（局）和企业界的代表参加了对话会。

丹麦环境部大臣奥肯在致辞中说，水是至关重要的资源，在水利领域采取目标明确的政治措施和国际合作是解决水资源危机的有效方法。中欧在水资源领域合作的蓬勃发展不仅对中欧双方，而且对世界都具有战略意义。中欧水资源交流平台是一个平等伙伴参与、真诚合作的平台，将为中欧绿色经济的长足发展贡献力量。真诚希望中欧水资源交流平台发展成为一个坚实、可靠、实用的载体，在中欧水资源管理领域理念、政策、立法、经验、技术和人力等方面发挥重要作用。

欧盟驻华大使艾德和在致辞中说，在法国马赛第六届世界水论坛上，我们见证了平台的成立，如今欣慰地看到平台的发展迈出了许多"第一步"。中国与欧盟都面临着水资源短缺日益加剧的挑战。中国的淡水资源只占全球的 6.2%，却要满足占全球 21% 的人口使用，经专家预测，由于水污染的问题，全国仅有 30% 的可再生水资源可以利用。欧洲也对 2025 年和 2050 年水量供需水平进行了模拟预测，结果表明，即使在各行业用水效率极大提高的前提下，欧盟众多集水区仍将面临水压力的问题。如此，很难想象有一天，我们没有足够的水，那将是一种怎样的灾难！在欧洲，一个国家往往依赖于跨国河流与地下蓄水层的水源，由于经济与人口增长、城市化进程加快，用水需求增长，致使水竞争成为国家间的重大安全问题之一。这就需要我们彼此协作，不分国界，共同采取行动，相互鼓舞，探索解决方案，共同推动全世界更高水平的可持续水资源管理。

艾德和愉快地回顾起中欧领导人在布鲁塞尔的会晤，他说："在那里，中欧领导人会晤商定在双方合作中，将水利合作视为最优先考虑的议题之一。如今中欧水资源交流平台的建立，成为我们加强合作的优先机制。今后还将提出新的举措，开启新的项目，加强中国与欧盟之间的战略伙伴关系，我为此感到高兴。请允许我向举办此次中欧政策对话会的项目团队致意，祝大家在新的精彩奋斗中取得成功！"

开幕式结束后，交流平台分为政策对话、科研对话、商务对话三个会场，进行交流探讨。

在政策对话会场，葡萄牙农业、海洋、环境与土地管理部国务秘书佩德罗·阿方索·保罗介绍了葡萄牙《实施和管理水与卫生的成功案例》。他说，自中欧水资源交流平台构建初期，葡萄牙就一直支持其发展，如今看到平台正以坚实的步伐向前迈进，为此深感欣慰。葡萄牙1993年以来的发展经历表明，通过这样的途径分享我们的优势和不足，促进对水与健康的思考是非常重要的。1993年之前，葡萄牙的水

水利部陈雷部长与丹麦环境部大臣等外宾进入会场

管理方式是不可持续的，以至于在加入欧盟应对水资源挑战时显得捉襟见肘。为此，葡萄牙政府对水与卫生领域进行了重组，增加了大量投资，采取了一系列措施，促进水设施环保性能的优化。经过十几年的努力，葡萄牙全国饮用水设施有了长足进展。可控的优质水资源已由1993年的50%提高到2010年的99%，水资源管理模式也日趋成熟。相信这些经验会给中国和其他国家提供借鉴。最后，阿方索加重语气说："在这里，我想重申葡萄牙政府对于这个平台的承诺，并坚信必将产生丰硕的成果！"

匈牙利地方发展部水利国务秘书彼得·科瓦奇在发言中介绍了《欧盟水框架指令》在匈牙利的实施情况，重点介绍了匈牙利在编制多瑙河等流域规划过程中，充分与利益相关者和公众协商的经验。在流域管理规划初稿咨询期间，仅听证会就涉及农业、自然保护、林业管理、市政管理、地热水、机构发展、融资等25个专题，共有约700个机构出席听证会，征询到近4000项意见、问题、评论和补充。经过分析、吸收、整理，这些都在国家级规划、子流域级规划和子单元级规划的最终稿中得到了体现。科瓦奇说，《欧洲水框架指令》生效以来，根据指令规定的水资源管理新方法，匈牙利使用了更加全面的信息，采取了新的水质评价标准，实行新的公共关系和技术提高透明度，取得了明显成效。他表示，愿与所有感兴趣的国家分享匈牙利的这些经验。

中国水利部水资源司司长陈明忠在发言中，介绍了中国实施最严格水资源管理制度的做法、成效和面临的挑战。主要体现在：一是加强顶层设计，编制发布了落

实最严格水资源管理制度的实施方案，进一步细化了各项任务和措施，确定重点任务 26 项，子任务 78 项，具体事项 189 项，明确了责任分工和执行时间表。二是以国务院批复的《全国水资源综合规划》为主要依据，将"三条红线"控制指标通过流域，在省级行政区进行分解，首批 25 条跨省江河流域水量分配技术方案基本完成。三是编制完成《最严格水资源管理制度考核办法》，明确了考核主体、考核内容、考核方式，将报国务院批准实施。四是国家水资源监控能力建设项目全面启动，力争用 3 年左右时间，基本建成中央、流域、省三级共 40 个水资源监控平台，对重要取用水户、省界断面、重要水功能区共 1.4 万个国控监测点开展监测；进一步优化水文站网布局，加密省界断面水文站建设，加强入河湖排污监督监测，加快全国地下水监测网络建设，逐步建成国家水资源管理信息系统。五是最严格水资源管理相关制度全面推进实施，在用水总量控制方面，严格水资源论证和取水许可审批，启动全国地下水超采区划定工作，实施地下水超采区禁采与限采；在用水效率控制方面，开展了 100 个国家级和 200 个省级节水型社会试点建设，30 个省（区）发布了行业用水定额。根据国务院批复的《全国重要江河湖泊水功能区划》，确定了全国 4493 个重要水功能区的功能定位和水质管理目标，开展了 175 个全国主要饮用水水源地安全保障达标建设和 14 个水生态系统保护与修复试点建设。建设了一批骨干水源工程和河湖水系连通工程，全国年供水能力超过 7000 亿立方米，黄河连续 12 年实现不断流，塔里木河连续 12 年向大西海子以下干流河道成功输水，黑河连续 8 年送水到东居延海。六是最严格水资源管理制度试点工作取得新进展，选择 12 个地区进行试点探索、典型引路，示范效果良好。

陈明忠说，在看到进展和成效的同时，我们也清醒地认识到面临的严峻挑战，这些挑战主要来自经济社会快速发展与资源环境的不平衡，水资源管理与社会用水行为的博弈。要把最严格水资源管理的各项制度落到实处，必须加快法治建设，提高科技支撑能力，强化水资源监控能力建设，进一步完善部门联动和全社会广泛参与的机制，形成强大合力和良好社会氛围，强化管理机构建设，不断提高管理效率。

对话会上，中国水利部部长陈雷与丹麦环境部大臣奥肯共同签署了《中欧水资源交流平台 2012 ～ 2015 年工作计划》，明确了未来三年中欧在水资源领域合作的主要目标和重点任务。

与此同时，中欧水资源交流平台相继举行了面向欧盟代表团的信息交流会、开放式信息交流会、第一次联合指导委员会会议、地下水管理专题会议、流域管理工具和科技主题分会、河流健康和环境流量分会、流域综合管理分会等一系列专题会议。丰富多彩的活动、务实高效的合作、热烈深入的交流，开辟了中欧水资源合作的新局面，昭示着中欧水利战略合作的广阔前景，为第五届黄河国际论坛增添了熠熠生辉的光彩！

三、两场重要的主题分论坛

在此届黄河国际论坛上，围绕"流域可持续发展及河流用水权保障"的主题，安排了两场主题分论坛。

面对世界范围内许多河流由于人类开发过度、粗放利用、超标排放污染物等行为，导致河道干涸断流，污染加剧，生态恶化的严峻现实，人们越来越深刻地认识到，如果任由这些行为发展，流域水资源将难以为继，最终势必影响甚至威胁到人类社会的生存和发展。这两场主题分论坛，就是为聚集维持河流健康的智慧，进一步提高人们认识而举办的。

9 月 25 日下午，第五届黄河国际论坛水领导人高层论坛在郑州国际会展中心举行。水利部部长陈雷，丹麦环境大臣奥肯，津巴布韦水资源开发与管理部部长恩科莫，世界水理事会主席福勋，瑞士联邦环境署副署长高兹，匈牙利地方发展部水利国务秘书彼得·科瓦奇，美国陆军工程师兵团副司令沃什，澳大利亚可持续发展、环境、水与人口社区部部长伯克，联合国秘书长水与卫生顾问委员会委员乌朱诺夫，巴西国家水利署署长安德鲁等出席论坛并发言。水利部副部长李国英，黄委主任陈小江，水利部总工程师汪洪、总规划师周学文等出席论坛。论坛由水利部副部长胡四一，联合国教科文组织前副总干事、联合国教科文组织水教育学院院长纳吉先生共同主持。

论坛上，水利部领导介绍了中国政府实行最严格水资源管理制度的进展情况。中国人多水少，水资源时空分布不均，与国土资源和生产力布局不相匹配。随着工

水领导人高层论坛会场

业化、城镇化的深入发展，全球气候变化影响加大，中国的水资源形势更趋严峻，强化水资源管理的任务更加繁重。为此，中国政府明确提出要实行最严格水资源管理制度，确立了"三条红线"，并抓紧开展了 6 项工作：严格用水总量控制，促进水资源永续利用；严格用水效率控制，全面建设节水型社会；严格水功能区限制纳污，强化水资源保护；推进河湖水系连通，增强水资源配置能力；强化考核评估监督，落实水资源管理责任；加快改革创新，夯实水资源管理工作基础。下一步中国政府将进一步加大工作力度，全面落实最严格水资源管理制度，努力推动经济社会发展与水资源、水环境承载能力相协调。中国愿意与世界各国一道，继续加强在水资源管理领域的交流与合作，共同携手应对各种困难和挑战，为世界可持续发展做出新的更大贡献。

负责国家自然灾害控制工作的瑞士联邦环境署副署长高兹先生介绍了瑞士防御山洪、堰塞湖等自然灾害的经验。他说，在全球极端灾害天气频发的大背景下，怎样确保防洪安全，保证民众生命和财产安全，是每一个国家的重要任务。在防洪方面，我们从中国黄河汲取了有益经验，受到了很大启发。可持续发展的基础是生态、经济、

握手世界

社会三者的平衡统一，为实现可持续合作，瑞士环境署将继续加强与中国水利、林业、环保等有关部门的全方位合作。

水领导人高层论坛是第五届黄河国际论坛的一项重要活动。论坛邀请世界水事领域的高层领导人，包括各国政府的高层官员、国际水事组织的高层负责人等，就全球水危机、水资源综合管理、应对气候变化和灾害管理等普遍关注的水事领域，发表观点和看法，进行讨论和交流。通过信息交流和思想碰撞，为水资源问题的解决寻求新的思路和途径。同时，论坛还设置互动环节，为与会人员提供对世界水事高层领导人进行提问和交流的机会。

与此同时，在郑州国际会展中心的另一个会场上，世界河流论坛也正在热烈的气氛中进行。来自黄河、密西西比河、墨累－达令河、莱茵河、泰晤士河、亚马孙河、尼罗河、尼日尔河、幼发拉底河、新加坡河、长江、淮河、珠江、海河、太湖、松花江、辽河等流域的高层管理者汇聚一堂，共同探讨河流可持续发展之路。

黄委主任陈小江介绍了黄河治理开发取得的成就和当前面临的主要挑战，并现场回答了论坛主持人的提问。

与其他江河相比，黄河有着显著不同的特点，是世界上最复杂、最难治理的河流。

世界河流论坛会场

其水土流失面积和强度位居世界江河之最，年均输沙量、含沙量位居世界江河之最，水沙关系不协调性位居世界江河之最，洪水灾害及其对生态环境的破坏也很严重。中华人民共和国成立以来，中国政府高度重视黄河问题，对黄河进行了大规模的治理开发。战胜了历年洪水，取得了连续60多年伏秋大汛堤防不决口的巨大成就，保障了国家经济社会的安全和稳定发展。通过水资源的统一管理与调度，实现黄河连续13年不断流，保证了流域及沿黄供水区域城乡居民生活用水和工农业发展的供水安全。在黄土高原地区开展了大规模的水土流失治理，年均减少入黄泥沙3亿吨左右，减缓了下游河床的淤积抬高速度，促进了生态环境的改善和社会的稳定进步。黄河调水调沙的探索和实践，使下游河道主河槽得到全面冲刷，河道过流能力得到显著提高，泥沙处理与利用取得重大进展。但随着流域经济社会的快速发展，黄河治理也面临着水资源供需矛盾日趋尖锐、防洪形势依然严峻、水土流失治理任务艰巨等挑战。

尼罗河委员会官员贝叶纳说，尼罗河是世界上最长的河流，与黄河一样，千百年来，它用河水养育了流域的居民，创造了灿烂的人类文明。但是由于尼罗河流域人口增多、上游国家经济发展速度加快等原因，各国农业、工业、生活用水需求量逐年加大，出现了上下游国家用水矛盾加剧、水资源短缺、污染严重等水资源危机与生态问题。为获取有限的水资源，人们开始争斗甚至真枪实弹地相互残杀，流域内有4个国家被列入世界最贫穷的10个国家名单之中。在危机中，流域各国意识到争斗只会造成贫困，只有通过国际合作才能从合理利用尼罗河资源中共同受益。关注母亲河的命运与现状，就是关注我们人类自己。来自尼罗河委员会的贝叶纳深有感触地说道，流域的可持续发展和河流用水权的保障是相互影响的两个方面，只有河流的健康和可持续发展才能保证人们能持续地从河流中受益；如果只对河流无序开发利用而忽视了对河流的保护，那么人们从河流中的索取将越来越少。因此，人们对河流的利用必须以河流的可持续发展为基础。这也是世界上几乎所有河流，尤其是流域人口众多的河流共同面临的问题和挑战。

贝叶纳认为，尼罗河与黄河有很多相似的地方，也面临着许多相同的问题，两条河流含沙量都非常大，流域人口众多。不同的是尼罗河流域对发展的需求比黄河流域更加迫切，基础设施显得落后。因此，尼罗河面临可持续发展问题比黄河更加严峻。同时尼罗河流经十几个国家和地区，是世界上流经国家最多的国际性河流之一，其管理牵涉更多层面的国际合作。在这方面，尼罗河从黄河这里学到了很多经验，接下来我们将从技术、基础设施和制度等方面加强尼罗河流域的综合管理。

贝叶纳说，黄河国际论坛是一个非常重要的论坛，主题非常有意义，参会的国家和地区非常多。通过几天来会上会下的交流讨论，我们了解到黄河治理开发的成功案例和成熟经验，如水利水电工程建设、泥沙治理、水资源保护等，也从其他河流中学到了很多河流治理的实践经验，不少经验和实践是我们可以直接应用到尼罗河流域治理中的。希望通过大家的共同努力，让我们赖以生存的母亲河长流不息，更加健康。

美国自然遗产研究所主席托马斯说，在大坝建设方面，美国长期以来似乎是世界各国的榜样。但是，美国人口比中国要少很多，美国水能资源的开发程度已经达到了 60%，虽然对能源的需求还在增加，但是和中国比起来，增加的速度要慢许多。中国的水能资源大概只开发了 17%，所以毫无疑问要对水能资源继续进行开发。中国的水能资源丰富，中国有权利、也有条件决定在何时何地进行水能资源开发。在美国，几十年前选择了一些自然景观特征明显的河流进行生态保护，但像这样只作自然保护、不开发的河流大约占美国河流的 3%，尽管比例不大，它却作为国家的一笔自然财富保存了下来。河流是由流动的水构成的，它也是有生命力的。通过制定一些法律，对有些河流进行自然状态的保护，而对于经济社会发展有迫切需求的河流，进行开发和利用，因河而宜，区别对待，这也是解决保护与开发这一对矛盾的一种途径。

英国环境部官员格里菲斯说，英国是世界上第一个进行工业革命的国家，也造成了人类历史上第一次大规模的环境污染，是世界上典型的"先污染、后治理"的国家。英国的治污过程历经 100 多年，主要做法是通过《河道法令》等十多部法律，依法治理环境污染；制定实施国家空气质量战略，规定全国各城市都要进行空气质量评估；通过产业结构调整抑制环境污染，发展较少污染环境的知识和技术密集型产业，将重化工业转移到新兴工业化国家和发展中国家。从工业革命时期的环境污染到今天生态治理的典范，英国留给了人们很多值得深思的经验教训。这对正处在发展时期的中国具有一定的借鉴意义。

国际水资源协会主席、中国科学院水资源研究中心主任夏军，国际灌溉排水委员会主席高占义，世界自然基金会全球淡水项目主任李利锋，荷兰德和威公司高管范敏泊等专家团成员，对各位嘉宾的发言进行了点评。

夏军说，实现河流用水权保障的目标，一是要有一套好的制度，比如《黄河水量调度条例》。二是要有好的机制。整个黄河流域，从干流到支流，从跨省到地区、市、县，再到乡镇，要做好用水管控，保障河流自身用水，必须依靠制度创新、管理体制改革和先进的技术监测手段。未来黄河水资源短缺问题将日益突出，也是中国长期面临的挑战和问题，更需要改变"多龙治水"的管理格局，统筹考虑资源利用、能源开发和环境生态影响等因素，实行流域统一的规划管理。

点评专家认为，世界河流论坛作为此届黄河国际论坛的一个重要分支，为世界各大流域机构和国际组织的高层负责人提供了一个很好的互动平台。各位嘉宾围绕"流域管理与可持续性发展"的主题，通过分享流域管理的成功案例，进一步增进了河流管理机构、国际组织之间的交流与合作，为维护河流应有的权利，实现共同发展、人水和谐，发挥了积极作用，取得了预期效果。

四、为了奔腾不息的健康河流

第五届黄河国际论坛期间，黄委与有关国家政府部门、国际机构分别联合主办了流域管理与公共参与分会、江河综合调度专题会议、泥沙管理与水库调度研讨会、健康河流与环境流量分会、堤防探测技术专题研讨会、全球水伙伴（GWP）河口三角洲水生态保护与良性维持高级论坛、流域组织国际网络（INBO）流域水资源一体化管理、中澳科技交流人才培养及合作、英国发展部黄河上中游水土保持项目、全球气候变化与黄河流域水资源风险管理、水和粮食挑战计划（CPWF）、中国水资源配置、流域水利工程建设与管理、供水管理与安全等18个相关论坛与专题会议。这些专题会议，主题鲜明，重点突出，与会专家从不同研究领域、不同专业技术展示交流了近期的最新研究成果。

在9月26～27日举行的水管理与公众参与分论坛上，来自世界自然基金会、水利部水利水电规划设计总院、国际水资源协会、全球水伙伴中国委员会、世界资源研究所等有关科研院所、高等院校以及企业的百余名代表，分别以大会发言、主题报告和提交论文等形式，交流了研究成果，

水管理与公众参与分论坛会场

分享了黄河、亚马孙河、多瑙河、密西西比河、墨累－达令河、尼罗河等世界著名河流的综合管理经验。国内高等院校、科研院所的专家代表围绕流域综合管理理念与实践、流域规划与先进技术、防洪减灾形势与对策、资源开发与生态保护、公众参与等议题，广泛探讨交流了科研成果。

专家们认为，河流系统本身是一个完整的生命系统和生态系统。为河流让出空间、为湿地让出空间、为洪水让出空间，是维持河流生态系统良性维持的必要条件，也是自然规律的要求。但长期以来，由于河流往往由为数众多的利益相关方进行多头管理，结果造成流域内的生态环境问题不断累积扩大，流域性生态退化和环境污染问题日益突出，成为流域经济社会可持续发展的重大挑战。因此，实施有效的流域综合管理已经势在必行，而且还将是一个较长的过程。

与会代表就水资源管理的理论工具与企业的实践探索、流域管理中的公众参与、水管理与能力建设、流域治理与网络等展开深入研讨，提出了大量有价值的观点。同时，分论坛还通过自由开放的对话活动，鼓励企业在水资源管理中发挥引导作用，加快公众参与水资源管理的进程，保障流域中不同群体的不同利益诉求在流域综合管理的实施过程中得到充分考虑和体现。

与会代表指出，流域综合管理直接关系到社会、经济和环境的可持续发展，其核心是通过流域尺度跨部门和跨地区的协调管理，合理开发、利用和保护，实现流域的经济、社会和环境的和谐发展，从而实现流域的可持续发展。

在黄委与武汉大学联合举办的江河综合调度专题会议上，50多位与会专家分别

就长江流域、黄河流域、珠江流域的综合调度探索和实践，江河综合调度关键技术问题作了专题报告。报告回顾了中国江河综合调度的探索发展历程，认为，中华人民共和国成立以来，兴建了一大批水利水电工程，如水库、堤防、分蓄洪区、取水工程、航运工程、跨流域调水工程，已经基本构成了各大流域防洪、发电、灌溉、供水和航运的工程体系。但是大坝的修建破坏了河流的连续性，而河流系统具有自适应特性。大型控制性水库改变了下泄水沙过程，引起了中下游河流系统长时间、大范围的自适应调整，这种调整有些对国民经济和生态环境有利，有些则不利。而且，已建和在建的各类水利水电工程分属不同的利益主体，既有国家流域机构、地方政府，也有发电企业；既有国企，也有民企，甚至外企。这就需要从流域整体的高度统筹考虑，实行流域综合管理和工程统一调度。否则，各自为政，多头管理，必然导致资源的无序利用和低效利用，社会和谐和流域生态环境的协调也无法保证。

会上，中国工程院院士、中国水科院水资源所所长王浩在《两纵四横巨型水资源系统综合调度设想》学术报告中，论述了为适应南水北调东线、中线工程建成通水后水资源系统的新格局，对黄河流域、淮河流域、海河流域的水资源统筹安排提出了调度设想，分析了长期干旱缺水的黄淮海地区面临的新形势、新任务以及应采取的新举措，受到与会专家、学者的关注。

中国科学院院士、清华大学王光谦教授对未来河流管理的走向发表了自己的观点，他说："对于包括黄河在内的水资源供需矛盾突出的世界上的大河来说，流域综合管理与可持续发展应该放在第一位。处理好流域可持续发展和河流用水权保障这一对矛盾并不容易。但过去的10年，黄委抓住了黄河流域的主要矛盾，以水资源统一管理和水量统一调度很好地解决了问题，开始走向了可持续发展管理的道路，这是个典型案例。"

江河综合调度专题会议会场

关于江河治理与水

沙条件的关系，王光谦说："以黄河为例，近几十年来，黄河的入海年输沙量不断减少，目前已远远低于年输沙量16亿吨的历史平均值。一方面黄河水资源总量在减少，另一方面泥沙变化又这么大，这是周期性现象，还是趋势性转折，要深入研究，增强预见性，提高对黄河客观性规律的认知能力，提前做出应对策略和安排。"

谈到科技创新，王光谦说："黄河水资源调度、调水调沙、下游河道整治等各项工作错综复杂，统筹解决好这些问题，迫切需要创新。黄河水资源紧缺已是不争的事实，但流域及相关区域人口在不断增长，能源基地也在增加，这些都需要水，怎么办？我认为南水北调西线工程应该兴建。长江水量是黄河的19倍，调出一些水量虽然对长江上游有些影响，但从国家全局战略发展考虑，从根本上解决黄河流域缺水问题出发，兴建南水北调西线工程，势在必行。中华民族是富有创新精神的民族，天行健，君子以自强不息；苟日新，日日新，又日新。创新是推动中国历史发展的强大动力。希望科技创新为黄河治理开发与管理打开更为广阔的空间，也引领河流走向美好的未来。"

与会专家讨论中认为，为了最大限度地减轻江河流域洪水干旱灾害和满足国家经济社会发展对水资源的需求，要在流域层面对各个水利水电工程进行调度管理，统筹平衡全流域防洪、发电、灌溉、供水、航运、生态、环境等各方面的需求，充分发挥各个工程的综合效益，积极开展江河综合调度理论和方法的创新研究。要结合各流域自身的特点，在法律与法规、体制与机制、科学与技术、手段与措施等方面开展系统的探索变革，不断完善和改进各流域管理，提升流域公共服务和社会管理水平，保障河流健康和流域经济社会的可持续发展。

与会的国内专家还建议，国家相关部门在重大研究计划中设立国家重大科技专项，开展江河综合调度的相关基础研究，在国家科技支撑计划、行业公益性项目中开展江河综合调度的应用研究，使中国江河调度管理的水平处于世界领先水平。

长期以来，处理水库泥沙问题一直是水利界关注的热点话题，也是泥沙专家矢志不渝研究探索的重大课题。此届黄河国际论坛期间，由国际大坝协会、美国自然遗产研究所、黄委水调局、黄河水利科学研究院共同承办的泥沙管理与水库调度研讨会，针对这个热门话题展开了热烈讨论。

来自6个国家和地区的专家学者，围绕水库大坝选址、水库设计和调度过程中

不同粒径泥沙的排沙输沙冲沙技术、水库泥沙淤积和泥沙输移模拟技术、梯级水库的泥沙管理、减少拦沙冲沙对下游河道形态的影响等问题，进行了主题发言。

讨论过程非常激烈，专家对多沙河流、水量不同的河流提出了不同的水库泥沙处理方法。尽管学术观点各有不同，但大家都强烈地意识到，设计水库时应对上游的产沙量、库区泥沙的淤积速率以及对下游河道影响等问题进行深入研究，在此基础上根据冲沙及泄洪的不同来水设计闸门，以期水库可实现长期持续运行。对于黄河来说，由于处在干旱和半干旱地区，水资源非常缺乏，可用于输沙的水量较少，水库泥沙资源利用将是未来解决泥沙问题的一个重要途径，具有广阔的发展前景。

美国自然遗产研究所首席执行官格列高里·托马斯，是第二次来参加黄河国际论坛，他在发言中高度评价了黄河泥沙处理与管理的研究与实践，认为在解决泥沙问题方面的经验，黄河可以当全世界所有泥沙研究者的"老师"。他说："通过黄河水资源统一管理和调度，黄河不仅不再断流，而且干流水质明显好转，生物多样性也明显提高。通过水库群的联合调度，黄河水库和河道里的泥沙成功排到了大海，这太不简单了！"

著名泥沙专家、美国科罗拉多州立大学杨志达教授长期关注黄河泥沙研究的进展，他说："一代人的生命不过100年时间，而黄河泥沙已经存在了千万年，黄河泥沙规律研究是一个很大的难题，必须放到黄河演变的漫长历史过程中进行考察，脚踏实地，不懈奋斗，才有可能得出经得起实践检验的依据和结论。要在充分探索大自然的规律和泥沙运动规律的基础上，研究探索黄河自身的特性，从而做出正确的判断。"

在另一个会场，由黄委与澳大利亚国际水资源中心主办，黄河流域水资源保护局、世界自然基金会、中欧水资源交流平台共同协办的"健康河流与环境流量分论坛"，吸引了国内外近 500 名代表。

会上，10 位专家报告了"环境流量评估"和"河流健康及环境流量案例分析"等方面的理论研究和实践成果，专家们围绕河流健康评估、河流健康与河流伦理、河流用水权、环境流量、水库生态调度、河流湿地功能恢复及维持、水功能区划、欧盟水框架指令及中国水政策、维持黄河健康生命实践等专题，进行了发言和讨论。

专家指出，世界上有 50 多个国家的 850 多条河流正在进行河流恢复项目，这已成为水资源保护和河流可持续管理的目标与方向。河流环境流量研究的核心在于维持河流生态系统一定的流量及流量过程，是实现水资源保护和河流可持续利用的基础保障。全球有 44 个国家开展了环境流量的研究，方法达 200 多种，由于对环境流量的概念与定义尚未达成统一认识，环境流量的理论体系和计算方法尚不完善，使得水资源开发利用中"环境流量"的定量及理论仍是当今相关行业研究的难点。

专家们认为，事实上，所谓"环境流量"已不单纯是流量的问题，要综合考虑水量、水质和水生态因素，还有留出保证河流输水冲沙过程的用水。

思想的碰撞，智慧的交流，学术的争论，把黄河国际论坛从一个高潮推向又一个高潮。与会专家都怀着一个共同的心愿，那就是，为了人类社会和经济可持续发展，人们需要奔腾不息的健康河流！

五、稻谷飘香的丰收时节

金秋九月，丰收的季节。随着黄委与有关国家的机构和组织分别签署合作谅解备忘录，此届黄河国际论坛又一批新的技术项目合作驶入快车道。

　　黄委与澳大利亚的水利技术合作，具有较长历史和良好的基础。澳大利亚在水资源管理、节水灌溉等领域的先进技术，河流健康、取水限额政策、水权交易制度等方面的创新措施，均居于世界先进水平。双方在这些方面的深入务实的合作，成为黄河治理开发国际交流合作的典范。

　　2007年，澳大利亚国家高级教育委员会特别授予黄河青年人才培养项目"澳大利亚教育培训国际合作杰出奖"，对于中澳在国际教育和专业培训方面的开拓性合作以及对经济、科技的推动作用给予高度赞赏和嘉奖。之后，黄委成功申请"澳大利亚政府奖学金"，选派两批共25人赴澳大利亚开展学习和交流，进一步深化了双方在专业培训领域的合作。

　　2010年，为帮助中国加强环境保护和自然资源管理政策的制定工作，澳大利亚国际发展署出资2500万澳元启动了为期五年的中澳环境发展伙伴项目。其中的中澳合作环境流量与河流健康项目，就是研究建立黄河下游河道健康指标体系。其主要工作内容之一是：基于黄河水文情势和水生态系统保护目标等因素，采用数学模型分析计算，提出黄河下游健康保护方案相对应的生态流量。

中澳合作高层会谈

荷兰水利界也是黄委的重要合作伙伴，双方已开展了多项国际合作研究项目。此届黄河国际论坛上，AGT国际集团荷兰分公司的专家演示推介了中荷合作的"智能堤坝洪水预警系统"项目，引起了与会代表的广泛关注。

多年来，AGT国际集团荷兰分公司致力于为洪水管理和堤防安全提供综合性的解决方案，其研发的堤防探测新技术通过敷设于河流大堤临水侧的分布式光纤带、打入堤身不同深度的垂直传感器以及可视化的视频摄像头等先进传感器，实时采集堤防稳定性信息和洪水演进信息，同步传输到洪水管理者的控制室内，经过决策支持系统分析、处理和评估，与特定模块相结合，迅速对信息进行反馈，表现为不同级别的堤防安全警报和洪水威胁警报，并可对洪水变化进行模拟。这种早期警报系统，采用全球领先的技术和经验，可收集实时水文和堤防稳定性数据，预测洪水形成和运动规则，提高堤防稳定性预测能力，同时预测由于堤防失效而形成的洪灾形势，并发出洪水预警，为防洪决策者提供依据。

AGT国际集团荷兰分公司首席执行官Mati Kochavi介绍说，该技术的核心优势在于它提供了一种统一的感知图，能够反映各个方面的内在联系。通过分析堤防稳定性数据，可提前4天预测堤防隐患的位置以及洪水发生的时间和地点，实现堤防监测的应急响应和危机管理。同时可以预测由于堤防失效而形成的洪灾形势并发出预警，具有很强的前瞻性，对于提升应对洪灾能力，为防洪决策部署争取时间，具有重要作用。

对于以"悬河"著称的黄河下游来说，堤防安全至关重要。为了尝试与这项实用新技术的合作，2011年11月，黄委国际合作与科技局和AGT国际集团荷兰分公司合作进行了"黄河流域洪水早期预报系统"试点工程，选择河南中牟赵口控导河段进行堤防安全监测试验，经过对三个断面布设的12个渗压传感器进行监测堤防渗流测试，取得了良好效果。在此基础上，2012年，黄委与AGT国际集团荷兰分公司正式合作实施了智能堤防洪水预警系统项目。应用过程中，成功经受了调水调沙期间人造洪水及汛期天然洪水的考验。通过实时监测数据的收集、传输及远程分析，为黄河大堤试点区进行洪水风险分析、安全评估提供了可靠的参考数据和资料。

此届论坛期间，中欧流域管理项目举行成果报告发布仪式，宣告历时五年的中欧流域管理项目顺利完成。

中欧流域管理项目子项目黄河流域水资源保护项目及龙门—三门峡河段示范区项目实施以来，在流域管理机制、公众参与、跨区域水资源管理与保护、河流纳污能力与规划编制、水污染预警技术、生物监测、节水减污与清洁生产、河流健康评估等方面取得了一系列重要成果。《1961～2005年黄河流域极端气候事件的变化趋势》《黄河流域气候变化情景研究——快速评估项目成果》等，被引用于《欧盟洪水指令手册》《欧盟地下水指令手册》等欧盟流域管理系统。该项目紧密结合黄河管理需求，提出了明确的目标和内容，同时，黄委作为项目实施主体，保证了项目的全程支持和项目成果的应用与实施。项目的纳污能力评估、预警预报等成果已经应用在黄河规划编制和应急管理工作中。中欧流域项目的成功合作，深化了中欧多边合作，促进了中国河流综合管理水平的提升。

"水利部黄土高原水土流失过程与控制重点试验室"正式揭牌，这是此届黄河国际论坛的又一亮点。

黄河难治，根在泥沙。黄土高原地区是中国乃至世界上水土流失最严重、生态最脆弱的地区。严重的水土流失不仅使生态环境不断恶化，而且造成耕地减少、贫困加剧，黄土高原水土流失已经成为制约区域经济社会可持续发展和生态安全的主要瓶颈。为了充分发挥科学研究技术的支撑和引领作用，提高黄土高原治理措施的针对性和有效性，2011年，水利部积极推动和重点支持水利科技创新体系和基础条件平台的建设，决定成立"水利部黄土高原水土流失过程与控制重点试验室"。

该试验室将针对黄土高原水土保持生态建设、民生水利建设等重大问题，以水土流失过程和控制机制为核心，围绕水土流失过程模拟、修复、调控与评价，致力于黄土高原水土保持领域基础理论和关键技术的突破。对于进一步整合科研优势，聚集高水平研究力量，推动中国水土保持的科技进步，实现国家水土保持重点建设目标，具有十分重要的作用。

论坛期间，由联合国教科文组织提供支持，黄委水文局、北京大学合作研究编著的《气候变化影响及黄河流域适应性管理对策》一书举行了发布仪式。该书以黄河流域为研究区域，分析研究了过去50年黄河流域的气候和水资源特点，并分析预估了未来50年黄河流域气候和水资源变化趋势。针对气候变化和人类活动对黄河流域水资源的影响，为黄河治理开发总体布局、水资源管理与调度、流域综合规划等提供了参考，对其他流域也具有重要的借鉴价值。

这是一个合作共赢、资源共享、优势互补的时代。一系列紧密围绕黄河治理开发与管理关键技术的国际合作项目启动实施，对黄河流域管理、水资源统一调度、洪水防御、生态保护、水土保持等领域，产生了重要的推动作用。

六、荷兰王子的黄河情缘

论坛期间，郑州国际会展中心一楼大厅，琳琅满目的黄河国际论坛水利科技展览，一直吸引着众多参观者的目光。

这个展览大厅，其实就是此届黄河国际论坛"流域管理工具与新科技"分论坛的形象化展示。在那场分论坛上，黄委、中国科学院、清华大学、武汉大学、中国水利科学研究院、丹麦水力学所、澳大利亚 eWater 水文咨询公司、英国 Wallingford 软件公司的专家，互相分享了数字流域模拟技术、洪水预警与监测技术、卫星与遥感技术、智能堤防技术、河流监测、大坝运行监测、试验室水利量测技术、水联网、智能流域、河流自然过程—生态环境—经济社会集成等方面的一系列新成果、新理念、新技术，进行了学术层面的交流。

置身展览大厅，令人目不暇接的展板、设备实物与现场演示，更加形象直观。

在两架一人多高的无人机前，有的观众用手指着螺旋桨，就有关性能向工作人员进行询问，有的仔细阅读宣传资料，有的高兴地与无人机合影留念。

作为一种先进的信息化技术，无人机遥感监测技术开始在黄河防凌、水政管理、河势监测等领域应用。其特点在于它的宏观性和适应性，可以实现大范围和特殊地形、地理条件下的监测。以前，黄河凌汛期及时全面掌握封河开河情况存在很大局限，利用无人机后可以轻易地在黄河河道上空进行监测，实时传回图片和图像，为防凌决策提供依据。

这次展览的无人机系列，就是黄委信息中心联合国内研发单位在黄河上"服役"的原装正品。

│水利科技展

在另一展台，身着救生衣的水文职工站在"四仓遥控悬移质采样器"前，模拟演示深水泥沙采样的场景，引起许多代表的追问。

水库泥沙淤积研究一直是黄河治理开发中的重大课题，但面对数十米深的水库，对深水泥沙取样，传统的技术手段无法实现。黄河水文职工自主研制开发的深水取沙"四仓遥控悬移质采样器"，成功解决了这一问题。这种设备和技术，自动化程度高、操作安全，大大提高了水文测验效率，填补了中国深水高含沙水流条件下的多仓无线遥控悬移质泥沙采样的空白。

为引领和驱动黄河治理开发各项工作向前发展，黄委坚持并十分注重引进和研发新科技。利用卫星与遥感技术，在黄河调水调沙、下游河势及凌情监测、河道行洪障碍监测等方面，取得了显著成效。随着"数字黄河"工程进展，在数字流域模拟系统上，着眼黄河治理开发、保护与管理的现实需求，充分利用多种先进 IT 技术，创新集成水沙基本理论研究的最新成果，构建模拟黄河自然系统，反映黄河流域及河道特征的各类专业模型和系统展示平台，在黄河调水调沙、防汛演习、水质预警预报、黄土高原土壤侵蚀、水沙预报和重大水事处置等领域进行了广泛应用。

"Very good！ Very good！"

顺着连声赞叹的声音，人们看到观展人群中一位欧洲人，他40岁左右，高挑的个子，风度翩翩，原来是荷兰王子皮特·克里斯蒂安也来参观展览了。

"我们这次带来了先进的智能堤防洪水预警系统，与参会者共同探讨和交流，希望大家能关注。"说话间，皮特·克里斯蒂安当起了临时宣传员，开始对荷兰参展技术进行推介。

此次参加第五届黄河国际论坛，皮特·克里斯蒂安王子筹划已久，有备而来。2011年5月他专程来华访问黄委，签署了中荷综合水利科技合作备忘录。他回忆说，那是一次愉快的访问，当时商定要把荷兰最优化的堤防管理资源带到黄河，特别是对这套为防洪决策赢得宝贵时间的智能堤防洪水预警系统，皮特·克里斯蒂安王子珍爱有加。

2012年3月，在法国马赛参加第六届世界水论坛期间，皮特·克里斯蒂安王子就有关共同举办第五届黄河国际论坛、推广智能堤防洪水预警系统事宜，专门同黄河代表团进行了磋商。

他认为，保障堤防安全是防御洪水的重中之重，而采用智能堤防洪水预警系统，可以呈现综合水利形势图，收集实时水文和堤防稳定性数据，预测洪水形成和运动规则，提高堤防稳定性预测能力，对于堤防失效而形成的洪灾形势提前发出预警，这对预防洪水并降低可能造成的损失十分重要。多年来，黄河治理的巨大成就举世瞩目。但是，黄河治理错综复杂，将是个长时间的命题。怎样有效预防洪水，最大限度地减少灾害损失，是当前河流管理中一项重大而艰巨的任务。中荷双方按照优势互补、资源共享、互惠互利、合作双赢原则，在诚信的基础上，建立全面战略合作关系，所合作的洪水监控、防洪预警等智能化监控系统建设，将初步在黄河上得到实现，这是双方都想得到的结果。洪水治理是目前全世界都面临的严峻挑战。洪水泛滥来自环境条件的变化、海平面升高以及其他趋势，我们必须投入更多资源和技术来预测、防范和治理洪水。在黄河上取得的成果，给世界提供了中国范例的治水经验。

荷兰王子皮特·克里斯蒂安在水利科技展上为水利部部长陈雷介绍荷兰智能堤防洪水预警系统

说到为什么选择来黄河，皮特·克里斯蒂安王子说："黄河是一条伟大的河流，也是世界上最难治理的河流之一，黄河洪水防御更是中国政府最重视的大事。我虽然没能亲自在黄河边行走，但我参观过黄河水量调度中心。在那里，我仿佛进入了黄河的心脏，如此先进的水量调度管理经验、管理能力和先进技术，真让人惊叹！"

皮特·克里斯蒂安王子说："每一届黄河论坛的主题虽然不一样，但相信每一位与会代表共同参与的心态是相同的。在这次论坛上，大家分享了水资源管理与可持续发展的先进理念与最新成果，对于加强水利科学技术交流与项目合作，进一步凝聚共识，增进友谊，发挥了很好的作用。"

他表示，通过和黄委的科技合作，他对黄河这条伟大的河流、对中国政府治理黄河取得的非凡成就，有了更深刻的了解。"把黄河治理好，保证人民生命财产安全，同时，也让黄河健康地奔流不息，需要我们的共同努力。为世界治水做出贡献，这是我们的共同责任。"皮特·克里斯蒂安王子最后说。

七、世界水利离不开黄河

随着主旨报告、高端会晤、专题发言、双边洽谈、成果交流、产品展示、现场问答等会议日程的渐次进行，各国与会代表越来越强烈地感受到，黄河国际论坛已成为一个具有广泛影响力的国际水利交流合作平台，是一场主题鲜明、学科荟萃、丰富多彩、收效丰硕的河流盛会。

连续参加三届黄河国际论坛的流域组织国际电联秘书长唐泽尔说，水资源问题的严峻性需要采用全面的、一致的管理措施，来综合处理水资源、生态系统和社会之间的关系。黄委在流域管理方面取得了卓有成效的经验，创造性地提出了先进的理念，并为各国政府水利官员、有关专家学者搭建了一个"零距离"沟通对话和信息交流的平台。此届论坛规模之大是很少见的，论坛内容丰富，主题具有普遍意义，通过论坛，为我们提供了互相认识接触的机会，学到了很多东西。

澳大利亚国际河流基金会主席加里·琼斯热情地表示，他非常喜欢黄河国际论坛这个交流平台。保障河流健康与经济社会发展之间存在着矛盾，要处理好两者的关系，找到一个平衡发展的状态，对全世界来说都是一个挑战。此届黄河国际论坛迎难而上，确立了"流域可持续发展与河流用水权保障"的主题，致力维持河流健康与经济社会可持续发展相协调，是一种敢于作为的尝试，体现了负责任的态度。

美国自然遗产研究所主席托马斯说，世界水利的所有重要命题，都包含在了此届黄河国际论坛开幕式十几位发言人的报告里面。黄河国际论坛使他了解了黄委在恢复黄河生态环境等方面所做的工作及创新措施。黄河不断流和生态环境的改善，让黄河与蔚蓝色海洋重新连接起来了！

葡萄牙农业、海洋、环境与土地管理部国务秘书佩德罗·阿方索·保罗说，这次参加黄河国际论坛，与中国在饮用水安全、防洪抗旱和水利投融资机制等方面分享了经验和技术，期望今后进一步加强双方的技术交流及企业间合作，建立长期稳定的交流与合作机制。

联合国教科文组织水教育学院院长纳吉说，中国高度重视黄河治理开发管理与保护工作，通过大规模的治理开发，取得了全世界都极为赞赏的巨大成就，为世界大江大河治理提供了宝贵经验。联合国教科文组织水教育学院立足全球化教学，计划在亚洲、非洲、拉丁美洲设立学院，帮助转型期和发展中国家解决水资源问题，我们非常希望能够得到中国的大力支持，也希望通过黄河国际论坛吸引更多中国专家到他们学院学习。

来自中国台湾逢甲大学的许盈松教授，作为海峡两岸水利科技交流研讨会这一经常性平台的积极推动者，连续参加了五届黄河国际论坛。他认为：此届论坛主题更加体现了人水和谐的理念，兼顾人的需求与环境的需求，维持河流健康生命，以水资源的可持续利用保障流域的可持续发展，是河流治理需要长期坚持的方向，也是生态环境建设的必然趋势。

谈起黄河国际论坛，世界自然基金会全球副总干事施维德高兴地回顾了 2007 年在第三届黄河国际论坛上世界自然基金会与黄委共同签署《2007～2011 年五年合作框架》以来，双方富有成效的合作。他说，该项目实施期间，双方筹办了河流环境流量研讨会，开展了环境流培训，深入探讨适合黄河的环境流评价方法，为实现黄河功能性不断流、保护黄河流域的生物多样性，提供了技术支撑，取得了令人满意的成效。但是，从全球情况来看，却不容乐观。据世界自然基金会 2012 年发布的《地球生命力报告》显示，人类正在使用相当于 1.5 个地球的资源来维持生活。如果不改变这一趋势，专家预估到 2050 年，人类将需要 2.9 个地球的资源来维持生活。这次黄河国际论坛，把有效平衡经济发展用水和生态保护用水作为大会主题，表明对这个问题有了深刻的认识和行动，我们为此而感到欣慰。

"一条奔流不息的洁净大河，一个兴盛和谐的经济社会，一种生机勃勃的生态环境，将是我们共同的期待。希望黄河国际论坛在推动河流健康恢复、流域水生态保护等方面发挥更大的作用。世界水利需要黄河！"施维德说。

世界水利需要黄河，这也是黄河国际论坛所有与会代表的共同心声。

通过多年的努力工作和黄河国际论坛的举行，黄河治理开发成就在国内外产生了广泛而深刻的影响。黄委已与世界上 30 多个国家和地区的国际组织、流域管理机构、科研单位、咨询公司、培训机构等建立了长期合作关系，与欧盟、联合国教科文组织、全球水伙伴、世界水理事会、国际水资源研究所等有着良好交往，签署了各类合作协议，并积极推动了中国水利与国际相关领域的双边和多边合作。黄委是中国第一批加入世界水理事会的成员单位，中欧水资源交流平台的发起单位之一，

会场一角

是国际流域组织网络和亚太水利知识中心等 10 余个国际组织的重要合作伙伴，在国际水事舞台上扮演着越来越重要的角色。

从小溪到巨川，从支流到干流，自古以来，人类与河流相生相伴，走过了无数春秋岁月。然而，随着人类活动不断越界，曾经汹涌的江河纷纷干涸，河流正在悄悄地远离我们的生活。于是，人们开始反思，为河流松绑，给河流以空间，与河流生态系统共享水资源。一种人水和谐治水新理念开始付诸行动，正在人们脚下延伸。

在黄河国际论坛，黄皮肤、白皮肤、黑皮肤……来自五湖四海的嘉宾们从容阐述自己的真知灼见，思想的火花在交流碰撞中闪耀。所有的话题都是水与河流，所有的合作都是为了河流美好的明天，这是河流的幸运，也是人类的幸运。在这里，"让世界了解黄河，让黄河走向世界"已经成为现实。人们相信，只要朝着这个方向不断努力，人水和谐、河流健康定将会从梦想走入现实！

随着各项议程的依序进行，第五届黄河国际论坛即将落下帷幕。然而，作为主办单位，黄委紧张的工作仍像上足了发条的时钟一样，正在继续前进。

时至凌晨寅时，论坛大会秘书处依然灯火通明，办公桌上几十摞论坛文件堆得满满当当，工作人员正在繁忙地落实最后的工作。

一年多来，对于直接负责筹办论坛的黄委国际合作与科技局的同志们来说，通宵达旦，彻夜不眠，这已是家常便饭。代表注册、议程安排、分会设置、论文审校、文件印制、发言材料、食宿落实、交通路线、会场布置、安全保卫……一系列筹备工作千头万绪，环环相扣，每一个细节都要落实到位。仅邀请函、四轮会议通知，确认参会国家、国际组织的官员及专家代表，就发出上万件邮件与传真。而且由于时差关系，与国外参会代表的沟通和交流，大多都要在深夜进行。

论坛开幕前夕直至进入实战阶段，更是如同一个庞大的系统工程。千余位国内外代表，几十个分论坛与专题会议，领导与外宾会晤、双边协议签署、水利技术展览、成果首发式等日程的实施，安全保卫、食宿接待、交通车辆、应急措施等会务组织的运行，错综复杂，互相交织。为此，大会秘书处的工作人员，往往是完成一件任务，顾不上吃饭，接着又投入到另一项工作当中。

作为中国流域机构主办的大型国际水利会议，黄河国际论坛得到了水利部的高度重视和精心指导。

2012 年 3 月，在法国马赛举办的第五届世界水论坛上，水利部部长陈雷就诚恳邀请各国水利部长级高层官员届时前来参加第五届黄河国际论坛。水利部专门召开部务会议听取黄河国际论坛筹备工作的汇报，提出了明确要求。水利部国科司负责同志多次到论坛现场，检查指导落实准备情况。

为了办好此届论坛，黄委领导殚精竭虑，精心谋划，周密部署。研究确定论坛总体方案，实地考察论坛现场，检查落实会场设施及功能，全力推进各项筹备工作。黄委主任陈小江强调，尽管黄河国际论坛已举办过四届，积累了一定经验，但此届论坛规模大、活动多，各方面要求高，必须进一步加强领导，全力投入，团结协作，确保组织到位、人员到位、准备到位、服务到位。要加强与相关国际组织和机构的密切沟通与协调，落实责任，主动衔接，把每一项措施落到实处，细化到每一个环节，对口到每一位参会代表。各部门、各单位在分工负责的同时，要加强沟通协调，主动衔接补台，确保论坛顺利进行。要充分利用论坛这个平台，加强同国内外水利同行的交流，学习借鉴各国水利与流域管理先进经验，真正把黄河国际论坛办成影响广泛、特色鲜明、节俭高效、成果丰硕的一流论坛。

遵照黄委统一部署，机关部门与所属单位，各负其责，分工把口，举全委之力，投入了这场"大战役"。

为了扎实推动第五届黄河国际论坛筹备工作，2012年4月26～27日黄委召开了论坛筹备暨合作伙伴协调会，来自欧盟、联合国教科文组织等国际组织的代表，中国外交部、水利部、环保部以及相关科研单位、学术团体和各高等院校的代表，就当时各国流域水资源管理面临的难点问题、关注的热点问题进行讨论，研究确认第五届黄河国际论坛的筹备事宜。

会议上，黄河国际论坛组委会分别与联合国教科文组织、中欧流域管理项目、世界自然基金会、全球水伙伴中国委员会、中国水利水电科学研究院、北京师范大学、北京大学、武汉大学、河南大学、郑州大学、华北水利水电学院等十余家单位签署了合作备忘录。各方庄重承诺，将加强与黄委的密切合作，共同努力推动黄河国际论坛的顺利举行。与会代表参观考察了第五届黄河国际论坛会址郑州国际会展中心，就会议的具体组织提出了许多建议。这次协调会议，对于推进此届黄河国际论坛筹备工作的顺利进行，发挥了十分重要的作用。

携手浇灌的奋斗之花，结出了丰硕的论坛之果。在各方面的共同努力下，在前四届成功经验的基础上，此届黄河国际论坛进一步提升了论坛的影响力、权威性及参与度。精心设置并组织进行的部长级对话会、高层圆桌会议、知名学者或高层管理人员主旨报告等议程，引领了政策、管理及技术前沿的深入交流。举办的主题分论坛及专题会议，为世界各地的学者、专家及高层管理人员探讨流域及水资源管理理论和技术提供了交流合作平台。一场场自由开放的对话会、丰富多彩的文化活动，向广大受众阐释了流域可持续发展、河流用水权保障与人们息息相关的重要时代命题。

"这一切确实来之不易呀！从2003年首创到第五届成功举办，经过近十年的共同努力，黄河国际论坛从无到有，从小到大，已经成为黄河与世界握手的重要平台。虽然在此过程中，遇到了许多意想不到的难题，其间的曲折坎坷不堪回首，但是看到黄河国际论坛取得的非凡成就，看到中国水利、黄河治理的国际地位显著提升，我们深深觉得，这一切都值！"回顾走过的风雨历程，黄河国际论坛大会秘书长、黄委国际合作与科技局局长尚宏琦不胜感慨地说。

连日来的思想碰撞、智慧交流与学术研讨，使参加此届黄河国际论坛的与会代表对于促进人水和谐、维护河流健康的认识有了新的升华，大家表示：羊有跪乳之恩，鸦有反哺之义，我们应该像感恩母亲一样感恩我们的母亲河，切实履行起尊重河流自然规律、捍卫河流自身权利的伦理道德义务，以果敢的实际行动，推动经济社会可持续发展，共同迎来人与河流和谐相处的新时代！

在广泛共识的基础上，全体与会代表通过并发表了《第五届黄河国际论坛宣言——促进人水和谐、维护河流健康》。

宣言指出：河流是有生命的，其基本用水权应得到人类的尊重和保障。河流在满足自身健康需水的前提下，才能合理供给流域及相关地区居民生活、工农业生产和生态环境用水，这是流域水管理应当遵循的基本原则。

水资源是有限的，对用水的需求又在不断增长，无节制开发利用不仅影响河流健康，最终也会制约流域经济社会可持续发展，因此，合理开发、高效利用、综合治理、全面节约和有效保护水资源是我们必然的选择。

宣言提出了人类社会的共同责任：凝聚社会各界力量，制定相关政策，采取有效措施，节约保护水资源，控制水资源开发程度，转变经济发展方式，提高水资源利用效率，保障河流用水权，促进流域经济社会可持续发展。

宣言呼吁：水是人类生存的基础，河流是人类文明的摇篮，让我们共同行动起来，珍惜、善待每一条河流，让人类与河流，相依相扶、互惠互利、和谐永恒、生生不息！

2012年9月27日，第五届黄河国际论坛胜利落下帷幕。

第十章

巨擘引航

一、生态文明的春天

2012 年 11 月 8 ～ 14 日，中国共产党第十八次全国代表大会在北京举行。大会高举中国特色社会主义伟大旗帜，从思想上、政治上、组织上为实现全面建成小康社会的宏伟目标、奋力开拓中国特色社会主义新时代，做出了重大战略部署。

十八大报告指出："必须更加自觉地把全面协调可持续发展作为深入贯彻落实科学发展观的基本要求，全面落实经济建设、政治建设、文化建设、社会建设、生态文明建设五位一体总体布局，促进现代化建设各方面相协调，促进生产关系与生产力、上层建筑与经济基础相协调，不断开拓生产发展、生活富裕、生态良好的文明发展道路。"

党的十八大以来，以习近平同志为核心的党中央立足坚持和发展中国特色社会主义、实现中华民族永续发展的战略高度，把生态文明建设作为"五位一体"总体布局和"四个全面"战略布局的重要内容，形成了科学系统的习近平生态文明建设重要战略思想，大力开展了一系列富有根本性、长远性、开创性的生态文明建设重大实践，为破解发展的资源环境瓶颈制约提供了有力武器，为树立"四个自信"提供了强大支撑，为世界可持续发展提供了中国理念、中国方案和中国贡献。

习近平生态文明建设重要战略思想开创了治国理政的新境界、深刻回答了"为什么建设生态文明、建设怎样的生态文明、如何建设生态文明"等重大理论问题，为推进美丽中国建设提供了方向指引、根本遵循和实践动力。

生态兴则文明兴，生态衰则文明衰。这是站在人类共同利益的高度思考自然生态、经济和人类的关系，回答了生态文明建设的历史定位问题。

尊重自然、顺应自然、保护自然，为建设生态文明指明了必须遵循的总体原则，是中国共产党执政理念的升华，体现出党对发展规律认识的深化，回答了生态文明建设基本理念问题。

绿水青山就是金山银山，是对发展思路、发展方向、发展着力点的认识飞跃和重大变革，成为发展观创新的最新成果和显著标志，回答了发展与保护的本质关系。

良好生态环境是最公平的公共产品，是最普惠的民生福祉。这是对民生内涵的丰富和发展，回答了生态文明建设的目标指向问题。

生态环境问题是重大政治问题。强化了各级党委、政府加强生态环境保护的主体责任和政治担当，回答了生态文明建设中的政治要求和责任问题。

坚持山水林田湖草是一个生命共同体。环境治理是一个系统工程，要以系统工程思路抓生态建设，这指明了生态文明建设的系统思维和实践方法。

实行最严格的制度、最严密的法治，保护生态环境必须依靠制度、依靠法治，这回答了生态文明建设的保障机制问题。

推动形成绿色发展方式和生活方式，是发展观的一场深刻革命。走"绿水青山就是金山银山"的发展之路，是一场前无古人的创新之路，是对原有发展观、政绩观、价值观和财富观的全新洗礼，是对传统发展方式、生产方式、生活方式的根本变革。经济发展与生态环境保护的关系，就是"金山银山"与"绿水青山"之间的辩证统一关系，必须在保护中发展，在发展中保护。

2015年5月，中共中央、国务院发布《关于加快推进生态文明建设的意见》，强调加快建立系统完整的生态文明制度体系，用制度保护生态环境。随后印发的《生态文明体制改革总体方案》，明确提出到2020年构建起由资源有偿使用和生态补偿等八项制度构成的生态文明制度体系。把"坚持绿水青山就是金山银山"这一重要理念正式写入了中央文件，为"十三五"规划提出绿色发展理念提供了理论支撑。

要"像保护眼睛一样保护生态环境，像对待生命一样对待生态环境"。一项项改革措施密集出台，用实际行动回答落实绿色发展"做什么"和"怎么做"的时代课题。

在习近平生态文明建设重要战略思想指引下，全党、全国各地认真落实党中央、

| 黄河岸边的生态修复与保护

国务院决策部署，从生态文明建设要解决的关键问题出发，勇于实践，敢于创新，生态文明建设重大实践硕果累累。一个个奇迹般的工程，编织起人民走向美好生活的希望版图，托举起中华民族伟大复兴的中国梦。

共谋全球生态文明建设之路，体现了宽广的全球视野和统筹国际、国内两个大局的战略抉择，回答了生态文明建设的命运共同体和国际话语权问题。

人类只有一个地球，各国共处一个世界，全球是一个"人类命运共同体"。中国主张权责共担，坚持同舟共济，携手应对气候变化、能源资源安全、网络安全、重大自然灾害等日益增多的全球性问题，共同呵护人类赖以生存的地球家园。

2013 年 9 月，习近平主席访问哈萨克斯坦期间发表题为《弘扬人民友谊 共创美好未来》的重要演讲时表示，我们绝不能以牺牲生态环境为代价换取经济的一时发展，建设好生态文明是关系人民福祉、关乎民族未来的长远大计。作为世界公民，中国在生态文明建设理念上，践行推动绿色发展、可持续发展的使命感及责任感。

2017 年 1 月，习近平主席在联合国日内瓦总部演讲指出："我们不能吃祖宗饭、断子孙路，用破坏性方式搞发展。绿水青山就是金山银山。我们应该遵循天人合一、道法自然的理念，寻求永续发展之路。"

从党的十八大首次提出"美丽中国"，将生态文明纳入"五位一体"总体布局，到"绿水青山就是金山银山"的理念走进联合国，生态文明建设被提升至前所未有的高度，普惠百姓的中国决心、中国信心和中国作为，得到了世界的广泛认可。

共享同一片天，同住一个地球。中国积极参与环境保护国际合作，参与国际社会应对气候变化进程，主动承担国际责任，已批准加入 50 多项与生态环境有关的多边公约和议定书，在推动全球气候谈判、促进新气候协议达成等方面发挥着积极的建设性作用。中国在环境保护领域的努力得到了国际社会的肯定。

2016 年 5 月，联合国环境规划署发布《绿水青山就是金山银山：中国生态文明战略与行动》报告，充分认可中国生态文明建设的举措和成果。联合国环境规划署、世界银行、全球环境基金先后将"联合国环境规划署笹川环境奖""绿色环境特别奖""全球环境领导奖""地球卫士奖"等授予中国。在 2017 年 5 月"一带一路"国际合作高峰论坛上，联合国环境规划署署长索尔海姆在演讲中引用"绿水青山就是金山银山"，来描绘他心目中的理想图景。

中国提出生态文明是国家治理整体战略的重要组成部分，也是全球治理中国方案的绿色治理内容，在国际上产生了巨大影响。

习近平新时代中国特色社会主义思想，开启了全面建设社会主义现代化国家的中国特色社会主义新时代，开启了改革开放的新征程，带来了生态文明建设明媚的春天。

二、阔步前进的治黄事业

水是生产之要、生态之基、生命之源。人水和谐是人与自然和谐共生的重要标志，水生态文明是建设美丽中国的重要内容。

党的十八大以来，以习近平同志为核心的党中央从实现"两个一百年"奋斗目标和中华民族伟大复兴中国梦的长远大计，对治水兴水做出一系列重大决策部署。

习近平总书记深刻指出，河川之危、水源之危是生存环境之危、民族存续之危。明确提出，用途管制和生态修复必须遵循自然规律，对山水林田湖草进行统一保护、统一修复是十分必要的。自然界的淡水总量是大体稳定的，但一个国家或地区可用水资源有多少，既取决于降水多寡，也取决于盛水"盆"的大小，这个"盆"指的就是水生态。保障水安全，关键要转变治水思路，按照"节水优先、空间均衡、系统治理、两手发力"的方针治水，统筹做好水灾害防治、水资源节约、水生态保护修复、水环境治理。以此为指引，推进治水兴水事业，立足解决中国水资源利用中存在的突出问题，采取有效措施促进水资源的合理开发、利用和保护。

党的十九大报告把水利摆在九大基础设施网络建设之首，明确提出要以深化供给侧结构性改革为主线，加强水利等基础设施网络的建设，为全面建设小康社会提供坚强保障和有力支撑。明确提出要实施国家节水行动，坚持资源节约集约循环利用，牢固树立水资源利用过"紧日子"的思想，坚持以水定产、以水定城、量水而行、因水制宜，把节约用水贯穿于经济社会发展和群众生产生活的全过程，推动用水方式的根本性转变。同时，明确提出建设生态文明是中华民族永续发展的千年大计，必须坚持人与自然和谐共生，统筹山水林田湖草系统治理，走生产发展、生活富裕、生态良好的文明发展道路，建设美丽中国。

治水兴水的得失，既关系各地自身的发展质量和可持续性，也关系全国生态环境的大格局。中国水资源保障经验的基础理论要求不仅要关注自然水循环，也要关注社会水循环，要把自然水循环和社会水循环联合考虑。在顶层设计方面，要以流域为单元，从水安全、水资源、水环境、水生态、水景观、水文化、水管理、水经济八个层次统筹考虑。

习近平总书记提出的治水新思路，党的十九大关于水利的战略部署，突出了治水的综合性、整体性和协同性，进一步丰富了中国的治水兴水方略，深化了水利工作的内涵，指明了水利的发展方向，为新时代治水兴水提供了科学的思想武器和重要的行动指南。

黄委深入学习贯彻习近平总书记系列重要讲话精神和党的十九大报告精神，牢固树立新发展理念，以保障黄河防洪安全为主线，以推动绿色发展为先导，以加强黄河水资源管理为着力点，开拓进取，砥砺奋进，开始了治黄事业的新征程。

面对黄河流域复杂多变的天气形势，黄委以"两个坚持""三个转变"的灾害风险管理和综合减灾理念为主导，超前部署、精心组织，有关各方密切配合、团结奋战，夺取了连年黄河防汛抗旱的新胜利，为流域经济社会发展提供了重要保障。

2018 年，黄河防汛是场"全河之战"。伏汛、秋汛相连，历时 4 个月之久。全河干支流在大流量、长时间洪水过程中，先后形成 3 场编号洪水。整个汛期，黄河流域降雨总量 385.2 毫米，较常年偏多 24%。汛期黄河流域来水达 375.8 亿立方米，较常年来水明显偏丰。

面对接踵而来的洪水，黄委站位全局、通盘谋划、超前部署、科学调度，综合考虑汛情和气象发展形势，提出"一高一低"洪水防御水库调度运用思路，有效利用龙羊峡水库拦洪蓄洪，充分发挥小浪底水库防洪调度的"王牌"作用，腾库迎洪、预泄排沙，大洪水拦洪削峰错峰，有效地避免了下游发生漫滩险情。通过统筹水库拦洪和河道行洪，成功实施龙羊峡、刘家峡水库联合防洪运用和万家寨、三门峡、小浪底中游水库群水沙联合调控。万家寨水库排沙 1.52 亿吨，三门峡水库排沙 4.60 亿吨，小浪底水库排沙 4.32 亿吨，利津站排沙入海 2.6 亿吨。黄河防总超前部署，科学防控，统筹调度水库，精准测报水情。大河上下，团结一心、合力战洪，在防

洪斗争中彰显为民情怀，诠释使命担当，黄河防汛取得了重大胜利。

党的十八大以来，以国家重点工程项目建设为"龙头"，黄河治理与生态保护工程进展显著加快。

党的十八届五中全会把水利作为推进五大发展的重要内容，国务院对加快推进重大水利工程建设做出总体部署。水利部贯彻落实党中央、国务院的决策部署，提出集中力量建设一批补短板、增后劲，强基础、利长远，促发展、惠民生的重大水利工程，不断增强水利公共产品供给和水安全保障能力，更好发挥水利工程在拉动经济增长中的基础性、支柱性作用，为稳增长、促改革、调结构、惠民生做出更大贡献。

2013 年 3 月，国务院正式批复《黄河流域综合规划（2012—2030 年）》，2016 年古贤水利枢纽项目建议书获国家发展和改革委员会批复，黄河水沙调控体系建设向前迈进了一步。黄土高原水土流失综合治理效果显著。五年间，共完成水土流失综合治理面积 5.76 万平方千米、坡改梯 88.59 万公顷，黄土高原迈进山川秀美的新时代。

2015 年 8 月，作为国家 172 项重大水利工程建设项目之一，总投资 67 亿元的黄河下游防洪工程开工建设。这是继黄河洪水管理亚洲开发银行贷款项目黄河下游防洪工程建设之后，又一次黄河防洪工程大规模建设高潮。该项工程总工期五年。届时，在现有防洪工程的基础上，通过堤防加固、险工改建加固以及河道整治等工程措施，进一步提高黄河下游防洪能力，保障沿岸防洪安全。

全河上下全面落实最严格水资源管理制度"三条红线"，建立并严格实施用水总量控制制度、用水效率控制制度、水功能区限制纳污制度、水资源管理责任与考核"四项制度"等，构建最严格水资源管理制度相适应的制度体系、指标标准体系、监督执行体系。强力推动黄河分水指标细化，将国家确定各省（区）的"三条红线"控制指标分解到市、县，成为流域各省（区）经济发展和重大项目布局的水资源支撑与约束的刚性条件。严格取水许可审批，强化水资源消耗总量和强度双控。加强用水定额管理，将行业用水定额作为取水项目开展水资源论证和取水许可审批的重要依据。倒逼用水户采取节水措施。加强水资源宏观配置管理，考虑黄河水资源承载能力，经济社会发展对黄河水资源需求，在采取强化节水措施的前提下，提出黄河水资源的宏观配置方案、解决缺水问题的具体措施。在流域来水持续偏枯的情况下，通过实施最严格的水资源管理和精细调度，以水资源的高效利用全力保障流域供水安全，为流域经济社会持续健康发展做出了贡献。

2014年，内蒙古、甘肃、山西、陕西、河南、山东等省（区）不同程度遭遇了旱情。河南省更是遭遇63年来严重"夏旱"。黄河防总应急抬高三门峡水库水位运用，达到取水口高程，有力支援了三门峡市应急抗旱供水，缓解城市居民吃水难的问题。针对河南、山东省抗旱用水需求，调度小浪底水库下泄流量，使引黄灌区1100多万亩秋作物得以浇灌。

2014年以来，胶东地区青岛、烟台、潍坊、威海正逢连续枯水期。降水偏少，大中型水库蓄水持续减少，居民生活和工农业生产用水出现危机。黄委积极筹措水源，采取多项措施，全力支援胶东应急抗旱供水工作，向胶东4市引黄供水11.56亿立方米，有效缓解了胶东地区严重缺水的燃眉之急。

党的十八大以来，黄委先后实施5次引黄入冀补淀，共送水20.6亿立方米。"华北明珠"白洋淀再现烟波浩渺的景象和荷红苇绿的胜景，湿地生态功能得到进一步恢复。

三、"一带一路"中的黄河形象

党的十八大以来，中国对外交流以更加开放包容的姿态面向世界。习近平总书记提出"一带一路"倡议，走合作共赢之路，带动"一带一路"沿线各国经济更加紧密结合，推动基础设施建设和体制机制创新，创造新的经济和就业增长点，增强各国经济内生动力和抗风险能力，得到了沿线各国的广泛响应。

水是一条感情纽带，将世界紧紧相连。围绕国家总体战略部署，深化与周边国家跨界的水合作，充分发挥中国水利规划、勘测、设计、施工和科技方面的优势，加强水利双边、多边合作，开展与沿线国家在水资源领域的广泛合作，既是水利支撑"一带一路"倡议的重要内容，也是实施水利"走出去"战略的重要举措！

中国水利战线围绕"一带一路"倡议，全面贯彻党和国家的外交方针政策，坚持合作共赢方针，以更积极的姿态和更强劲的声音参与涉水国际组织和重大国际水事，以更宽广的胸襟和更负责的态度深化对外交流合作，努力形成多层次、宽领域、全方位的水利国际合作格局。围绕落实联合国 2030 年可持续发展议程涉水目标，大力宣传中国治水理念、成就和经验，积极引导全球水治理体系改革完善；坚持推进水利"走出去"战略，向国外推出更多水利领域的中国标准、中国技术、中国产品，进一步提升中国水利在国际舞台的话语权和影响力！

党的十八大以来，水利外交彰显大国形象。中国水利与国外政府和国际组织的高层往来持续深入。从多双边交流的层级和频率，参与国际重要水事务管理的深度和广度，到对外技术援助的范围和效果，发挥自身优势支持发展中国家的规模和力度，都达到了新的历史高度。中国水利对外交流合作的领域涉及战略政策、管理机制、技术咨询、教育培训、项目援助等多方位、多层次。务实丰富的水外交在全世界树立了大国之风，传播了中国的治水理念，成为中国外交的重要组成部分。

中国水利紧密契合国家"一带一路"倡议，持续推进国际经济技术合作，"引进来""走出去"的思路和实践不断拓宽，创新引智工作为中国水利现代化不断提供资金、技术、设备和人才支撑。同时，从工程施工到设计咨询，从设备出口到人员培训，直至水利技术标准国际化，中国水利"走出去"的范围日益广阔。在为发展中国家带来巨大利益的同时，也为中国水利企业、技术、产品和装备在国际上赢得了市场、信任和肯定。双边与多边结合，主场与客场融通，获得了日益丰赡的共赢成果。

党的十八大以来，黄河人以崭新面貌登上国际水利舞台。面对前所未有的大好发展机遇，黄委紧密契合"一带一路"倡议与国家外交方针，聚焦黄河优势专业领域，积极争取参与国家援外项目，通过与有关国家和地区的互访交流、平台建设、人员培训及水利企业海外合作等，开展多种形式合作，积极为有关国家水利水电建设贡献黄河智慧、黄河方案，实现共同进步，共同发展，赢得了国际社会的广泛赞誉。

2016年，根据水利部部署，黄委基于流域管理和水资源管理等领域的专业经验和先进技术，研究提出了一批"一带一路"倡议的国际合作项目建议。其中包括：全球气候变化和大型水利工程对中俄河流的生态影响及调控对比研究项目、水利信息化综合规划设计施工运维管理项目、水文自动

安哥拉国防部长若昂·劳伦索出席琼贝达拉水电站竣工仪式

监测系统与在线流量监测系统项目、水质自动监测技术推广应用项目、突发性水污染事件预警预报系统项目、孟加拉国北部灌区规划项目等。结合"十三五"国家重点研发计划，积极推进丝绸之路经济带水资源安全保障关键技术与多边合作模式，深入开展了黄河流域水资源动态均衡调控关键技术、"水资源—能源—粮食"协同安全保障关键技术研究、流域水土资源价值评价与综合提升技术、防洪约束条件下滩区土地利用模式研究、适应国家"藏粮于地、藏粮于技"的用水结构策略、流域横向生态补偿制度等研究项目。

为增进"一带一路"沿线国家对黄河流域管理和水资源可持续发展的认识和了解，提升相关国家水资源综合管理水平，设立在黄委的亚太水利知识中心——黄河知识中心，联合世界银行、亚洲开发银行等国际组织，多次为东南亚和中亚国家水利专业技术人员和高级管理人员开展水文信息技术、洪水预报技术、水文测报技术等方

面的培训与交流，提供多种形式的技术服务。

2015年10月，实施的亚洲区域合作专项资金"气候变化适应与水资源管理培训"项目，对来自印度尼西亚、泰国、柬埔寨、越南、缅甸、菲律宾、不丹、尼泊尔、孟加拉国和巴基斯坦等10个国家的水利技术与管理人员进行了相关业务培训。

2016年11月，黄委组织编制《发展中国家技术培训班项目计划》，通过流域管理和可持续发展技术培训，为有关国家的水资源综合管理实践活动提供指导及帮助。通过开展技术合作培训服务，使技术合作与交流成为黄委与有关各国拓展合作的纽带，为长远合作、共同发展奠定基础。

黄委所属企业积极践行"走出去"发展战略，开拓海外业务，在海外工程设计、咨询等业务领域实现了历史性突破，积累了丰富的合作经验。2016年，黄河设计院设计的厄瓜多尔科卡科多-辛克雷水电站（简称CCS水电站）实现了全部机组发电目标，树立了"黄河设计"的品牌形象，影响辐射拉丁美洲周边市场。

昂首挺进国际舞台的黄河人，比以往更加从容和自信。

四、最高规格的见证

进入新的发展时期，黄河人承担的国际工程项目建设，如火如荼，在海外名声大振。

经过60余年的发展积淀，黄河设计院在河流治理、水资源开发利用和生态环境保护等方面积累了丰富的技术和人才优势。作为水利部"走出去"的先行者和建设"一带一路"的实践者，黄河设计院从黄河岸边走向世界，在全球30多个国家和地区不断开拓水利水电、水资源开发和综合管理、基础设施建设等市场，为沿线国家提供了规划编制、工程勘测设计、技术咨询以及项目总承包等技术支持，为全球河流治理贡献了中国智慧。秉承"建一项工程、树一座丰碑、交一批朋友"的宗旨，以中国技术、中国质量、中国责任、中国信誉，赢得了项目业主的高度信任，展示了中国水利的责任风范。

在黄河设计院设计的工程项目中，CCS水电站，堪称具有重要影响力的代表之作。

该工程位于厄瓜多尔东北部、亚马孙河二级支流科卡科多河上，距离首都基多以东97千米处，工程控制流域面积3600平方千米，总装机容量150万千瓦，年发电量达88亿千瓦时，是世界上规模最大的冲击式机组水电站之一。

厄瓜多尔是一个缺电的国家，每天要花费数百万美元从哥伦比亚、秘鲁等邻近国家购电，国家电力供应难以得到有效保障。20世纪80年代，厄瓜多尔开始对科卡科多河流域水电开发进行研究。2009年通过招标，黄河设计院负责工程设计的联营体中标，同年10月由中国水利水电建设集团签订了附带融资条件的总承包合同，总合同额23亿美元。这是当时中国对外投资承建的最大水电站工程项目，是厄瓜多尔历史上外资投入金额最大、装机规模最大的水电站工程，也是一项重要的战略性能源工程。

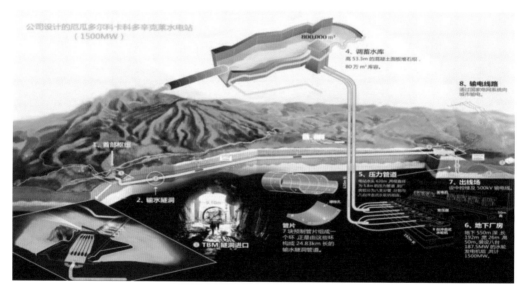

CCS总体介绍图

CCS水电站工程建成后可满足其厄瓜多尔全国三分之一人口的用电需求，使厄瓜多尔告别在电力需求方面依赖外国的状况。同时也将改变厄瓜多尔的能源结构，减少化石能源的消耗，降低碳排放，因此备受政府和社会重视。

2010年7月，CCS水电站工程开工建设。该工程包括首部枢纽、输水隧洞、调蓄水库、引水发电系统等主体工程，以及永久运行村、输变电系统、架空索道等附属工程。设计工作居于建设的"龙头"地位，是控制工程投资、保证工程质量与进度、设备采购和施工的关键环节和重要基础。

黄河设计院在水利水电设计领域拥有骄人的业绩和丰富的经验。项目实施中，建立了严格规范的质量环境与职业健康管理体系，本着"干一项工程，树一个丰碑"的理念，根据合同，分为概念设计、基本设计、详细设计三个阶段扎扎实实开展了工作。

项目设计开始就遇到了"施工标准"的问题，即欧美标准和中国标准之间的争议。欧美标准体系偏重于为一个体系、行业制定整体标准，而中国标准体系偏重于对每一项产品进行相关标准核定，两者的施工工序也有很大差异。厄瓜多尔习惯使用欧美标准，且在合同中明确规定应采用欧美标准。

为了适应当地市场，设计人员经多方磨合，主动寻求突破，采用欧美标准进行设计，并在欧美标准没有覆盖的领域，把中国标准翻译成西班牙语并培训业主咨询方，按中国标准实施。在工程推进过程中，黄河设计院全方位优化配置队伍，各个专业均有管理和设计人员参与。鉴于厄瓜多尔属于西语区，为方便沟通，加强了翻译力量。

CCS水电站工程实施中遇到了很多意想不到的困难。厄瓜多尔属于中高端市场，当地政党众多，议会力量强大，环保要求极高，项目实施有着很高的法律风险、政治风险、劳工风险和环保风险。在统一工程设计标准、解决语言沟通问题后，大量额外的修改、变更等工作接踵而来，据计算，CCS水电站工作量是国内同等项目的3倍以上。项目所在地地处高地震烈度的热带雨林地区，邻近活火山，自然条件、地方治安情况十分复杂。面对重重困难，设计人员攻坚克难、砥砺奋进，充分发扬"团结、务实、开拓、拼搏、奉献"的黄河精神，从设计准则、计算书，到各类图纸，展现了很高的专业水平，确保了工程质量和进度，取得了业主和咨询方的认可和信赖。

CCS水电站刚刚建成，一场里氏7.8级的强烈地震袭击了厄瓜多尔的海滨城市佩德纳莱斯。在此次强烈地震中，CCS水电站安然无恙，经受住了考验。地震后第二天，水电站便紧急恢复发电并增加发电量，以"中国技术和中国质量"为救灾工作提供了电力保障，在救灾抢险中发挥了关键作用。同时，黄河设计院厄瓜多尔分公司第一时间伸出援手，购置和筹集饮用水、床垫等救灾急需物资送往灾区，并组织分公司人员踊跃捐款，帮助灾区人民重建家园。对于中国人的爱心行动，当地许多民众都感动得竖起了大拇指。

2016 年 11 月，中国国家主席习近平访问厄瓜多尔期间，与厄瓜多尔总统科雷亚共同按下按钮，CCS 水电站正式竣工发电。现场顿时爆发出雷鸣般的掌声和热烈的欢呼声。厄瓜多尔有史以来最大装机的水电站竣工发电，得到了两个国家最高领导人的见证。

竣工发电仪式上，习近平主席发表致辞指出，中厄友谊源远流长。近年双边友好关系实现了全面发展，升级为全面战略伙伴关系。两国加强合作，得益于双方对发展前景的坚定信心，得益于双方对互为发展机遇的清晰认知。当前，中国和厄瓜多尔深化互利、共赢合作恰逢其时。中方愿同厄方深化合作、携手发展，共同谱写两国全面战略伙伴关系的新篇章。

科雷亚总统在致辞中深情地表示，这是历史性的一天。很高兴今天同习近平主席一道见证了厄瓜多尔历史上最大的工程项目，见证了厄中伟大合作的成果。我们双方的合作，帮助厄瓜多尔提高了基础设施水平，促进了清洁能源发展，改善了公共安全服务，这一切造福着厄瓜多尔人民。厄中两国工程人员在朝夕相处的工程合作中增进了双方人民的友谊。厄方衷心感谢中方对厄瓜多尔灾后重建和国家发展的支持，愿继续深化双方互利合作。

2016 年，CCS 水电站 8 台机组全部并网发电。这是中国在境外建设并网发电的最大水电站。该水电站的建成，使厄瓜多尔彻底告别了电力长期依赖外国进口的状况，并开始向哥伦比亚出口电力，实现了电力从进口国转为出口国的历史性转变。与此同时，带动了该国多领域的就业，极大地促进了经济发展。厄瓜多尔前电力部部长埃斯特万·阿尔伯恩斯表示，CCS 水电站的建成，可为厄瓜多尔每年节省 6 亿美元能源开支。

CCS 水电站作为中厄能源合作的典范，成为"黄河设计"在南美市场的一张闪亮的名片，在厄瓜多尔树立起良好的黄河设计品牌形象，成为中国人的骄傲。借助这个项目，有力地辐射了拉美周边市场，同时锻炼了队伍、培养了人才；有效地提升了黄河设计队伍参与国际市场博弈的竞争优势，为进一步开拓国际市场奠定了坚实基础。

| TBM装配现场

五、援助孟加拉国防洪规划

2016 年 9 月，为帮助孟加拉国政府防治洪水灾害，中国商务部授权黄河设计院与孟加拉国水利发展委员会签订了《援孟加拉国防洪规划技术合作项目》合同。

中孟两国的友好往来有着悠久的历史。

历史上，曾有三条丝绸之路把中国和印度次大陆紧密相连。其中"南方丝绸之路"，与孟加拉国有着不解之缘。最早记载"南方丝绸之路"的是司马迁《史记》中记述的汉使张骞出使大夏国的一段经历。大夏国位于今日阿富汗北部，在张骞呼吁下，汉王朝决定开辟"南方丝绸之路"，与"北方丝绸之路"构成古代亚欧大陆的两条重要通道。

孟加拉国是南方丝绸之路的必经之地。其起点是今天的成都平原，而后南下入滇，经今天的昆明、大理、保山、瑞丽，进入缅甸和印度。唐宋时期，通过这条古道的贸易往来更加活跃，茶马古道必须经过布拉马普特拉河沿岸一个名叫"奔那伐弹那国"的王国，这个古国就在今孟加拉国的朗普尔一带。

东晋时期的高僧法显，作为有文字记载以来第一个到达印度次大陆求取经律者，曾在孟加拉国停留两年，他所著述的 30 国游记《佛国记》，对此行有详细记载。其后，唐代高僧玄奘在《大唐西域记》中，记述了在数十个印度次大陆王国的经历，其中有 3 个在今孟加拉国境内。明代，中孟之间的交往达到了高峰，郑和开创七下西洋的壮举，多次到过孟加拉国。

历史上的"南方丝绸之路"，为中国川滇地区同印度次大陆之间的文明互动、科技和商贸交流起到了重要的联通作用。中国的丝绸、铁器和冶铁技术取道"南方丝绸之路"，进入印度次大陆各国并传往中亚以至古罗马帝国。反之，随佛教传入中国的还有天文历法、数学、建筑、绘画、造像和地理知识等，也为中华文明的发展提供了多方面养分。在两个文明互动的过程中，形成了和平、和谐的主调。相互学习，彼此尊重，兼收并蓄，互通有无，中孟友谊深深扎根于两国人民心中。

| 孟加拉国风土人情

2016 年，习近平主席成功访问孟加拉国，中孟两国决定将双边关系提升为战略合作伙伴关系。在推进"一带一路"倡议的国际合作交流中，中孟两国再次携手，共同构筑新的"丝绸之路"。

孟加拉国是一个水害频发的国家，全国年均有超过 20% 的国土遭受洪水侵害。洪灾和强热带风暴等自然灾害，严重影响了经济发展。2007 年，孟加拉国遭遇了两次洪灾和一场几十年罕见的强热带风暴，致使该国经济遭到重创，经济发展面临严峻挑战。为帮助孟加拉国政府防治洪水灾害，中国商务部对外援助司委托黄河设计院开展了有关前期工作。援孟加拉国防洪规划技术合作项目，正是在这一背景下开展的。

该项防洪规划范围为孟加拉国恒河流域和布拉马普特拉河—贾木纳河流域干流和主要支流。援助合作项目内容包括：为孟加拉国规划较为完善的流域防洪体系和洪水预警预报体系，孟加拉国 2035 年之前未来 20 年间防洪治理、工程总体布局、规划措施、建设安排等内容。对孟加拉国防洪工程体系和非工程体系建设，有效提升了洪水管理水平和防洪能力，减少洪灾损失，保证孟加拉国民众生命财产安全，促进经济社会发展具有重要意义。

2015 年 12 月，黄河设计院收到商务部的《援孟加拉国防洪规划项目授标通知书》。2016 年 9 月，商务部授权黄河设计院与孟加拉国水利发展委员会签订了《援孟加拉国防洪规划技术合作项目》合同。在此期间，黄委组织专家组赴孟加拉国，对该国主要河流（段）进行实地踏勘，深入了解孟方对项目的需求和建议，商谈项目 TPP 批复进程、现场查勘、资料收集等。根据商谈结果、技术可行性、经济合理性等方面因素，提出了规划思路和工作重点。

2016 年 11 月，黄河设计院与商务部签订合同，确定承揽该项目的实施任务。2017 年 4 月，项目技术建议书（TPP）获孟方批准。按照合同规定，中国商务部、孟加拉国水利发展委员会负责项目管理，黄河设计院承担项目实施，水利部负责对项目实施进行指导。

这是新形势下中国对外承担的"一带一路"关键项目。黄委对此高度重视，专门成立了协调领导小组和咨询专家组，组织协调力量，全力推进项目顺利实施，确保高质量完成任务。

2017 年 5 月，黄河设计院组织召开《援孟加拉国防洪规划技术合作项目》启动会，对即将开展的现场查勘有关准备工作进行了详细的安排。接着，赴孟加拉国进行了为期 43 天的现场查勘。对孟加拉国 IWM（委托水文模型单位）、CEGIS（委托社会影响评价单位）、BWDB 预警预报中心、水文局等部门进行走访座谈，了解孟加拉国境内河流水系基本情况及两家委托单位的技术实力。第一阶段，项目组查勘了布拉马普特拉河右岸及布拉马普特拉河支流缇斯塔河，与地方河务部门沟通了解现状工程基本情况、续建工程、疏浚工程及河岸侵蚀严重地方的位置，并在地形图上进行了标记；第二阶段，主要查勘了恒河及恒河支流高莱河，

援孟加拉国防洪规划技术合作项目启动会

了解恒河基本情况及工程现状；第三阶段，查勘布拉马普特拉河—贾木纳河故道。此次现场查勘，对安排水文泥沙模型及社会影响评价专题的两个单位进行了合同谈判及委托事项沟通，并进一步收集整理了资料，编写了项目查勘报告。

同年7月，应孟加拉国地方政府、乡村发展及合作部和水利部的邀请，黄委主任岳中明率中国水利代表团赴孟加拉国出席"区域水资源国际会议"，并做了题为《加强水资源综合管理 推动落实联合国可持续发展议程涉水目标》的主旨发言。

岳中明指出，近年在气候变化、人类活动影响和经济社会快速发展等多种因素驱动下，流域水资源供需情势发生了显著变化，黄河水资源管理面临新的挑战，黄委正在以创新、协调、绿色、开放、共享五大发展理念和新时期水利工作方针为指引，全面实行最严格水资源管理制度，维持黄河健康生命，支撑流域及相关地区经济社会可持续发展。岳中明表示，对于援孟防洪规划技术合作项目，将倾黄河科研之力，拿出最优解决方案，帮助孟加拉国提高防洪能力，减少河岸侵蚀及耕地损失，提升水文监测和水利信息化技术及预警预报水平。希望通过项目加大合作力度，加深双方友谊。

时隔不久，孟加拉国驻华大使法兹勒·卡里姆一行对黄委进行访问，参观了黄河博物馆、郑州黄河花园口、小浪底工程等。在与黄委主任岳中明会谈中，法兹勒·卡里姆表示，孟加拉国河流与中国河流有着许多相似之处，中国在水资源综合管理领域的先进理念、先进技术、先进经验和先进做法，对于孟加拉国提高水利管理水平、

实现可持续发展目标具有重要借鉴价值。此次参访，学习到了黄河治理、应对泥沙等方面的先进经验。通过两国在水资源管理、防洪规划等领域的合作，必将共同开创更加美好的明天。

2018 年，孟加拉国防洪规划项目代表团两次赴黄委参加该项目的交流培训，学习黄河防洪与流域管理等方面的先进经验。培训课程包括《中国水利规划体系及管理》《黄河防汛预警预报系统应用》《黄河防洪治理实践及成就》《防洪标准》《黄河下游河道治理》等。孟方代表团参观了模型黄河、黄河堤防及控导工程、小浪底水利枢纽等，深切感受到了中国防洪规划水平和水利工程的综合实力。

2019 年 11 月 6 日，《援孟加拉国防洪规划技术合作项目》移交仪式在孟加拉国首都达卡举行，中国驻孟加拉国大使李极明与孟加拉国水利发展委员会主任签署了项目交接证书。孟加拉国水利部 Zaheed Farooque 部长、中国商务部驻孟加拉国经济商务参赞处刘振华参赞、黄河设计院国际院院长尹德文及相关人员出席了移交仪式。11 月 18 日，孟加拉国水利发展委员会致函中国驻孟加拉国大使馆，对该项目的圆满完成表示衷心感谢并予以高度评价。

项目期间，黄河设计院克服服务范围大、基础资料匮乏、交通道路不畅、语言文化障碍等诸多困难，与孟加拉国水利发展委员会、水模型研究院、环境及地理信息服务中心等单位密切配合，在 2 年内完成了恒河、布拉马普特拉—贾姆纳河及其重要支流的防洪规划任务，以指导其未来 20 年防洪工程体系和非工程体系建设；同期还开展了 15 次交流和培训，有效提升了当地洪水管理能力和技术水平。

作为中国第一个水利规划类援外项目，项目各阶段成果得到了孟加拉国的高度认可，也得到了中国外交部、商务部、水利部及国家国际发展合作署等部门的充分肯定。项目的实施在有力推动当地经济社会可持续发展的同时，也有助于推动中孟两国更加广泛深入交流，加深中孟双边友谊；更有助于分享中国治水的成功经验，推动中国标准的国际化，扩大中国水利的国际影响力。

第十一章

扬帆竞渡

一、名扬海外的黄河铁军

2017年5月13日，《中国日报》刊登了对黄河设计院董事长张金良的专访。

在这篇专访中，张金良介绍了黄河设计院海外业务的起步与发展、责任与担当以及未来发展策略。他说，黄河设计院早期走出去是为了生存和发展，而现在，公司开拓国际业务是为了服务"一带一路"倡议。黄河流域是古丝绸之路的起点，在全世界范围内有着深刻的影响力，水电开发又是"一带一路"沿线国家的紧迫需求，因此我们要找准定位，发挥黄河设计院在水资源开发利用等方面的专业技术和人才优势，为沿线国家发展贡献力量。

回顾十几年来黄河设计院走过的路，张金良深感使命光荣、责任重大。

2006年，黄河设计院提出黄河、国内、国际市场"三驾马车竞驰"的发展思路，在"立足黄河、面向全国、走向世界"的经营战略指导下，把开拓国际市场纳入了战略发展规划，承揽了越南门达、定平水库，马来西亚明光坝等多项工程咨询项目，实现了黄河人承担此类国际业务从无到有的启航。

黄河设计院坚持致力服务"走出去""一带一路"倡议，大力开拓国际市场，海外工程项目建设呈现良好发展势头。国际业务已经涉及非洲、亚洲、南美洲及欧洲的30多个国家，涵盖了水利水电、输变电与城网改造、公路桥梁、市政水务、工民建及新能源等多个领域，并在厄瓜多尔、几内亚、赤道几内亚、巴基斯坦等国设立了分公司或办事处。秉承合作共赢的理念，以"经营前移、高端介入、四方捆绑、立体运作"为方针，与多个大型央企建立起深度互信合作关系，共同开发国际水电市场，不断开辟国际业务发展新领域，实现了国际业务的持续稳定增长，以优异的国际业务成绩荣获河南省对外经济合作先进企业称号。

谈到国际项目的风险与困难，黄河设计院国际工程设计院院长尹德文说："当战斗的疆场扩展至全球时，企业不仅要应对国内市场的残酷竞争，更要时刻关注国际局势及全球经济发展趋势，对市场做出准确判断。"

的确，国际市场在蕴藏着巨大发展潜力的同时，也存在许多风险。持续性的经济危机使全球市场萎缩，投资环境恶化，有的已签约项目难以生效或执行中断；发展中国家资金匮乏，购买力下降，造成支付困难，直接影响工程款回笼，等等。为此，不少企业望而却步，抽身退出。

除经济危机外，政治风险也常常成为掣肘国际项目发展的重要因素。一些发展中国家政局动荡，政府更迭频繁，新旧政府间的不同政策导向，对公司追踪项目的签约及已签约项目的实施造成十分不利的影响，甚至直接导致在建项目执行中断，投资难以追回。此前，黄河设计院已经签约的阿根廷布市供水项目、尼日尔水电项目就是由于政治因素而搁置的。

面对错综复杂的国际环境，黄河设计院紧跟国家大政方针，积极"走出去"，参与"一带一路"建设，依据各国区域特点及项目风险等级建立起遍布全球的发展框架。随着国际合作项目的拓展，黄河设计院已经建立起以赤道几内亚、几内亚、

黄河设计院业务分布图

安哥拉为非洲中心，以巴基斯坦、马来西亚、印度尼西亚为亚洲中心，以厄瓜多尔、秘鲁、智利为南美洲中心的三大主战场战略布局。黄河印记，在世界各地熠熠生辉。

在经济全球化的大格局下，单兵作战已经不能适应国际市场的需求。黄河设计院迅速调整战略，秉承合作共赢的理念与多家行业巨头强强联合，共同开拓国际市场。先后完成了厄瓜多尔 CCS 水电站、赤道几内亚吉布洛水电站、巴塔城市电网Ⅰ期和Ⅱ期、吉布洛上游调蓄水库、几内亚凯乐塔水电站、安哥拉琼贝达拉水电站等工程项目；正在实施几内亚苏阿皮蒂水电站、马来西亚巴雷电站、巴基斯坦SK 水电站等项目。同时，不断发展实力型合作伙伴，进一步加强合作，拓宽经营市场。

"黄河国际人"经历了全球金融危机和国际政治动荡，经历了技术方案竞争和国际规范约束，经历了文化差异和种族非议。然而，这些经历都不曾吓退勇于求索的黄河人，为了建设国际一流工程咨询公司的坚定信念，奋战在国际战线上的黄河人付出了艰辛的努力。黄河设计院以扎实精湛的技术、拼搏奉献的作风、诚实守信的服务，赢得了国外业主及合作方的高度评价和广泛赞誉。

二、吉布洛　黄河设计的非洲突破

2007 年 4 月，黄河设计院承担了赤道几内亚吉布洛水电站的勘察设计工作，实现了在非洲的突破。

维勒河是贯穿赤道几内亚境内的一条主要河流，吉布洛水电站是中国与赤道几内亚两国政府合作框架协议内的能源合作项目，是在该流域修建的第一座水电站，也是黄河设计院在非洲承担的第一个水电工程设计项目。

吉布洛水电站为低坝有压引水式电站，设计装机容量 12 万千瓦，装机 4 台，单机容量 3 万千瓦。大坝为混凝土重力坝，由拦河坝、排沙闸、引水建筑物及发电建筑物四大部分组成；发电引水系统由进水口、引水隧洞、调压井、尾水洞和尾水明渠组成，一洞四机布置，引水发电洞全长约 1.2 公里；水轮机额定水头 85.50 米，最大水头 92.20 米，电站最大引用流量 4×39.68 立方米每秒；半地下式发电厂房。该电站设计多年平均发电量约为 7.44 亿千瓦时，在设计平均来水年份，可基本满足全国 2010～2015 年的全部电力需求及 2015～2025 年的大部分电力需求，被誉为

奥比昂总统视察吉布洛水电站发电厂房

赤道几内亚的"三峡工程"。

2008年12月18日，夹裹着入冬凛冽的北风，黄河设计院设计代表一行启程飞赴非洲赤道几内亚吉布洛工地。几经辗转，经过几十个小时的长途颠簸到达目的地后，电站基础开挖正在进行，混凝土浇筑已经开始。他们立即投入任务交底、现场查勘、补充修改等工作。

设计代表主要负责协调设计方和施工方的沟通工作，处理施工过程中图纸设计、设备选型的改变、现场技术问题处理等问题。在万里之外的非洲工地上，一道道关卡等待着黄河设计人去勇闯。

到这里，首先要过生活的"三关"。

第一关"打摆子关"。到后没几天，就因蚊子叮咬、感染疟疾，他们一行5人倒下了3个。一连几天，有的干烧，高达40摄氏度；有的浑身冷得发抖，打摆子。其实不仅是他们，来吉布洛项目作业的几百个中国人，已经轮过一遍，无一幸免，有些甚至摆了多次。这里的蚊虫，一个最大的特点是，叮咬时人没有知觉，叮咬过后不久身上就会出现黄豆大的红斑。于是，"打摆子"很快就附上身来。

第二关是"蚂蚁关"。在临时办公室的桌椅上、图纸堆里、档案盒里、电脑里，甚至是员工身体上，都有蚂蚁频繁活动，对人们的生活和工作产生了很大困扰。

第三关是"想家关"。不远万里来到异国他乡，有的年轻人，新婚燕尔；有的同志，父母年迈体弱。每个人最挂念的就是家里的亲人，时间越久，思乡越浓。

其实，在遥远的非洲工地上，摆在黄河设计人员面前的又何止是这"三关"。燥热的气候、匮乏的物资、闭塞的环境、不通的语言……比起国内的项目，从事非洲项目的难度还在于，一是作为一个生产力低下物资匮乏的国家，每种材料、每种设备甚至是一个小小的螺丝钉，都需要从国外进口，因此，很多情况下需要转变思路、多想办法、多项比较，寻找最佳最适合的解决途径。二是吉布洛项目没有监理，在国内本应由监理负责的质量监督责任，就压在了设计代表的肩上。如何协调好施工总承包方、施工单位方之间的矛盾，大大增加了现场设计代表的压力。施工现场必须每天多次巡视，发现问题要及时记录，并向施工方指出，还要帮助制定解决办法。为了及时准确地跟踪施工质量，设计代表每天工作都在十三四个小时。当地是热带气候，混凝土浇筑基本上都是在夜间进行，于是半夜三更去工地也就成了家常便饭。

赤道几内亚总统奥比昂在竣工仪式上发表讲话

2011 年 10 月，吉布洛水电站按期完工并投产发电，为赤道几内亚大陆地区带来了强劲、洁净的电能资源，为赤道几内亚的社会经济发展发挥了巨大的经济和社会效益，也为黄河设计院成功打开赤道几内亚水电市场打下了坚实的基础，在当地树立了良好的品牌形象。

赤道几内亚吉布洛水电站是黄河设计院在海外承揽的第一个项目。该项目的成功实施，在项目跟踪、项目策划、合同签署、项目实施，竣工移交等方面，为黄河设计院海外业务的开展积累了宝贵经验。

该项目由中国水利水电建设集团以工程总承包方式承建，黄河设计院承担勘察设计工作。自签订勘察设计合同以来，黄河设计院在预付款不到位、合同没有正式生效的条件下，克服重重困难开展了地形测绘、地质勘探和基本设计工作，为工程总承包合同的顺利执行打下了良好的基础。

在项目设计管理中，黄河设计院与总包方共同创建了"三位一体"的伙伴关系合作模式，即双方达成利益共同体、责任共同体和关系共同体，有效地解决了设计

| 吉布洛大坝施工中

管理工作中出现的一系列问题，促进了设计与采购、施工的一体化管理，极大地提高了工作效率，节省了经济成本。

吉布洛水电站的"三位一体"合作模式的成功实施，证明同总包方建立伙伴关系对于加强设计管理、提升项目绩效的积极作用。凭借在长期合作中建立的充分信任关系，双方进而在当地又相继合作承揽了吉布洛上游调蓄水库、巴塔城市电网Ⅰ期和Ⅱ期等项目，实现了多方共赢；同时也为中国水利水电企业"组团出海"树立了良好的典范。

三、奋斗在非洲水电工地上

在非洲西南部的安哥拉，黄河设计院设计的琼贝达拉水电站电气工程、城市电网改造以及库沃河流域梯级电站开发规划等项目，为安哥拉战后重建做出了中国贡献，见证了黄河海外兵团砥砺奋进的坚守。

经过长达 27 年的内战，安哥拉约有 400 万居民流离失所，近 50 万人流落异国他乡沦为难民。内战结束后，战争期间遭受严重破坏的各项基础设施被纳入了经济重建规划。安哥拉拥有丰富的水利资源，全境发源于高原地区的大小河流有 30 多条，但实际得到开发利用的水能还不到 1%，现有的水库大坝由于战争破坏和缺乏维修，实际发电能力还不到 30 万千瓦，远远不能满足国家经济发展和百姓日常生活需要。为此，战争结束后，该国政府确立了促进城市和乡村供电和用电普及，实现全国电气化的发展目标，计划在 5～10

安哥拉援建工地附近的孩子们

年内，恢复遭到战争破坏和年久失修的电站和输电网，并扩建和新建一批电力项目。

2010 年 11 月，时任中国国家副主席的习近平访问安哥拉期间，出席了包括索约、姆班扎刚果、恩泽托、马兰热、卡宾达等城市基础设施建设项目一系列协议的签字仪式。其中，马兰热、恩泽托和索约三座城市的市政建设电气工程，即为黄河设计院承担的项目。

而后，黄河设计院又承揽了安哥拉琼贝达拉水电站修复及输变电线路工程。该项目位于安哥拉南隆达省达拉市琼贝河流域，由中国电力建设集团有限公司承建，黄河设计院负责该工程的设计工作。该电站总装机容量为 12.42 兆瓦，主要工作内容包括已建建筑物的修复加固、新建电站厂房、压力钢管开关站、100 千米 110 千伏高压线路架设、卢埃纳 110/15 千伏变电站及达拉市电网改造项目。这座水电站的建设对于解决当地经济发展中的能源短缺、改善当地居民生产生活条件、维护社会稳定等方面，具有不可替代的作用。同时，水电站投产供应廉价清洁能源，可以带动其他产业发展，形成一定规模的产业集群，有力促进地方经济的全面发展，具有巨大的社会效益。

在开展上述项目过程中，战后的安哥拉面临严重的经济困难，很多从事战后重建及贸易的外资企业开始歇业甚至纷纷撤离。面对严峻的形势，黄河海外将士不离不弃，义无反顾地选择了坚守，在安哥拉人民最需要帮助的时候伸出了援助之手，以黄河人特别能吃苦、特别能战斗的精神，圆满地完成了承担的各项设计任务，受到了该国人民的高度赞扬，为中国建设大军赢得美好声誉。

2017 年 4 月 5 日，琼贝达拉水电站项目竣工，正在重建家园的安哥拉人民欣喜地迎接着这里发出的光和热。这光和热，蕴含着黄河设计人的异国奋进史，见证了他们开拓安哥拉市场的艰辛岁月。

四、点亮西非水塔

2011 年 10 月，来自黄河设计院的 10 位勘测设计专家，踏进了位于非洲西海岸的几内亚孔库雷河流域的原始森林，计划在凯乐塔瀑布河段上游建起一座水电站，用科技将大河的野性转化为能源和动力，将现代文明通过电网输送进千家万户，点亮西非黯淡了多年的国土。

几内亚有着"西非水塔"的美誉，是西非多条主要河流的发源地，有着得天独厚的水电资源条件。但由于电力基础设施薄弱，几内亚一直受电力短缺困扰。

凯乐塔水电站属于几内亚孔库雷河流域开发的"凯乐塔—苏阿皮蒂枢纽"的一部分，由黄河设计院独立完成设计。该水电站位于首都科纳克里东北约 165 千米处，电站装机容量 24 万千瓦，发电量 11.10 亿千瓦时。项目于 2012 年 4 月开工，工程总工期 48 个月。电站主要建筑物包括碾压混凝土挡水坝、引水压力钢管、电站厂房、尾水渠、开关站等。碾压混凝土坝最大坝高 22 米，装机容量为 3×8 万千瓦。枢纽布置充分利用孔库雷河在凯乐塔瀑布处河道突然变宽、主流分股分散的特点，综合考虑施工导流工程布置的方便性和实用性，合理安排泄洪、发电等建筑物的位置，坝轴线呈 S 形，总长 1145.5 米。设计合同的工作内容及范围主要包括工程外业补充勘测、试验、可行性研究设计阶段成果复核及主合同规定的枢纽建筑物、引水管、厂房、进场公路、桥梁、开关站、机电及金属结构施工详图设计工作和现场设代服务。

该工程是中几两国合作以来开发完成的最大水电项目，也是几内亚国内已建的最大电站，是该国的能源支柱。几内亚政府高度重视凯乐塔水电站工程建设，总统孔戴多次到工程现场视察，期待早日看到该项目造福民众，凯乐塔水电站也因此被誉为"总统工程"。

项目初期，黄河人来到陌生的国家，深入蛇虫猛兽出没的热带岛屿丛林进行查勘。烧一片棕榈叶煮一锅饭，挤一间茅草屋躲一夜雨，跋山涉水，辛苦异常。项目中期，在当地疟疾、伤寒等疾病的阴霾下，埃博拉病毒又雪上加霜般大面积爆发，设代工作成为一场赌上生命与荣誉的战争。在综合了解埃博拉病毒的可防可控性之后，项目部现场采取有效措施严防死守，减少可能造成疾病接触传播的机会，没有一位设计人员因恐惧病毒而懈怠工作，为工程保质保量高效顺利竣工提供了强有力的技术保障。项目采用中国设计规范，国际著名的法国TEF（音译科因）公司为咨询方。黄河设计院作为设计方，通过万封信函、无数次会议沟通战胜文化和设计理念的差

| 几内亚凯乐塔水电站全景

异，最终使得每一份设计文件都得到了咨询和业主工程师团队的充分认可，有力地推动了中国技术标准扩大国际影响并最终走向世界。

这片被先进生产力遗忘的土地，生活物资极其匮乏，瘟疫令人畏惧，毒蛇猛兽时常出没，热带原始丛林美丽外表下危机四伏。在这里修建一座现代化的水电站，是几内亚国民遥远的梦想。然而，黄河设计人把这一梦想变成了现实！

那是一段艰辛中饱含豪情的日子。

精准的勘测数据和科学合理的设计是成功建造水电站的前提。在凯乐塔瀑布周围人迹罕至的深山密林里，黄河设计院的勘测设计人员冲锋在前，为后期施工工作开路。

然而，仅有的一份凯乐塔瀑布及其周围的 1：20000 地形图曾一度挡住了黄河设计人初探孔库雷河的脚步。由于长年战乱，几内亚政府无法向黄河设计院提供该地区的详细地形资料。为此，黄河设计院人员拜访几内亚水电、能源、测绘等各大部委机关，几经辗转，终于搜集到了地形资料。然而这些资料来自法国、日本、冈比亚河流域组织等多个国家与机构，几内亚政府并未对本国的地形做过详细测绘。而选取正确的高程系，对凯乐塔水电站工程项目建设及孔库雷河流域梯级开发至关重要。那么，哪个高程系是正确的呢？

为了保证引用高程系的正确性，黄河设计院决定在当地找出埋设的高程点，进行高程对接。然而，高程点不过是直径几厘米的钢柱，茫茫山区，找到这些标志点堪比大海捞针。

根据已有资料上标志性建筑物的位置，勘测人员开始不知疲倦地在荒山野谷中穿梭，寻找散落在茫茫丛林中的标志点。凯乐塔水电站选址地区距离最近的公路有75 千米，山区荒蛮，人迹罕至。勘测人员不仅缺少饮用水和交通工具，而且时刻面临传染疾病、野生动物和持枪匪徒的威胁。测量工作对勘测人员的体能和胆量提出了新的极限挑战。原始森林里，莫说参天大树，仅仅是丛生的杂草就有两三米高，勘测人员淹没其中，举步维艰，时时还要提防草丛中暗藏的危机。

孔库雷河漆黑的夜晚危机四伏，河边潜伏着凶残的鳄鱼，帐篷外游弋着剧毒的眼镜蛇，营地外时常出没持枪的悍匪，疟疾、伤寒折磨着人的肉体，文化的差异、语言的障碍、对故土的思念，时刻撞击驻非设计人员的心灵。

　　有一次野外考察，考察队被困野外。夜幕中的非洲荒野，时刻威胁着团队成员的人身安全，几经波折，考察队在附近找到一个村庄，通过翻译向村民求助，得到允许后被安排在该村的会议室落脚。会议室里漆黑一片，只有一张铺着茅草的小床，6个人在这张破旧不堪的小床上和衣而卧，其余4人在地上铺几片麻袋以地为床，度过了一个不眠夜。

　　在几内亚，早上基本上是被蛙鸣声或宗教活动的大喇叭声叫醒。黄河设计院国际工程设计院院长尹德文提及几内亚的生存环境，常常以乐观主义精神调侃："眼镜蛇张狂到连汽车都不怕，晚上甚至还会钻进宿舍。那里的蚊虫非常厉害，特别是芒果蝇，被母虫叮咬后它会在人的皮肤里产卵，卵发育成熟变成蛆虫后方能从皮肤中用针挑出。"

　　黄河设计院凯乐塔项目经理陈兴亮回忆起在孔库雷河勘测的日子仍心有余悸：

凯乐塔水电站效果图

"有一次，我们的勘测人员在树林里测量，不经意间抬眼看到不远处的树上盘踞着一条十几米长的大蟒蛇，勘测人员大惊失色，蟒蛇发现附近有'美味'，立即从树上滑下来对勘测人员穷追不舍，最后好不容易才脱险。那一幕，现在想起来还是惊魂未定！"然而这样的场景，仅仅是艰苦的测量工作中一个很小的插曲。

陆地地形测量虽历经坎坷仍顺利收工，但水下地形测量工作又接踵而至。对于水电工程来讲，水上作业司空见惯，但这些常规工作在物资贫乏的几内亚却变得举步维艰。陈兴亮说："凯乐塔瀑布周围连一条小船都找不到，没有船怎么开展水上作业呢？在水深较浅的河段，勘测人员涉水测量；河水较深处，测量人员便将几个废弃的汽油桶捆绑在一起，自制一只'筏子'，在筏子上架起测量器械，'自力更生'地测量出了孔库雷河的水下地形数据。当测绘工作结束时，看到当地人从河里捕获一条1米长的鳄鱼，才觉得后背冰凉。"

即使环境恶劣，困难重重，但经过技术人员的不懈努力，黄河设计院最终将历史资料数据与测量数据成功对接，形成了一套完备精准的技术资料，将黄河印记刻在了孔库雷河最新的地形图上。

2013年12月，西非大地上突发的埃博拉病毒试图撕裂驻非项目人员的思想防线。令人谈之色变的传染病很快逼退了负责凯乐塔项目咨询和建设的外国公司。

"埃博拉是接触性传染病，只要远离传染源，切断传播途径，是可防可控的。认识到埃博拉病毒的这一特性，黄河设计院几内亚团队研判认为，只要我们科学细致防控，渡过难关很有把握。"尹德文说。

据法国《世界报》报道，埃博拉疫情肆虐期间，中国建设者是唯一没有离开几内亚的外国人群体。尽管埃博拉疫情十分严重，但凯乐塔水电站项目始终没有停工。由于措施得当，近700名中方员工和1500余名当地雇员无一人感染。

美国彭博新闻社2015年9月29日报道称："埃博拉暴发期间依旧修水电站，中国因此赢得非洲朋友"。

尼日利亚的非洲独立电视台用"中国人不离不弃赢在非洲"形容中国团队在非洲爆发埃博拉病毒期间的坚守。

63岁的几内亚居民兰萨那·弗法纳对中国建设团队发出诚挚的感谢："是中国人救了我们！"

握手世界

俯瞰凯乐塔水电站，犹如一把架设在孔库雷河上的白玉勺，挖取着河流上丰富的电力资源，将之倾洒在城市乡村，给非洲民众带去文明之光。

凯乐塔水电站是自然景观与现代技术的完美结合，水电站给温婉秀丽的孔库雷河镶上了一道玉簪，凯乐塔瀑布的自然景观风韵依然，瀑布倾泻而下，为生态物种繁衍生息敞开生命通道。60多米的发电水头，其中有40米是向凯乐塔瀑布的落差借来的东风，这奇思妙想不仅有效地节省了造价，而且加快了工程建设进程。

黄河设计院锲而不舍地追随工程始终，面对中国规范与国际标准的交锋，设计人员遍览典籍，融会贯通，设计出科学合理、业主满意的方案；克服几内亚物资匮乏困境，多方协调确保机械物资落实到位；在文化语言迥异的陌生环境下向法国咨询公司及几内亚业主解释设计理念；施工时遇到地质条件改变，潜心研究变更方案。

万千心血浇灌下，"西非水塔"熠熠生辉，在黄河设计人手中华丽转身，以"西非电塔"的全新身份被载入史册。

2015年9月28日，注定是一个砌筑历史不朽丰碑的日子。这一天，在几内亚总统、刚果（布）总统、尼日尔总统以及法国、尼日利亚、加纳、塞拉利昂、阿联

几内亚总统及多国领导人出席竣工仪式

酋等 10 余位国家领导人及使节的共同见证下，凯乐塔水电站工程顺利竣工发电。河水幻化出的电流精灵在输电线上欢快地奔跑，点亮沿途灯火，将几内亚首都科纳克里的苍穹照亮，如同白昼，黝黑的面庞终于从黑夜中解脱，喜悦在人们脸上闪跃。

历经 4 年建成的凯乐塔水电站，相当于几内亚此前全国水电、火电的装机量总和，为几内亚首都及其周边共 11 个省（区）400 万几内亚民众送去福祉。

凯乐塔项目投入运营后，能源潜力转变为现实动力，几内亚国家的总装机容量翻番，改善了电力供应紧张的局面，进入能源自给自足的时代，为工业、矿业的发展提供了坚实的能源保障，为经济社会的长远发展注入了强劲动力。

几内亚人民奔走相告，盛装庆贺，人们口中欢呼着，围着中国工程师们载歌载舞，与"光明使者"合影留念。通往首都科纳克里机场的路上，凯乐塔水电站的宣传照占据了人们的视野，几内亚人民对这个承载着光明与希望的水电项目充满期待。电站的建成，让几内亚人民透过埃博拉病毒的阴霾看到了未来美好生活的轮廓。

鉴于凯乐塔水电站为几内亚社会发展做出的突出贡献及水电站本身设计效果的艺术性与观赏性，在 2015 年 5 月 28 日水电站首台 3 号机组提前半年并网发电后，凯乐塔水电站与几内亚女神并肩登上了该国最大面值 20000 几内亚法郎货币，成了黄河设计院走向世界的又一张精美"名片"。

凯乐塔水电站设计效果图登上几内亚最大面值货币

2016 年 9 月 5 日，中央电视台科教频道承制的六集大型纪录片《一带一路》在 CCTV-1 正式播出。凯乐塔水电站在纪录片第三集《光明纽带》中隆重亮相，讲述了中国水电建设者与"一带一路"沿线国家在产能合作领域所取得的辉煌成果。

黄河与孔库雷河，两条地理上无法相遇的河流，沿岸闪耀着同样的水电之光；

中国与几内亚，两个远隔重洋的国度，在中非友谊的见证下，黄与黑交织出跌宕起伏的和谐乐章。

凯乐塔水电站让孔库雷河不只流淌诗和乐章，更闪耀着光明和希望。电站点亮了首都，也点亮了人们的眼眸，快要盛不下的笑，在不同肤色的嘴角荡漾开去，中国和几内亚的情谊同"黄河设计"的标签一起，成为孔库雷河永恒的印记。

并网发电阶段，由于几内亚电网容量小、稳定性差，全网任一大幅度增减负荷都有可能造成机组停机现象。为此，公司派专家前往现场帮助凯乐塔业主运行人员及几内亚国家电网公司，提出解决方案，在专业技术上赢得了业主及参建各方的高度敬佩，在敬业与服务精神上，获得了业主的极大肯定，铺就了通向工程竣工的红毯之路。

温婉美丽的孔库雷河忘不了黄河勘探人日夜钻进的身影，热带草原的烈日白焰灼伤过黄河测量人的臂膀和脸庞，8 小时的时差难阻断黄河设代人与国内人员的沟通协作。冬去春回，黄河人用几千张高质量的图纸彰显了精湛的技术；以数百封信函往来使中国规范得到了认可；参加工作不久的新兵，在这里历练成独当一面的行家，被誉为绽放在国际战线上的"黄河之花"。黄河人用坚毅和自信，熬过了异乡的孤寂，挺住了酷暑的考验，战胜了埃博拉病毒的威胁，跑赢了紧张的工期，黄河设计赢得了中外参建各方的认可。

作为"一带一路"建设成功实施的代表作之一，凯乐塔水电站以几内亚的"三峡工程"之美誉，亮相于央视"一带一路"专题片；作为几内亚的能源支柱，凯乐塔水电站的投产运行带动了几内亚多领域、全方位的社会经济发展，带来了新一轮的中几合作高潮。

五、几内亚的"大三峡"

黄河设计院国际工程设计院作为国际市场开拓和经营的前沿窗口，在完成凯乐塔水电站设计工作的同时，也在密切关注和布局几内亚新的水电市场开发。

凯乐塔水电站属径流式电站，缺乏调蓄能力，雨季水量丰沛时电力充盈，但旱季时保证装机仅为总装机的十分之一，难以给当地生产和居民生活提供稳定的电源。因此，如何保证凯乐塔水电站的电源稳定性成为几内亚人民的进一步诉求。

2012年年初，就在凯乐塔水电站刚刚开建时，黄河设计院国际工程设计院便敏锐地注意到了这一问题，随即成立了影子项目组，跟踪并开展凯乐塔水电站上游6千米处苏阿皮蒂水电站的可行性研究工作。

苏阿皮蒂水电站设计装机45万千瓦，年发电量20.16亿千瓦时，建成后不仅自身产出大量电能，更为关键的是，可利用其大型库容对孔库雷河天然径流进行蓄丰补枯，显著提升下游凯乐塔水电站的发电效益，使凯乐塔水电站年保证电量增加3.35倍。该水电站建成投产后，几内亚的土地上，所到之处，灯火通明。

苏阿皮蒂水电站效果图

为了推进苏阿皮蒂水电站的建设，黄河设计院项目组一方面踏踏实实开展实地测绘、航拍、勘探、物探和科学试验等基础工作；另一方面创新思维、换位思考，分析影响苏阿皮蒂水电站推进的关键因素，提出了分级开发、分期开发、一次建成3套的开发建设方案，并将5种不同蓄水位方案和相同蓄水位不同装机规模进行对比。工作过程中和几内亚政府、法国咨询公司及时沟通，既让几内亚政府充分意识到苏阿皮蒂水电站建设的重要性和必要性，又通过工程开发方案优化等技术措施提高项目的综合效益，减小工程实施对社会和环境的影响，最终促使几内亚政府下定决心

握手世界

建设苏阿皮蒂水电站项目。

一分汗水，一分收获。2015 年 9 月凯乐塔水电站发电之时，一套精心准备、内容翔实的苏阿皮蒂水电站的建设方案、商务文件、工程效果图等摆在了几内亚总统孔戴的面前，合同的签署非常顺利。孔戴总统高度重视该项目，称苏阿皮蒂水电站为几内亚的"大三峡"，并参加了 2015 年 12 月苏阿皮蒂水电站进场公路开工的奠基仪式。

喜悦在 4 年辛苦的项目追踪工作后终于来临，但这喜悦是那么的短暂！这是苏阿皮蒂水电站参建各方的共同感受，也是黄河设计院苏阿皮蒂水电站前期影子项目负责人邵颖内心的真实写照。

苏阿皮蒂水电站坝顶高程 215.5 米，最大坝高 116.5 米，坝长 1148 米，混凝土填筑方量 350 万立方米。依照常规，如此大型的水电站需要 18 个月的筹建期和 60 个月的施工工期。但由于多重因素，业主要求工程总承包方将工程筹建期压缩为零，将总工期缩减至 58 个月。

总承包方对于设计的要求是 2016 年 5 月 30 日完成近 3000 米的勘探和工程区测绘工作，2016 年 10 月提交初步设计方案。设计作为整个建设项目的排头兵，承

下闸蓄水后团队合影留念

担着来自各方的巨大压力。原计划海运的勘探钻机已来不及，因为海运需要3个月，而外业工作时间总计只有4个月。

为了打赢这场硬仗，黄河设计院启动应急预案，迅速组建了一支由国际院、地质工程院、测绘信息工程院和地质勘探院等组成的精干工作团队奔赴现场，同时在第一时间与驻非洲援建的其他中国公司协商租借地质勘探钻机。丙申年（2016）农历腊月二十七下午，当人们纷纷回家、阖家团圆之时，尹德文和影子项目组负责人邵颖专程赶到河南省地矿局第二地质矿产调查院，和对方达成协议，将3台钻机落实到位，稳住了军心。

主要设备就位，钻机的配件和易耗件也必不可少，于是一场前方和后方的接力赛又开始了。

几内亚和中国有8小时时差，为了及时把现场需要的备品备件运到工地，前方的地质设总符新阁每天在中国时间晚上8点到11点间通过QQ电话、微信语音等方式和国内负责协调的邵颖联系协商。作为前方的总负责人，他经常用"焦虑"一词形容自己当时的心情。为了保证前方顺利开展工作，国际工程院作为总协调单位，迅速联系各专业院调配资源，同时联系总包商协助清关运输事宜。为确保前方需要

苏阿皮蒂水电站下闸蓄水

的配件能按时登上飞机，地勘院国内同事春节放弃与家人的团聚，四处寻找设备打包厂家。为寻找更多的钻机资源，国际工程院法语翻译兼现场组织协调人崔小特充分发挥主观能动性和语言优势，和现场项目组成员跑遍了几内亚博凯、辛迪亚等周边几个省，终于又协调到 6 台钻机。

物资齐备，人员到位，钻机轰鸣着穿破大地，专业的勘测技术将岩土变为地质资料，为工程后续建设提供了可靠的技术支撑。

在不懈努力下，黄河设计院于 2016 年 5 月 30 日前完成了苏阿皮蒂水电站外业测量。这项被法国人认为"不可能完成的工作"在黄河人手中平稳落地，着实使几内亚业主及法国咨询公司为之振奋。法国科音公司特地向黄河设计院发来贺函，高度赞扬了他们不怕吃苦、迎难而上的工作态度，认为黄河设计院从专业技术到后勤保障都堪称一流。

2016 年 10 月 19 日，苏阿皮蒂水电站设计成果顺利通过业主方及法国咨询公司审查。翔实的设计方案、精美的工程效果图和视频文件呈现了黄河设计的"升级版"，中国技术和黄河速度再次大放异彩。

凯乐塔水电站的顺利竣工发电和苏阿皮蒂水电站的勘测设计成果向几内亚政府展示了黄河设计院卓越的技术水平。2016 年 9 月 30 日，几内亚总统孔戴特别接见了黄河设计院国际工程院院长尹德文。

与总统直接对话，这是进一步深化与几内亚政府合作千载难逢的好机会。为了充分发挥此次会见的价值，尹德文在总统接见前多方查阅资料，就几内亚国家水利资源分布情况进行研究分析并形成初步规划。在与总统交谈过程中，尹德文站在有利于环境保护

几内亚总统孔戴接见黄河设计院国际工程院院长尹德文

及发展国计民生的基点上向孔戴总统阐述了黄河设计院对几内亚整个国家水资源开发规划及让几内亚人民共享发展成果等诸多设想。这些提议引起了总统的浓厚兴趣，孔戴表示出了明显的支持态度，并希望中国企业能够进一步加强与几内亚政府的战略合作。

2019 年 8 月 26 日，在几内亚能源部部长和新闻信息部部长的共同见证下，黄河设计院设计的苏阿皮蒂水利枢纽项目提前实现下闸蓄水，为实现 2020 年按期发电目标打下了坚实基础。

奔腾的孔库雷河上，承载着光明与希望的凯乐塔水电站在黄河人坚实的足迹上拔地而起，几内亚国民畅想的苏阿皮蒂水电站在黄河人的手上已绘就蓝图，电力点燃了文明的火种，也点亮了非洲人民的生活。这个渴求现代文明滋润的国家从此拥有了一把钥匙，轻轻一旋便可打开孔库雷河无尽的潜能，驾乘着奔腾的河流，向光明的未来平稳前行。"黄河设计"也随着电站建设项目走出国门迈向世界，黄河人乘着科技之轮迎风远航，驶向全球化的金色港湾，黄与黑在非洲的土地上交织，新世纪的盛世华章正在远方奏响！

六、挺进福米（FOMI）水利枢纽

在推进苏阿皮蒂项目过程中，黄河设计院借助凯乐塔项目对几内亚经济发展和改善民生的影响，积极追踪福米水电站项目，与几内亚能源水利部、大项目办等政府部门高层进行多次接触，从技术方面支持几内亚政府重启兴建福米水利枢纽计划。

2016 年年底，国家主席习近平在人民大会堂同几内亚总统孔戴举行会谈，两国元首决定建立中几全面战略合作伙伴关系，以落实中非合作论坛约翰内斯堡峰会成果为契机，全面深化拓展两国各领域友好互利合作，为中几关系开创更加广阔的未来。期间，尹德文受邀赶赴钓鱼台国宾馆与孔戴总统再次见面并进行亲切会谈。最终，几内亚政府与黄河设计院签下了一揽子项目开发的谅解备忘录，黄河设计院在国际化发展道路上再次迈出了稳健的步伐。福米水利枢纽即为其中的一项重大水利工程。

福米水利枢纽项目位于几内亚共和国尼日尔河一级支流 Nidian 河中游，距该国康康大区首府直线距离约 50 千米。工程主要开发任务是灌溉、发电、航运等综合利用，多年平均发电量 3.15 亿千瓦时，工期 41 个月。康康市是几内亚的第二大城市，也是几内亚总统孔戴的家乡。长期以来，康康城市用电严重匮乏，实行限时供电，严重制约城市发展，急需上马大型电源工程。

福米水利枢纽项目为几内亚当时重点开发项目，项目建成后，将"点亮"几内亚东部康康大区，为几内亚能源电力、基础设施改善和社会经济发展、民生改善做出贡献，并为深化中几全面战略合作伙伴关系提供助力。

福米水利枢纽工程是几内亚共和国的"百年工程"，1922 年，几内亚政府开始福米水利枢纽的相关研究工作，但由于社会环境、经济发展、资金、移民等问题一直没有实质进展。2016 年孔戴总统访华期间，几内亚政府委托黄河设计院开展福米水利枢纽项目的可研工作，自此该工程开发从而进入快车道。

2016 年 11 月至 2017 年 5 月，黄河设计院完成福米水利枢纽的可研工作，并于

福米水利枢纽效果图

2017 年 5 月 14 日正式提交几内亚福米水利枢纽项目办。2017 年 6 月 14 ～ 15 日，几内亚能源水利部组织大项目办、土地局、海关总署、环境局、农业部、税务总局、福米项目管理局、项目所在地政要、OMVG（冈比亚流域组织）、苏阿皮蒂项目管理局等多家单位的 70 余位专家审查福米水利枢纽项目可研报告，参会政要有总统特别顾问、能源水利部部长、康康大区区长等。审查会按照 3D 模型揭幕，项目 BIM 展示，项目详细汇报、答疑讨论和会议总结四个步骤进行。审查会上，三维设计、BIM 系统和 3D 模型展示，取得了非常好的效果，审查过程有沟通交流，也有激烈碰撞，最终审查得以顺利通过，极大地提升了公司设计综合实力。

2017 年 5 月 15 日，几内亚总统孔戴出访回到国内，立即召见了黄河设计院团队。利用与总统会面的难得机会，黄河设计院适时提出了立即开展福米水利枢纽项目合同谈判的建议。出于对黄河设计院在凯乐塔项目和苏阿皮蒂项目中设计和建设管理展示出的综合实力的信任，总统表示支持。

国外项目一般从可研审查完成到合同谈判都要经历漫长的时间，比如苏阿皮蒂项目 2013 年完成可研，到 2016 年合同签订，中间经历了 3 年多的时间。3 年时间，也是项目方案反复修改和不断优化的 3 年，工作量之巨超乎想象。而福米水利枢纽项目可研完成后，立即开始合同谈判，可谓创造了不小的奇迹。

2017 年 6 月 16 日，刚刚结束项目可研评审会的福米项目组马不离鞍，迅即投入合同谈判准备阶段。

经过一周紧锣密鼓的筹备后，福米项目组于 2017 年 6 月 22 日与几内亚能源水利部、大项目办、财政部、福米项目管理总局、国家电力公司等 5 家单位、16 位专家组成的谈判委员会开始正式合同谈判。

工期紧迫、流程推进较快、业主要求多是此次福米项目谈判的特点。谈判期间项目组成员常常白天谈判，夜间准备谈判材料，对合同条款反复斟酌，征求各方意见，连夜加班赶制技术文件，中、法、英三种语言交替转换；在相隔 1 万多千米、时差约 8 小时、通信联络极其不便的情况下，前方和国内后方的人员隔空对话，无时差全天候密切配合，工作到凌晨三四点是谈判期间的常态。

历经近一个月的紧张而艰苦的谈判，7 月 14 日双方就工作范围、合同双方的责任和权利、合同金额等主要内容达成一致，正式启动合同签审流程。

握手世界

2017 年 7 月末，几内亚能源水利部部长、大项目办主任均完成签发。2017 年 9 月 3 日，黄河设计院董事长、党委书记张金良受邀在厦门拜会前来参加金砖国家领导人会议的几内亚共和国总统、非盟轮值主席孔戴，双方就公司承担福米项目及参与其他基础设施开发进行了亲切友好的座谈，强力推进了项目合同的签审流程，9 月 20 日最后一关顺利通过，

金砖国家领导人会议期间，黄河设计院董事长张金良和几内亚总统孔戴亲切交谈

财政部部长签字，合同正式签订完成。

此次可研审查、合同谈判恰逢穆斯林斋月，黄河设计院按照当地的传统习惯，几方人员白天不吃不喝，工作日程安排中没有午餐时间。黄河设计院工作组入乡随俗，一天一顿饭，在 35 度以上的高温下，饿着肚子汇报可研成果、进行合同谈判成了 6 月的工作常态，大家下定决心一定要完成这项"白加黑"的"三个一（一天一顿饭，干好一件事）"工作。有时能吃上一碗方便面都成了令人高兴的事，大家从一开始对斋月的好奇逐渐转变为对打硬仗的坚持、对打胜仗的期待和对吃顿饱饭的渴求，传说中的"望梅止渴"和"画饼充饥"时常被用来抵御辘辘饥肠提出的强烈抗议。大家戏称"我和斋月撞了一下腰，斋月印象难忘掉"，体现出了黄河人不怕困难的乐观主义精神和敢打敢拼的英雄主义精神。

此次合同谈判节奏快、强度高、范围大，对福米谈判小组的技术综合能力和商务谈判能力都是一次巨大的考验与历练。如同行军打仗、排兵布阵，团队人员的分工与合作，从技术到商务，从谈判现场到外围关系梳理，每个环节都至关重要。谈判小组废寝忘食，通宵达旦，精诚合作，前后方密切协作，展现了黄河设计院敢打硬仗的顽强精神和能打胜仗的超强能力。

福米水利枢纽项目是黄河设计院在国际市场独立运作承揽的第一个工程总承包

项目，标志着公司国际化战略取得突破，是黄河设计院落实国家"走出去"发展战略、服务"一带一路"倡议、树立中国水利丰碑的重要内容，同时福米项目也是几内亚人迫切期盼"点亮"东部康康大区的"百年梦想"，是"中国梦"和"非洲梦"的碰撞与融合，项目的实施将传播中华民族和平与发展的愿景，促进中国水利和中国标准走向世界，并将继续激励黄河设计人在海外再创辉煌。

福米水利枢纽工程位于几内亚总统孔戴先生的家乡康康大区，项目工期 41 个月。自合同签署以来，项目受到几内亚政府和黄河设计院领导的高度重视。几内亚总统、第一夫人及几内亚能源水利部部长等政府要员多次对工程进展表示关切，要求工程力争 2017 年年底前开工，如此迫切的需求和紧张的工期无疑给福米项目部带来了巨大挑战。

在合同签署后，便立即着手准备组织安排外业工作，协调人员和设备调配。而外业设备中，地勘工作的钻机是"重"中之"重"。时间紧迫，其他装备大都可以随人员一同空运，但是由于钻机体积和重量的原因，需要在几内亚当地落实。国际水利工程与国内工程最大的不同在于，在国内根本不算事的事在国外实际操作中都会变得状况百出、举步维艰。以勘探钻机调运为例，在国内是非常简单的一件事，但是在几内亚却是困难重重。黄河设计院从之前纯粹的设计角色转变为凡事都要亲力亲为的总承包商，再加上国外特殊的环境，遇到的困难和问题便被放大了数倍。钻机找谁装、找谁运、怎么卸、到了放哪里以及全程的安保工作等，这些摆在面前的问题都需要福米项目团队人员悉心处置、合理安排。

为落实钻机运输方案，福米工作团队分别从运输手续准备、人员准备、设备物资准备、当地接应准备、安全准备五大方面着手，并做到郑州总部、苏阿皮蒂工地、科纳克里办事处、康康前方四地落实。

福米团队经过对当地法律法规的研究，同时在国内和前方着手准备运输钻机所需要的购买发票、清关证明、购买合同等材料，将各项资料翻译成法文版，并办理钻机出门证，以应对路上关卡检查。同一时间，在几内亚的员工也兵分三路，合力推进计划实施：国际院徐郑立前往苏阿皮蒂工地与相关单位商谈钻机借用、吊机使用以及人员居住用板房材料的租用问题，落实各项装备的状态，确保在使用过程中不出现问题；科纳克里办事处联络合适的运输公司，货比三家、大量沟通、协商价格，

福米水利枢组合同签署后参与人员合影留念

为设备运输节省开支；康康前方测绘队的常振东在前方寻找合适的吊装公司，确认卸载场地，保证器材顺利卸载。

2017年11月5日，随着一声鸣笛，载着重要设备的三辆重卡缓缓驶出苏阿皮蒂工地；7日，集装箱抵达康康宪兵营地；8日，货车等待吊机卸货的时候，已经谈好的卸货公司忽然告知吊机损坏，无法进行卸载了。项目团队立刻寻找对策，决心要打好这开场之战！

前方人员立刻开始寻找其他可利用吊机，后方人员立即做出支援响应，在几内亚首都通过福米项目管理局局长贡代联络康康省和邻近的库鲁萨省政要名流寻求帮助。几经打探后，大家才发现之前都低估了几内亚国内的区域发展差距，在康康地区寻找一台合适的吊机竟也难如登天！

就在前方顶着惨淡愁云各处找寻吊机时，后方传来了佳音——贡代通过康康政要联络到了一台吊机，预计10日可以进行卸装工作。刚要松口气，又接到消息，吊机虽然到位，但是吨位不够，无法将集装箱整体卸下。

面对重重困难，福米项目团队没有丝毫退缩，利用手边资源，撸起袖子加油干。测量队员们以及当地司机立即爬上卡车，打开集装箱，将能抬动的部分全部人工卸出来，大家通力合作，挥汗如雨，在康康宪兵营地彰显了一回黄河人吃苦耐劳、敢拼肯干的精神。路过的康康大区宪兵司令看到了这一幕，也许是被黄河人的"拼劲"震撼到了。他立即下令从军营中抽调30多名宪兵帮助卸货，黄河人与几内亚宪兵一起，更加高效地向前推进这场卸车大战，汗水映衬着两国人民的友谊。

11月13日14时，几内亚第一夫人得知项目团队遇到了困难后，携康康省省长、民主党主席、康康大区宪兵司令等官员，抵达康康地勘设备装卸现场慰问并了解情况。几内亚分公司法人代表丁万庆向第一夫人致敬，认真汇报了福米项目开工前的准备情况：测量工程师已到工地现场工作了近一个月，地质、勘探、物探工程师部分人员已抵达科纳克里，地质勘探设备已全部到达康康；表示不论遇到多大的困难、吃多大苦，"黄河设计院说到的事情就一定要办到"。同时，也适时向第一夫人提出目前融资是亟待解决的重大问题。

看到康康土地上的设备、工程师队伍以及黄河人展现出的精气神，第一夫人十分欣慰和感动，她表达了对"黄河设计院说到做到"工作作风的钦佩。"非常感谢你们每个人为福米工程做出的贡献，真心祝愿我们双方密切合作，早日建成福米水利枢纽

几内亚第一夫人视察工地

工程"，她表示今后会一直关注福米项目的进展，协调解决项目推进中遇到的困难，并期待着黄河设计为康康带来的光明。

11月15日，晨曦中，福米项目团队前方人员驱车返回科纳克里，身后是冉冉升起的朝阳，前方是逐渐热络的首都驻地。将会有更多服务"一带一路"倡议的黄河人抵达这里，奔赴康康，把汗水挥洒在这片即将被"点亮"的土地上。

11月16日，注定成为一段不寻常"征程"的开端。按照福米建设合同工期的要求，

握手世界

黄河设计院一行 12 人在北京机场 T2 航站楼会合，开始了几内亚福米水利枢纽勘察工作之行。经过十几个小时的飞行，于当地时间 17 日傍晚到达几内亚首都科纳克里机场。下飞机的时候一位勘察人员不禁感慨："我们追着太阳飞，飞越千山万水，17 日这一天竟然度过了漫长的 32 个小时。"

福米水利枢纽工程坝址位于福米村附近念丹河上，所有的勘察人员都将在此安营扎寨，开展坝址区的勘测工作。

经过项目部的积极组织和筹备，各专业人员如期进场，紧张的勘察工作拉开序幕。勘察条件异常艰苦，但工作人员战胜了语言不通、没有水源、住宿简陋、毒虫肆虐、疟疾频发等不利因素，顺利开展勘察工作；同时也感受着当地西非民族的异域风情。不同的国度、不同的民族，大家为了一个共同的愿望，造福福米、点亮康康而共同努力着。

各项勘察工作陆续展开，这也得益于当地政府和民众的大力支持和参与。但当项目人员正在慢慢适应那里的环境和生活的过程中，让大家担心的疟疾开始发作。疟疾主要通过蚊、虫等进行传播，刚来的时候虽然支起了蚊帐，但一种硬壳的小虫子却十分厉害，刚被咬的时候并不痒，但几天之后就会起红疙瘩，

几内亚能源水利部部长视察工地

并且奇痒无比，数天不退。而在潜伏几天之后，就可能引起疟疾发作。

一个月左右的时间，我们先后有多位同志被送往康康治疗，病情严重的同志更是被送往首都科纳克里进行治疗。疟疾发作时病人非常痛苦，发高烧、忽冷忽热、全身疼痛。不断有人被送往医院，减员严重，使步入正轨的勘察工作再一次遇到了困难。为此项目部召开了紧急会议，分析造成疟疾发作的原因，制定了严密的防范措施。坝址区密林广布，植被茂密，没有道路，汽车无法进入，勘察工作全靠两条

腿跋涉。地质人员带上干粮、带上木棍，把身体包得严严实实，严防蚊虫。在进行河道地质勘察时，在湍急的河水中摇晃前行，裤子全部湿透，连当地司机都被这种勇气感动。

在福米坝址勘察中，黄河设计院开发的工程勘察数字采集系统在物探、勘探、测绘等外业作业中发挥了重要作用，实现了野外定点的数据电子化、规范化。新技术的应用代表着公司的勘察水平日益提升，也赢得了业主的一致好评。

在福米水利枢纽勘察如火如荼地进行过程中，现场人员勠力同心，通力合作，加快项目推进。在这片土地上，黄河设计人携着和平与发展的种子，搭建友谊和希望的桥梁，用代代传承的自强不息精神，完成这项艰巨而富有意义的使命，彰显新时代黄河人"走出去"的风采。

2013年秋天，习近平总书记提出共建"一带一路"以来，"一带一路"从规划走向实践，从愿景变为行动。2019年秋天，习近平总书记提出了黄河流域生态保护和高质量发展重大战略，并指出"要积极参与共建'一带一路'，提高对外开放，以开放促改革、促发展"。黄河设计院将秉承创新、协调、绿色、开放、共享五大发展理念，凭借自身综合技术实力和资源，立足黄河，放眼世界，在水资源综合管理、生态水利以及水利基础设施建设等领域，服务黄河治理和"一带一路"建设，助力全河、全国、全球高标准、惠民生、可持续发展。

第十二章 新的时代

一、筚路蓝缕　玉汝于成

中华人民共和国成立以来，特别是改革开放以来，黄河治理开发与管理在取得举世瞩目巨大成就的进程中，不断深化拓展国际交流与技术合作，黄河走向世界，世界加深了对黄河的认识，实现了黄河与世界的握手。

治黄对外开放有力推动了重大治黄工程建设。小浪底水利枢纽工程建设利用世界银行贷款、实行国际招标，黄土高原世界银行贷款项目、亚洲开发银行贷款黄河防洪项目等重大治黄工程建设，共利用外资金额累计超过 15 亿美元，大大提升了黄河下游防洪能力，充分发挥了拦减泥沙的效益。

握手世界

　　小浪底水利枢纽工程作为黄河干流上集减淤、防洪、防凌、供水灌溉、发电等为一体的大型综合性水利工程，是治理开发黄河的关键性工程。该工程建设在国家投资的同时，使用世界银行贷款 10 亿美元，并按照世界银行规定实行国际招标。在与意大利英波吉罗公司、德国旭普林公司、法国杜美兹公司等著名国际公司的国际管理与管理理念的碰撞融合中，确保了工程如期建成，并为大型水利工程建设管理培养了一批国际合作人才，有力提高了黄河治理开发与管理水平。

　　黄土高原世界银行贷款项目是中国水土保持利用外资的第一个大规模项目，项目涉及陕西、山西、内蒙古、甘肃 4 个省（区），总面积 15559 平方千米，使用世界银行贷款 1.5 亿美元。项目完成治理面积 5685 平方千米，取得了十分显著的效益。该项目作为世界银行农业项目的"旗帜工程"，获得世界银行行长奖"杰出贡献奖"。

　　2002 年开始实施的亚洲开发银行贷款黄河防洪项目，总投资 29.3 亿元，其中亚洲开发银行贷款 1.5 亿美元。通过加固黄河下游干堤，加强防洪非工程措施建设，大大提升了黄河下游防洪能力，有力保障了两岸人民的生命财产安全。

　　深入开展国际合作，提升治黄科技水平。改革开放以来，黄委先后与美国、法国、荷兰等国家，与世界银行、世界气象组织、联合国开发计划署等国际组织，共同开展了大量国际合作项目和研究。通过高层互访、签署合作协议、交流合作，黄委与30 多个国家和地区的国际组织、流域管理机构、科研单位等建立了长期合作关系，与欧盟、联合国教科文组织、全球水伙伴等有着良好交往，与 40 多个国家和地区开展科技交流与合作。来黄河考察访问、交流合作的外宾达 1000 余批、6000 余人次；黄委派出科技和管理人员 3500 余人次，培养与国际接轨的专业人才，引进吸收国际先进技术和管理经验。与此同时，黄河治理开发与管理的成功经验，也为世界各国河流治理开发与管理提供了有益借鉴。在水利双边和多边合作范围、合作深度、实施效益等方面取得了显著成就。

　　围绕治黄难点和热点问题，在流域管理、水资源管理、防洪减灾、水土保持、水环境保护、河流健康、气候变化应对等重点领域，黄委与世界各国广泛开展国际技术合作。黄河流域水资源经济模型研究项目、黄河下游河床形态研究项目、黄河下游水量调度系统研究项目、中法黄河科技合作项目、中芬黄河减灾项目、UNDP宁夏黄河灌区节水高效生态农业示范工程、英国赠款中国小流域治理管理项目、中荷科学教育合作项目、中荷合作建立基于卫星的黄河流域水监测与河流预报系统、中荷黄河三角洲环境需水量研究项目、中澳环境发展项目、中欧流域管理项目、联合国教科文组织合作开展的气候变化与黄河流域水资源管理研究项目、中荷防洪与堤防安全监测试点项目等，一大批国际合作项目的实施，引进了国外资金和先进技术与设备，促进了国外先进管理技术和经验的吸收利用，提升了黄河科技工作者的理论水平和科研能力，助推黄河水资源统一调度、洪水管理、生态保护、水土保持等领域实现了新突破。

国际水事平台实现黄河走向世界。进入 21 世纪以来，面对黄河新老问题相互交织的严峻挑战，为探索黄河治理开发可持续发展之路，黄委积极践行治黄新理念，持续开展治黄新实践，不断加大国际合作和对外交流广度与深度，积极创建并成功举办黄河国际论坛，广泛吸收借鉴世界前沿流域管理模式，注重引进先进水管理技术，在工程技术、流域管理、治河理念等方面取得一系列丰硕成果。

黄委作为主要国际组织的成员单位，多次派出专家代表团参加世界水论坛、斯德哥尔摩国际水周、澳大利亚国际河流研讨会、国际大坝委员会会议等重大国际水事活动，举办黄河专题研讨会或做报告，展示黄河管理成就，分享黄河管理经验。黄委是中国第一批加入世界水理事会的成员单位，中欧水资源交流平台发起单位之一，是联合国教科文组织、世界水理事会、全球水伙伴、国际流域机构网络等 20 多个国际组织的重要合作伙伴。2010 年，黄委以统筹黄河治理开发与管理的卓越成效，从全球 50 名候选者中脱颖而出，获得李光耀国际水源荣誉大奖。

为了增进国际河流治理与管理学术交流与合作，研究解决黄河问题及世界流域管理所面临的共性问题，从 2003 年开始，黄委举办五届黄河国际论坛，共吸引来自五大洲 80 多个国家和地区的 6000 多位专家学者参会。与会专家学者聚焦世界水资源及河流治理的前沿热点议题，从流域管理理念和技术、水文水资源、生态环境、水土保持、水污染防治、水权交易、河道整治及泥沙研究、水文测报、信息技术等专业领域，多视角分析河流治理及流域管理，分享各个国家的流域管理模式，交流发表河流治理与管理新理念、新思路、新方法、新进展。大量合作备忘录及国际合作项目在论坛期间签署和启动，有力推动了双边、多边国际合作。论坛从多个层面展现了黄河治理开发与管理的新理念、新举措，加深了国际水利界对黄河的了解，

新加坡总理李光耀向时任黄委主任李国英颁发水源荣誉大奖奖牌

论坛发表的黄河宣言得到国际社会的广泛响应，为推进全球水资源可持续利用、实现人与自然和谐相处、扩大中国水利的国际影响力，发挥了重要作用。

黄河国际论坛的成功举办，成为中国水利对外交流与合作的主要平台之一。五届论坛论文集均被世界著名三大科技文献检索系统之一 CPCI-S（原 ISTP，科技会议录索引）全文纳入检索。2007 年第三届东亚峰会上，由中国、日本、澳大利亚等16 国领导人签署的《气候变化、能源和环境新加坡宣言》中，黄河国际论坛被指定作为亚太主要水事交流平台之一。

治黄对外交流，培养了一大批与国际接轨人才。40 多年来，黄委在治黄对外交流与技术合作中，注重与国际接轨复合型人才的培养，不断加强与国外著名高等院校和培训机构的合作，精心制订境外人才培养计划，申请国外政府奖学金资助，着力培养精通外语、熟悉国际规则的优秀治黄人才。自 2001 年以来，黄委共选派 14批共 300 余名优秀青年科技干部分赴荷兰国际环境水利工程学院（IHE）、澳大利亚阿德莱得大学、昆士兰大学、美国密西西比大学学习。紧紧围绕流域综合管理、防洪安全、生态建设、水利信息化等重点工作进行专题培训，培养了一批与国际接轨的复合型人才。2007年澳大利亚国家高级教育委员会特别授予黄委青年人才培养项目"澳大利亚教育培训国际合作杰出奖"。培训项目的实施，为治黄外向型专业人才的成长提供了良机，为治黄国际技术合作项目，提供了有效支撑与保障，展现了治黄对外交流与国际合作继往开来的勃勃生机。

进入新时代，黄委积极践行"一带一路"倡议和"走出去"发展战略，开辟了治黄国际交流合作新局面。党的十八大以来，黄委认真贯彻落实党中央对外开放新战略新部署，积极践行习近平主席提出的"一带一路"倡议，进行了富有成效的新探索。黄委所辖企业利用科技实力和人才优势，积极开拓国际工程市场，在技术输出和咨询设计服务方面，展示了新时代治黄国际合作的广阔前景。

黄委与世界银行、亚洲开发银行等国际组织合作，为印度、巴基斯坦、老挝、缅甸等"一带一路"沿线国家相关技术人员和管理人员开展相关技术培训，提升了相关国家水利工作者的流域和水资源综合管理水平，进一步增进了受培训者对黄河流域管理和水资源可持续发展的了解。

黄河设计公司设计的厄瓜多尔科卡科多 - 辛克雷水电站，由习近平主席和厄瓜多尔科雷亚总统共同按下按钮正式竣工发电。黄河设计公司设计的几内亚凯乐塔水电站，作为几内亚第一座水电站，其设计效果图登上该国2015年发行的新版最大面值货币，在国际水电史上烙下了黄河设计的印记。

治黄改革开放40多年的历史成就，饱含着党和国家的高度重视和殷切关怀，镌刻着历届黄委领导人引领开拓的不朽业绩，凝聚着广大治黄科技工作者、外事工作者的青春和梦想、心血与汗水，见证着治黄事业在改革开放战略指引下实现与世界握手的坚实足迹。

二、黄河治理任重而道远

中华人民共和国成立70多年来，在党和政府高度重视和坚强领导下，黄河治理开发与管理不断创造伟大奇迹，走过了极不平凡的光辉历程。黄河防洪工程体系与非工程措施不断加强，战胜了历年洪水，黄河岁岁安澜，彻底扭转了历史上黄河频繁决口改道的险恶局面；黄河水利水电资源得到开发利用，为流域和相关地区经济社会发展提供了宝贵水源和强大动力；上中游地区水土流失治理成效显著，黄土高原生态环境大为改观；依法治河空前加强，水资源统一管理与优化配置取得新进展。进入新时代，根据党中央新思路、新部署、新要求，针对黄河出现的新情况、新问题，治黄方略不断发展，各项治黄工作扬帆竞渡。70多年来，黄河治理开发事业砥砺奋进，春华秋实，取得了举世瞩目的巨大成就，生动体现了中国共产党领导人民治国理政的丰功伟绩，充分体现了社会主义制度的无比优越性。

然而，由于黄河极为复杂难治，黄河治理开发与管理仍然面临着防洪防凌形势严峻、水资源供需矛盾尖锐、水环境压力增大等诸多挑战。实现黄河长治久安，依然任重道远。

黄河难治，症结在于水少沙多、水沙关系不协调。解决这一问题，必须实施增水减沙，拦、排、放、调、挖综合处理。而完善黄河水沙调控体系，是一项势在必行的关键措施。

按照黄河综合治理开发规划，黄河水沙调控体系由工程体系和非工程体系组成。以干流的龙羊峡、刘家峡、黑山峡、碛口、古贤、三门峡、小浪底等骨干水利枢纽为主体，以干流的海勃湾、万家寨水库及支流的陆浑、故县、河口村、东庄等控制性水库为补充，共同构成完善的黄河水沙调控工程体系。其中，龙羊峡、刘家峡、黑山峡和海勃湾水利枢纽构成上游调控子体系；碛口、古贤、三门峡、小浪底和万家寨、陆浑、故县、河口村、东庄等水利枢纽构成中游调控子体系；以水沙监测、水沙预报和水库调度决策支持系统等构成黄河水沙调控非工程体系，为黄河水沙联合调度提供技术支撑。

当前黄河调控体系还不完善，黄河干流已建成龙羊峡、刘家峡、三门峡、小浪底四座控制性骨干工程，古贤、黑山峡、碛口三座工程尚未修建。

2001年，小浪底水库主体工程全部建成后，通过水库拦沙和调水调沙，逐步恢复了河道主槽排洪输沙功能，下游河道最小平滩流量由2002年汛前的1800立方米每秒提高到现状的4000立方米每秒以上。小浪底工程对解决黄河断流危机、缓解黄

河下游河道抬高、有效调控大洪水等方面发挥了举足轻重的作用。

但小浪底水库调水调沙后续动力不足，不能充分发挥水流的输沙功能，影响水库拦沙库容的使用寿命。小浪底水库拦沙库容淤满后，汛期进入黄河下游的高含沙小洪水出现的概率将大幅度增加，下游河道主槽仍会严重淤积，水库拦沙期塑造的中水河槽将难以长期维持。

研究和实践证明，实现黄河长治久安，不能单靠干流小浪底水库孤军作战，必须完善由干流7大控制性骨干工程和支流水库所组成的水沙调控完整体系，而这个体系亟须一个坚强的核心。

规划建设的古贤水利枢纽正是这样一座承上启下、举足轻重的核心工程。它地处晋陕大峡谷中部，控制着黄河65%的流域面积、80%的水量、60%的泥沙。战略位置优越，拦沙库容巨大，调控能力强劲，能最好地实现"拦""调""排"有

拟建的古贤水利枢纽工程效果图

机结合，防洪减淤及生态效益得天独厚，因此尽快修建古贤水库，成为完善黄河水沙调控体系的首要选择。

古贤水利枢纽建成后与小浪底水库联合调度，可在 60 年内使下游河道减少泥沙淤积 95 亿吨，相当于现状下游河道 35 年的淤积量；近 100 年内可使黄河下游中水河槽过流能力基本维持在 4000 立方米每秒以上。尤其是，该水库有数十亿立方米长期有效调水调沙库容，参加水库群联合调度，每年可减少下游河道泥沙淤积约 1 亿吨，为有效处理黄河泥沙、遏制河床不断抬高发挥长效之功。

按照规划，古贤水利枢纽将为陕、晋两省提供 35.28 亿立方米水源，可解决 700 多万人口、1047 万亩耕地的农业灌溉用水，库区周边 54 万贫困人口将摆脱严重缺水之困。特别是库区水位的抬升，使陕西泾东渭北和山西临汾、运城的大部分供水区，从此迈入自流时代，延安供水区降低抽黄扬程110多米。两岸用水条件得到根本改善，农业生产能力显著提高，将为沿河群众同奔小康、实现跨越式发展插上腾飞的翅膀。

古贤水库的兴建，形成230平方千米的宏阔水面，生态辐射面达10000平方千米。通过山、水、林、田、湖、草系统治理，将使地下水超采失衡状况显著改观，极大提升当地的生态环境质量，峡谷两岸山乡巨变，呈现一幅山清水秀、人水和谐的绿色生态景象。

兴建古贤水利枢纽，让黄河趋利避害，更好地为中华民族造福，全面体现了中央"五位一体"总体布局和"五大发展"理念，意义重大，使命神圣，任务艰巨，应尽早决策。

黄河水资源总量不足将是流域经济社会发展最迫切需要应对的挑战。实施西部大开发以来，黄河耗水量不断增加，从2000年的272亿立方米增加到2013年的332亿立方米，总量增加了60亿立方米，一些省（区）地表水耗水量已经达到或超过分水指标。随着经济社会的发展，需水量还将不断增加，黄河流域未来缺水的形势更为严峻。据预测，在充分考虑节水的情况下，在黄河流域正常来水年份的条件下，2030年缺水110亿立方米，中等枯水年份缺水更多。从根本上解决黄河水资源紧缺问题，除继续大力开展高效节水，实施最严格水资源管理制度外，还需要尽快实施南水北调西线工程。

经过长达50多年的勘察、规划和前期研究，南水北调西线工程方案已基本成熟。规划分三期实施，第一期调水40亿立方米，第二期调水达到90亿立方米，第三期调水达到170亿立方米。南水北调西线工程供水目标是：主要解决西北地区缺水问题，基本满足黄河上中游6省（区）和邻近地区2050年前的用水需求，同时促进黄河的治理开发，促进上中游河道治理，并相机向黄河下游供水，缓解黄河下游断流等生态环境问题。

党的十九大为实现"两个一百年"宏伟目标，实现中华民族伟大复兴，绘制了巨擘蓝图，列出了时间表。作为中华文明的发祥地、多民族交融的聚集区和资源富集区，黄河流域的可持续发展、生态建设和社会稳定，事关国家长治久安，事关中华民族伟大复兴，肩负着前所未有的重大使命。一项大型跨流域调水工程，需要经过诸多环节，加上筹建准备和10年左右的主体工程建设，即使现在决策上马，到西线工程建成通水也已逼近 2030 年。而那时，即使充分挖掘"家底"，黄河流域缺水总量也将高达 142 亿立方米。

黄河流域重要的战略地位，日益尖锐的水资源供需矛盾，已不容迟疑徘徊。加快西线工程前期工作，尽快开工建设，有效化解黄河流域水资源危机，江河携手，盛世梦圆，人们对此充满了期待，需要继续为之不懈奋斗。

随着黄河流域经济社会的快速发展，加之全球气候变化，黄河流域水沙发生了新的变化。为适应新时期黄河治理开发与管理的决策需求，黄委加大了对新情势下黄河流域水沙变化研究分析的力度。

2006 年，"十一五"国家科技支撑计划重点项目"黄河流域健康修复关键技术研究"专项列出了"黄河流域水沙变化情势研究"课题，旨在以修复黄河健康这一重大命题为出发点，研究人类活动对现状水沙过程的影响程度，分析近期水沙变化原因，评价黄土高原水土保持措施减水减沙效益，预测未来黄河水沙变化情势，为黄河治理开发与管理保护提供科技支撑。

黄委与有关方面历时两年研究，总结了近期黄河流域水沙变化特点，分析了包括径流量、输沙量、洪水、泥沙级配和降雨径流关系等变化规律，提出了气候、人类活动对入黄径流量和泥沙量变化的影响程度，初步分析了干流水库调节和主要灌区引水对干流水沙量、洪水过程的影响，暴雨洪水对水利水保措施的响应关系，为黄河治理开发与管理决策提供了新的科学依据。

在此基础上，2012 年该项研究被列入国家"十二五"科技支撑计划，通过 5 年多联合攻关，在基础数据、基本方法和基本规律等方面又取得了新的成果。

在黄河主要产沙区范围内，通过遥感调查、实地考察和实测数据整理，基本掌握了 20 世纪 50 年代以来不同时期的降雨、林草植被、梯田、淤地坝、水库和用水等关键因素的科学详细数据，为水沙变化原因分析奠定了基础。

通过对降雨、淤地坝、林草植被、梯田和产流产沙等关键因素的科学处理，研发了用于归因分析的遥感水文统计模型、淤地坝库容淤满判断标准，开发了黄土高原下垫面基础数据库和产沙模数计算软件，为水沙变化原因分析提供了科学的计算工具。

通过大量实地调查、基础数据分析和吸收前人成果，对流域可产沙降雨、不同类型区的降雨—侵蚀—产沙机制、流域尺度上林草植被和梯田建设对产沙产流影响等方面取得了一些新的认识。

研究认为，自20世纪80年代以来，黄河来水来沙明显减少，坝库拦沙和气候变化是黄河来沙减少的主要驱动力；进入21世纪，黄土高原产流环境变化成为近十几年水沙大幅减少的主要原因。

黄河水沙变化规律是一个需要长期研究的重大战略课题。黄河水沙的这些重大变化是短期的还是长期的，是规律性的还是趋势性的，对这一重大问题仍有待继续深入研究，做出科学研判。

黄河下游滩区综合治理是治黄工作面临的又一难题。由于历史原因，黄河下游河道内有耕地面积22.7平方千米、1928个村庄、189.5万人口。由于安全建设滞后，黄河下游滩区长年受黄河洪水侵袭的威胁，群众的生命财产安全没有保障，恶劣的生产生活条件严重制约着滩区的经济发展。如何解决黄河防洪安全与滩区群众安全及经济社会发展，是一个长期未能解决的难题。

2003年汛期，受"华西秋雨"影响，自8月中旬至10月下旬，黄河中游干支流连续出现10多场洪水，洪水持久不退。由于下游河道长时间大流量行洪，河南兰考县、山东东明县出现较大漫滩灾情，兰考黄河蔡集控导工程发生重大险情。山东、河南黄河滩区114个村庄被洪水围困，淹没耕地18万亩，受灾人口12万。

2004年年初，黄委先后在北京、河南开封召开了黄河下游治理方略高层专家研讨会、黄河下游治理方略专家研讨会。与会专家围绕黄河水沙变化趋势、中常洪水调度运用方式、生产堤政策、滩区建设与减灾政策、蓄滞洪区运用定位等问题，进行了深入探讨，形成了"稳定主槽、调水调沙、宽河固堤、政策补偿"的黄河下游治理方略。

党的十八大以来，在以习近平同志为核心的党中央亲切关怀和大力支持下，黄河滩区群众脱贫致富问题，被提到全面建成小康社会的高度列入国家议事日程。

2015年，河南、山东两省相继开展了两期黄河滩区居民迁建试点，其中河南5.68万人、山东1.3万人。在试点基础上，一个旨在解决黄河滩区这一中国近代历史遗留问题的重大决策逐步成型。

2017年5月，李克强总理专题调研河南、山东两省黄河滩区居民迁建工作时指出："黄河滩区群众脱贫事关全国脱贫攻坚大计，现在到了加快解决这些滩区居民安危与发展问题的时候了。要力争用 3 年时间优先解决地势低洼、险情突出滩区群众迁建问题，实现黄河防洪安全与滩区经济发展的双赢。"

2017 年 8 月，经国务院同意，国家发展和改革委员会批复《山东省黄河滩区居民迁建规划》和《河南省黄河滩区居民迁建规划》。

按照批复的山东省规划，到 2020 年，将投资 260.06 亿元，按照"各级政府补一块、土地置换增一块、专项债券筹一块、金融机构贷一块、迁建群众拿一块"的总体思路筹措资金，采取分类实施外迁安置、就地就近筑村台、筑堤保护、旧村台和临时

黄河下游防洪措施
河道控导工程

撤离道路改造提升等方式，"一揽子"解决山东黄河滩区迁建问题，涉及人口60.62万。

根据批复的河南省规划、防洪需要和地方实际，从2017～2019年，用3年时间将河南黄河滩区地势低洼、险情突出的24.32万人整村外迁安置，2020年完成迁建，总投资144.07亿元，用于黄河滩区居民住房建设、安置区占地补偿、基础设施和公共服务设施等迁建工程。

实施黄河滩区脱贫迁建，是一项惠及当前、利在长远的重大民生工程，承载着中央对黄河安澜的高度重视和对黄河滩区人民群众的深切关怀，承载着滩区居民长久以来的"安居梦""致富梦"，是历史上规模最大的一次迁建工程。完成后，黄河滩区居民的生活状态将发生前所未有的巨大变化。

然而，这只是黄河滩区群众在脱贫致富道路上走出的第一步。河南黄河滩区面积约21.16平方千米，耕地228万亩，涉及17个县（区），居住人口125.4万，除去已达到20年一遇防洪标准的21.7万人，还需要妥善安置103.7万人，其中居住在高风险区的有83.3万人。按照此次规划，2017～2019年将把24.32万人整村外迁安置，加上正在外迁的第一、二批试点5.68万人，河南共安置30万人出滩居住。而高风险区还有人口53.3万人，如何彻底解决"黄河防洪安全与滩区经济发展双赢"的问题，依然任务繁重。

河口治理是黄河治理开发的重要组成部分。1855年，黄河在兰考铜瓦厢决口改道从山东利津入海形成下游现行河道。100多年来，万里黄河挟带着大量泥沙奔流入海，造就了近代黄河三角洲这块年轻的土地。同时，由于大量泥沙在河口淤积，也使河口河道长期处于淤积—延伸—摆动的循环状态。

中华人民共和国成立后，为保持黄河入海流路相对稳定，先后对河口进行了三次人工改道。1976年人工改道，形成现行黄河入海流路——清水沟流路。随着胜利油田的开发和东营市的崛起，稳定黄河入海流路，保证河口地区防洪安全，成为黄河治理的一个重大课题。1988年，针对河口持续延伸、河槽淤积加重、泄流不畅的情况，黄委、山东省东营市、胜利油田联合开展了历时5年的河口疏浚治理工作，尾闾河道众流归一，防洪形势明显好转。1989年8月编制完成《黄河入海流路规划报告》，提出了稳定清水沟流路措施，1992年国家计划委员会批准。此后，国家批复总投资3.64亿元的黄河入海流路治理工程，历经10年建设，初步建成了河口防洪工程体系。经过多年治理，河口河段河势得到了较大改善，河槽相对稳定。通过堤防加固抬高与险工建设，防御洪水能力由原来的 6400 立方米每秒提高到 10000 立方米每秒，防洪能力明显提高，为黄河三角洲生态系统保护、河口地区经济社会发展和胜利油田建设，创造了安定的自然环境。

黄河口地区是中国暖温带最广阔、最完整的原生湿地生态系统，具有丰富的生物多样性特征。1992 年国务院批准建立黄河三角洲国家级自然保护区。

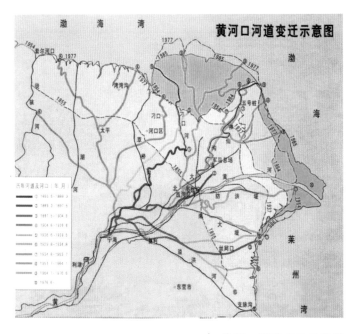

黄河口河道变迁示意图

20 世 纪 90 年 代，黄河下游频繁断流，受黄河断流之痛，黄河口生态环境遭到重创，海水蚀退陆地，河口地区土地盐碱化、沙化，渤海浅海生物链断裂，三角洲湿地水环境失衡，大量鱼类、鸟类绝迹。黄河三角洲生态环境恶化日益加剧，河口湿地和生物多样性受到破坏，引起了国内外密切关注。

世 纪 之 交，黄 河 口生态环境问题摆上治黄重大日程。根据国家授权，黄委自 1999 年开始对黄河水资源实施统一管理与水量调度，至 2019 年已经保证连续 20 年没有断流。河口湿地恢复区的水面由 15% 增加到 60%，湿地芦苇面积达到 30 多万亩；区域内鸟类数量达数百万只，湿地生态系统实现良性恢复。

2009 年国务院批复《黄河三角洲高效生态经济区发展规划》，规划建设高效生态经济示范区、特色产业基地、后备土地资源开发区和环渤海地区重要的经济增长区域。

围绕黄河河口水资源与生态环境问题，黄委与联合国开发计划署合作开展了多方面的研究，包括河口地区可利用水资源、水资源需要量、未来水资源量预测及供需平衡分析、节水潜力研究、水资源综合评价等。

为了更好地协调处理黄河河口治理、生态环境保护、三角洲地区经济社会发展之间的关系，2010年，黄委组织编制了《黄河河口综合治理规划》，提出遵循黄河三角洲的自然演变规律，以保障黄河下游防洪安全为前提，以黄河河口生态良性维持为基础，充分发挥三角洲地区的资源优势，谋求黄河下游的长治久安并促进河口三角洲地区经济社会的可持续发展。与此同时，为了进一步改善河口地区生态环境，促进黄河三角洲高效生态经济区建设，黄委实施了刁口河备用流路生态调水工程，取得了明显效果。

但是，随着流域经济社会的快速发展，黄河水沙情势的变化等新情况、新形势，对黄河河口治理提出了新的要求。譬如，1976年黄河口改走现行清水沟流路以来，已行河40多年，随着河口不断淤积延伸，未来它还能走多远？如果重新启用刁口河备用流路，它又会对黄河口周边经济发展和生态系统演化有着怎样的影响？这些问

备用的黄河入海口刁口河流路

题，涉及面广，未知因素多，需要未雨绸缪，防患于未然，深入开展研究。

三、更加开放的黄河　同世界紧紧相连

纵观近一个世纪以来黄河治理开发的国际合作交流，大致可分为四个时期。

第一个时期，从 20 世纪 20 年代至中华人民共和国成立。这一时期，随着西方治水理念与技术传入中国，黄河上设立了第一个水文站，首次测绘完成下游河道地形图，开始用现代科学方法进行河床泥沙颗粒分析，创建了模型试验水工实验室，设立水土保持试验区，推动了由单纯依靠传统经验向利用近代科学技术治水的转变。抗战胜利后，在联总支持下，实施了花园口堵复工程，引黄河回归了现行河道。在满目疮痍的中国，这一国际援助，为减轻黄河扒口改道造成的黄泛区巨大战争创伤，发挥了积极作用。然而，在那个战争频繁、时局动荡、民生凋敝的社会，这些都不可能从根本上改变黄河洪水为害的历史，沿河两岸人民依然灾难深重。

第二个时期，从 1949 年中华人民共和国成立至 1978 年。这一时期，在中华人民共和国旗帜下，古老的黄河开始发生沧桑巨变。党和国家研究确定了根治黄河水害，开发黄河水利的方针，专门成立了黄河规划委员会，在苏联专家组帮助下，编制完成并经第一届全国人大二次会议审议通过了《根治黄河水害和开发黄河水利的综合规划》。这是中国历史上第一部黄河综合规划，它突破了几千年以来治理黄河仅限于下游防洪的被动局面，以整个黄河流域为对象，统筹规划，全面治理，综合开发，强调了变害河为利河，成为治理黄河指导思想上的革命性突破。根据黄河规划，在黄河干流上开工修建三门峡、刘家峡、盐锅峡、青铜峡、三盛公等水利水电工程，对黄河流域灌区进行大规模整修改造和扩建，黄土高原水土保持与流域水利建设掀起新高潮，成为中华人民共和国黄河治理开发的一座里程碑。

在苏联专家影响下，当时在黄河规划和三门峡工程开发目标上也出现了一些失误，特别是以淹没大量良田换取库容用于"蓄水拦沙"的思想，反映出当时对中国国情和黄河河情的认识不足。后来，在周恩来总理亲自主持下，经过中国治黄专家研究，三门峡工程经过改建，改变水库运用方式，促进了对黄河规律性认识的重大

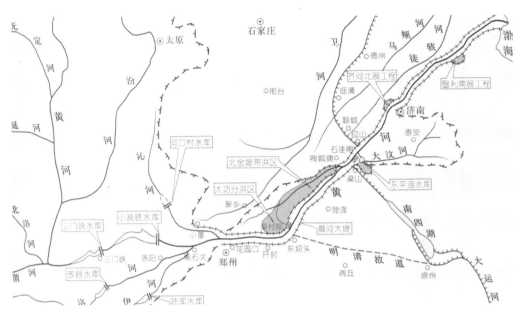

| 黄河中下游防洪工程体系图

进步，从中获得了多方面的启示。

第三个时期，从 1978 年 12 月党的十一届三中全会至 2012 年十八大召开。这一时期，国家以经济建设为中心，坚持深化改革，坚持对外开放，经济建设等方面取得了举世瞩目的巨大成就。伴随着改革开放的豪迈进程，黄河治理开发国际交流与技术合作如春潮澎湃，成就斐然。从小浪底水利枢纽工程建设利用世界银行贷款、实行国际招标建设，到黄土高原世界银行贷款项目、亚洲开发银行贷款黄河防洪项目；从黄河流域水资源经济模型研究项目、黄河下游河床形态研究项目、黄河下游水量调度系统研究项目，到中法黄河科技合作项目、中芬黄河减灾项目、宁夏黄河灌区节水高效生态农业示范工程；从英国赠款中国小流域治理管理项目、中荷合作建立基于卫星的黄河流域水监测与河流预报系统、中荷黄河三角洲环境需水量研究项目，到中澳环境发展项目、中欧流域管理项目、联合国教科文组织的气候变化与黄河流域水资源管理研究项目等，一大批国际合作项目的实施，引进了国外资金和先进技术与设备，促进了国外先进管理技术和经验的吸收利用，助推黄河水资源统一调度、洪水管理、生态保护、水土保持等领域实现了新突破。从参与世界水论坛、斯德哥尔摩国际水周、澳大利亚国际河流研讨会、国际大坝会议等重大国际水事活动，到成功创办中国流域机构自己的水事平台——黄河国际论坛，围绕治黄难点和关键问题，在流域管理、水资源管理、防洪减灾、水土保持、水环境保护、河流健康、气候变化应对等重点领域，与相关国家开展双边合作、多边合作，取得一系列丰硕成果。治黄国际交流技术合作不断向更高层面深化，培养了一大批与国际接轨的专业人才，显著提升了黄河科技工作者的理论水平和科研能力，为推动治黄事业发展，实现让黄河走向世界，让世界认识黄河，发挥了至关重要的作用。

第四个时期，中国特色社会主义新时代。党的十八大以来，以习近平同志为核心的党中央做出了全面建成小康社会、推进"五位一体"中国特色社会主义事业等一系列重大战略部署。针对中国水安全的严峻形势，习近平总书记多次就治水做出重要指示，明确提出了"节水优先、空间均衡、系统治理、两手发力"的治水思路。这是习近平新时代中国特色社会主义思想在治水领域的集中体现。党的十九大确立了"绿水青山就是金山银山"的生态观，把坚持人与自然和谐共生纳入新时代坚持和发展中国特色社会主义的基本方略。习近平总书记提出的治水思路、十九大确立的新的生态观，为持续推进黄河治理开发事业指明了前进方向，提供了根本遵循原则。

在国际关系和外交方针方面，中国积极构建总体稳定、均衡发展的大国关系框架；按照与邻为善、以邻为伴方针，践行"亲诚惠容"理念，深化同周边国家的关系；秉持正确义利观，推动同发展中国家合作提质升级；遵循共商、共建、共享原则，拓展全球治理平台。通过成功举办"一带一路"国际合作高峰论坛、亚太经合组织领导人非正式会议、二十国集团领导人峰会、金砖国家领导人会晤、亚洲相互协作与信任措施会议等重要国际会议，中国为解决世界面临的难题提供了中国方案，有力地发出了中国声音，在国际体系中的影响力、感召力进一步提升。

构筑"人类命运共同体"理论集中反映了党的十八大以来中国当代外交政策和习近平外交思想的精髓，是中国特色大国外交最鲜明的特征。

2017年5月，国家主席习近平在北京举行的"一带一路"国际合作高峰论坛开幕式上发表题为《携手推进"一带一路"建设》的演讲，强调坚持以和平合作、开放包容、互学互鉴、互利共赢为核心的丝路精神，携手推动"一带一路"沿线国家建设行稳致远，将"一带一路"建成和平、繁荣、开放、创新、文明之路，迈向更加美好的明天。

2018年6月20～21日岳中明主任（左6）率中国水利代表团参加在塔吉克斯坦举行的"2018-2028水与可持续发展国际行动十年高级峰会"

2018年4月，习近平主席在博鳌亚洲论坛年会开幕式的主旨演讲中庄严宣告：中国开放的大门不会关闭，只会越开越大！发展起来的中国，愿同世界分享中国的发展机遇和经验。习近平主席的演讲，高瞻远瞩，审时度势，宣示了新时代中国扩大对外开放的坚定决心和重大举措。

2018年9月，习近平主席在中非论坛北京峰会开幕式上发表主旨讲话，总结中非合作共赢的深刻启示，宣示中国解答时代命题的大国担当，展现了中国"为世界谋大同"的责任担当，道出了各国谋发展、求合作的共同愿望。讲话进一步阐明了"打造什么样的中非命运共同体、如何打造中非命运共同体"等重大问题，为绘就新时代中非合作蓝图，共筑更加紧密的中非命运共同体注入了强劲动力。这次峰会，以深化中非全面战略合作伙伴关系为主旨，协商一致通过了《关于构建更加紧密的中非命运共同体的北京宣言》。

黄委及其所属单位认真贯彻党中央治水思路和外交政策，积极践行习近平主席提出的"一带一路"倡议，在"黄河走向世界"的国际交流与技术合作中，充分发挥科技实力和人才优势，实施"走出去"战略，积极开拓国际工程市场。黄河设计院设计的厄瓜多尔科卡科多-辛克雷水电站，由习近平主席和厄瓜多尔科雷亚总统共同按下按钮正式竣工发电。该公司设计的几内亚凯乐塔水电站，登上该国新版最大面值货币。黄委与世界银行、亚洲开发银行等国际组织合作，为印度、巴基斯坦、老挝、缅甸等"一带一路"沿线国家相关技术人员和管理人员开展相关技术培训，提升了相关国家水利工作者可持续的流域和水资源综合管理水平。在流域规划、工程设计、咨询设计服务方面迈出新的步伐，实现了黄河人从技术输入型为主转向技术输出型为主的重大跨越，展示了新时代治黄国际交流合作的鲜明特征。

四、让黄河成为造福人民的幸福河

党中央在殚精竭虑擘画新时代中国特色社会主义、构筑"人类命运共同体"新型国际关系的同时，也始终牵系着黄河的长治久安。

2019年9月，习近平总书记在河南考察期间，专门调研了黄河博物馆、黄河国家地质公园，在郑州主持召开黄河流域生态保护和高质量发展座谈会并发表重要讲话。习近平总书记强调，黄河流域是中国重要的生态屏障和重要的经济地带，是打赢脱贫攻坚战的重要区域，在中国经济社会发展和生态安全方面具有十分重要的地位。保护黄河是事关中华民族伟大复兴和永续发展的千秋大计。黄河流域生态保护和高质量发展，同京津冀协同发展、长江经济带发展、粤港澳大湾区建设、长三角一体化发展一样，是重大国家战略。加强黄河治理保护，推动黄河流域高质量发展，积极支持流域省（区）打赢脱贫攻坚战，解决好流域人民群众特别是少数民族群众关心的防洪安全、饮水安全、生态安全等问题，对维护社会稳定、促进民族团结具有重要意义。

习近平总书记指出，黄河宁，天下平。自古以来，中华民族始终在同黄河水旱灾害做斗争。中华人民共和国成立后，党和国家对治理开发黄河极为重视。在党中央坚强领导下，沿黄军民和黄河建设者开展了大规模的黄河治理保护工作，取得了举世瞩目的成就。水沙治理取得显著成效，防洪减灾体系基本建成，河道萎缩态势初步遏制，流域用水增长过快局面得到有效控制，有力支撑了经济社会可持续发展。

生态环境持续明显向好，水土流失综合防治成效显著，三江源等重大生态保护和修复工程加快实施，上游水源涵养能力稳定提升，中游黄土高原蓄水保土能力显著增强，实现了"人进沙退"的治沙奇迹，生物多样性明显增加。发展水平不断提升，中心城市和中原等城市群加快建设，全国重要的农牧业生产基地和能源基地的地位进一步巩固，新的经济增长点不断涌现，滩区居民迁建工程加快推进，百姓生活得到显著改善。

党的十八大以来，党中央着眼于生态文明建设全局，明确了"节水优先、空间均衡、系统治理、两手发力"的治水思路，黄河流域经济社会发展和百姓生活发生了很大的变化。

当前黄河流域仍存在一些突出困难和问题，流域生态环境脆弱，水资源保障形势严峻，发展质量有待提高。这些问题，表象在黄河，根子在流域。

| 九曲黄河

治理黄河，重在保护，要在治理。要坚持绿水青山就是金山银山的理念，坚持生态优先、绿色发展，以水而定、量水而行，因地制宜、分类施策，上下游、干支流、左右岸统筹谋划，共同抓好大保护，协同推进大治理，要坚持山水林田湖草综合治理、系统治理、源头治理，统筹推进各项工作，加强协同配合，推动黄河流域高质量发展。着力加强生态保护治理，保障黄河长治久安，促进全流域高质量发展，改善人民群众生活，保护传承弘扬黄河文化，让黄河成为造福人民的幸福河。

第一，加强生态环境保护。黄河生态系统是一个有机整体，要充分考虑上、中、下游的差异。上游要以三江源、祁连山、甘南黄河上游水源涵养区等为重点，推进实施一批重大生态保护修复和建设工程，提升水源涵养能力。中游要突出抓好水土保持和污染治理，有条件的地方要大力建设旱作梯田、淤地坝等，有的地方则要以自然恢复为主，减少人为干扰，对污染严重的支流，要下大气力推进治理。下游的黄河三角洲要做好保护工作，促进河流生态系统健康，提高生物多样性。

第二，保障黄河长治久安。黄河水少沙多、水沙关系不协调，是黄河复杂难治的症结所在。尽管黄河多年没出大的问题，但丝毫不能放松警惕。要紧紧抓住水沙关系调节这个"牛鼻子"，完善水沙调控机制，解决九龙治水、分头管理问题，实施河道和滩区综合提升治理工程，减缓黄河下游淤积，确保黄河沿岸安全。

第三，推进水资源节约集约利用。黄河水资源量就这么多，搞生态建设要用水，发展经济、吃饭过日子也离不开水，不能把水当作无限供给的资源。要坚持以水定城、以水定地、以水定人、以水定产，把水资源作为最大的刚性约束，合理规划人口、城市和产业发展，坚决抑制不合理用水需求，大力发展节水产业和技术，大力推进农业节水，实施全社会节水行动，推动用水方式由粗放向节约集约转变。

第四，推动黄河流域高质量发展。要从实际出发，宜水则水、宜山则山，宜粮则粮、宜农则农、宜工则工、宜商则商，积极探索富有地域特色的高质量发展新路子。三江源、祁连山等重要的生态功能区，主要是保护生态、涵养水源、创造更多生态产品。河套灌区、汾渭平原等粮食主产区要发展现代农业，把农产品质量提上去。区域中心城市等经济发展条件好的地区要集约发展，提高经济和人口承载能力。贫困地区要提高基础设施和公共服务水平，全力保障和改善民生。要积极参与共建"一带一路"，提高对外开放水平，以开放促改革、促发展。

第五，保护、传承、弘扬黄河文化。黄河文化是中华文明的重要组成部分，是中华民族的根和魂。要推进黄河文化遗产的系统保护，深入挖掘黄河文化蕴含的时代价值，讲好"黄河故事"，延续历史文脉，坚定文化自信，为实现中华民族伟大复兴的中国梦凝聚精神力量。

习近平总书记强调指出，要加强对黄河流域生态保护和高质量发展的领导，发挥中国社会主义制度集中力量干大事的优越性，牢固树立"一盘棋"思想，尊重规律，更加注重保护和治理的系统性、整体性、协同性，抓紧开展顶层设计，加强重大问题研究，着力创新体制机制，推动黄河流域生态保护和高质量发展迈出新的更大步伐。推动黄河流域生态保护和高质量发展，非一日之功，要保持历史耐心和战略定力，以功成不必在我的精神境界和功成必定有我的历史担当，既要谋划长远，又要干在当下，一张蓝图绘到底，一茬接着一茬干，让黄河造福人民。

习近平总书记的重要讲话，深刻阐述了黄河流域生态保护和高质量发展的根本性、方向性、全局性重大问题，为新时代加强黄河治理保护提供了根本遵循。在黄河治理、保护和发展史上具有重要里程碑意义。

黄委党组在传达贯彻和专题学习领会习近平总书记重要讲话精神中指出，学习领会习近平总书记重要讲话，要深化对黄河战略地位的认识，立足全局和长远，提高政治站位，从中华民族伟大复兴和永续发展的千秋大计这一战略高度认识黄河保护和治理工作，切实增强治黄工作的历史使命感和政治责任感。要深化对中央"节水优先、空间均衡、系统治理、两手发力"治水思路的理解和认识。要立足当前黄河治理和保护的实际，全力以赴、集中攻关，完善思路举措，坚决做到"四个确保""一个传承"。

（1）确保大堤不决口。一是加快推进古贤水利枢纽工程前期工作进程，尽快开工建设，提高中下游重点河段的防洪减淤能力；二是继续实施下游综合治理，控制游荡性河势，减轻"二级悬河"形势，加快推进下游滩区综合治理提升工程，破解防洪保安全和滩区高质量发展之间的矛盾；三是加强水文测报预报能力建设，充分利用现代技术手段，延长小花间无工程控制区洪水预见期；四是科学调度干支流现有水库，充分发挥防洪效益，确保大堤不决口。

（2）确保河道不断流。按照节水优先的原则，坚持把水资源作为最大刚性约束，加强用水全过程的管控，以最严格水资源管理倒逼地方经济转型升级，促进高质量发展；加快南水北调西线工程前期工作，谋划彻底缓解黄河水资源紧缺的矛盾、支持流域高质量发展的科学路径；科学调度龙羊峡、小浪底等骨干水库，保障河道生态基流；强化《黄河水量调度条例》实施监管，确保按计划引水。

（3）确保水质不超标。紧盯节水减排，通过落实节水优先、减少废污水排放量；加强现有水库生态调度，实施生态补水，提高水环境容量，建设优美水环境水生态；继续开展乌梁素海、河口三角洲等重要湿地生态补水，促进受损的生态系统逐步修复。

（4）确保河床不抬高。坚持山水林田湖草综合治理，加强水土流失监测监管，通过对建设项目的强力监督，严防人为水土流失；实施调水调沙，进一步减少下游河道淤积。

（5）大力传承弘扬黄河文化。加强黄河文化平台建设，多方式开展联合研究，多出黄河文化精品佳作；加强黄河博物馆软、硬件建设，提升实物展示能力；发掘整理和讲好黄河故事，讲好中国共产党领导人民治理黄河的故事和黄河历史典故；弘扬新时代水利精神和治黄精神，发展优良传统，着力营造团结向上的文化氛围。

站在新的历史起点，面对治黄新形势、新使命、新要求，一方面，要充分发挥社会主义制度集中力量办大事的优越性，全力以赴，联合攻关，在黄河治理、流域生态

保护关键技术与措施上实现新的突破。另一方面，要认真总结和传承黄河对外开放的宝贵经验，努力深化拓宽"引进来"的实践，持续推进国际技术合作，改善和加强创新引智工作，进一步加强与国际接轨人才的培养，为确保黄河安澜、水资源科学管理与优化配置、生态环境良性维持、促进黄河流域高质量发展，提供科学技术支撑。

开放是最宽广的胸怀，共赢是最高超的智慧。要继续积极对接"一带一路"倡议，贯彻落实国家对外援助政策，进一步加深与国外流域机构、国际组织的合作，围绕防洪抢险、工程建设、水资源管理、流域生态治理等议题，开展有针对性的项目合作、技术研讨及联合研发；利用国际水事重要平台，宣传黄河治理成就，展示黄河治理形象，讲述黄河故事，分享黄河治理经验；发挥黄河系统的科学技术优势，支持发展中国家水利水电建设，为全球水治理、水安全贡献黄河智慧、黄河方案，让黄河的名片更响亮，让黄河人"走出去"的舞台更宽广。

黄河治理经验是世界水利共享的经验，黄河治理、黄河流域生态保护也是世界水利界普遍关注的问题。我们坚信，在以习近平同志为核心的党中央坚强领导下，在新时代中国外交方针和战略部署指引下，更加开放的黄河，作为一条友谊合作纽带，必将在世界水利舞台绽放出更加夺目的光彩。黄河握手世界，将谱写出更加精彩的盛世华章。

图片主要提供单位及来源书目：

黄河档案馆	黄河博物馆
黄委规计局	黄委水政局
黄委水调局	黄委国科局
黄河水利科学研究院	三门峡黄河明珠集团
黄河勘探规划设计研究院有限公司	
《世纪黄河》	《人民治理黄河六十年》
《大河春秋》	《中国黄河》
《黄河河口》	

主要摄影作者及照片提供者（按姓氏音序排名）：

董保华　黄宝林　郭　琦　梁　君　刘则荣
侯全亮　唐　华　王　铎　温红建　殷鹤仙
张再厚　张春利　朱　鹏　朱卫东

感谢本书图片的供稿单位、来源书籍的出版单位、摄影作者和供稿人。以上所列，如有遗漏，请与黄河水利出版社联系，敬希谅解。